Oracle数据库教程

（第2版）

◎ 赵明渊　主编

清華大学出版社

北京

内 容 简 介

本书共分 18 章,以数据库原理为基础,以 Oracle 公司最新推出的 Oracle 12c 为平台,以学生成绩数据库为主线,分别介绍数据库概论、Oracle 数据库、创建数据库、创建和使用表、PL/SQL 基础、PL/SQL 高级查询、视图、索引和序列、数据完整性、PL/SQL 程序设计、函数和游标、存储过程、触发器、事务和锁、安全管理、备份和恢复、大数据和云计算、基于 Java EE 和 Oracle 数据库的学生成绩管理系统开发等内容。

为方便教学,本书提供教学大纲、教学课件、教学进度表、所有实例的源代码,扫描封底的课件二维码可以下载;每章章末都配有习题,附录 A 提供习题参考答案。

本书既可作为大学本科、高职高专及培训机构的教学用书,也可作为计算机应用人员和计算机爱好者的自学参考书。

图书在版编目(CIP)数据

Oracle 数据库教程/赵明渊主编. —2 版. —北京:清华大学出版社,2020.1(2023.6重印)
21 世纪高等学校计算机专业核心课程规划教材
ISBN 978-7-302-54361-9

Ⅰ.①O… Ⅱ.①赵… Ⅲ.①关系数据库系统-高等学校-教材 Ⅳ.①TP311.138

中国版本图书馆 CIP 数据核字(2019)第 263870 号

责任编辑:王冰飞
策划编辑:魏江江
封面设计:刘 键
责任校对:徐俊伟
责任印制:丛怀宇

出版发行:清华大学出版社
    网 址:http://www.tup.com.cn,http://www.wqbook.com
    地 址:北京清华大学学研大厦 A 座   邮 编:100084
    社 总 机:010-83470000   邮 购:010-62786544
    投稿与读者服务:010-62776969,c-service@tup.tsinghua.edu.cn
    质量反馈:010-62772015,zhiliang@tup.tsinghua.edu.cn
    课件下载:http://www.tup.com.cn,010-83470236
印 装 者:三河市铭诚印务有限公司
经 销:全国新华书店
开 本:185mm×260mm 印 张:23   字 数:574 千字
版 次:2015 年 11 月第 1 版 2020 年 5 月第 2 版 印 次:2023 年 6 月第 5 次印刷
印 数:20001～21500
定 价:59.80 元

产品编号:084338-01

前　言

党的二十大报告中指出：教育、科技、人才是全面建设社会主义现代化国家的基础性、战略性支撑。必须坚持科技是第一生产力、人才是第一资源、创新是第一动力，深入实施科教兴国战略、人才强国战略、创新驱动发展战略，这三大战略共同服务于创新型国家的建设。高等教育与经济社会发展紧密相连，对促进就业创业、助力经济社会发展、增进人民福祉具有重要意义。

为了适应数据库技术的新进展，反映数据库教学的实践经验，保持本书的先进性和实用性，对 2015 年出版的本书第 1 版进行了修订。在第 2 版中，主要突出以下特点。

（1）深化实验课的教学，实验分为验证性实验和设计性实验两个阶段。

- 第一阶段给出实验题目的步骤和方法，供学生熟悉、借鉴和参考有关实验题目的设计和实现。例如，给出实验题目的 SQL 语句，供学生进行 SQL 语句调试的借鉴和参考。
- 第二阶段培养学生独立设计和实现实验题目的步骤和方法。例如，培养学生独立设计、编写和调试 SQL 语句以达到实验题目要求的能力。

（2）技术新颖，以 Oracle 公司最新推出的 Oracle 12c 作为平台，介绍数据库技术和应用。

（3）反映数据库技术的新进展，介绍了大数据、云计算、云数据库、NoSQL 等前沿内容。

本书共分 18 章，以数据库原理为基础，以 Oracle 公司最新推出的 Oracle 12c 为平台，以学生成绩数据库为主线，分别介绍数据库概论、Oracle 数据库、创建数据库、创建和使用表、PL/SQL 基础、PL/SQL 高级查询、视图、索引和序列、数据完整性、PL/SQL 程序设计、函数和游标、存储过程、触发器、事务和锁、安全管理、备份和恢复、大数据和云计算、基于 Java EE 和 Oracle 数据库的学生成绩管理系统开发等内容。

本书保持理论与实践相结合，以培养学生掌握数据库理论知识和数据库管理、操作、PL/SQL 语言编程能力。

为方便教学，本书提供教学大纲、教学课件、教学进度表、所有实例的源代码，扫描封底的课件二维码可以下载；每章章末都配有习题，附录 A 提供习题参考答案。

本书既可作为大学本科、高职高专及培训机构课程的教学用书，也可作为计算机应用人员和计算机爱好者的自学参考书。

本书由赵明渊主编，参加本书编写的有何明星、袁丁、李华春。对于帮助完成基础工作的同志，在此一并表示感谢！

由于作者水平有限，对于存在的不足之处，敬请批评指正。

编　者

2020 年 1 月

目 录

概论

本章要点

- 数据库系统概述
- 数据库系统结构
- 数据模型
- 关系数据库
- 数据库设计

本章从数据库基本概念与知识出发,介绍了数据库系统、数据库系统的内部体系结构、数据模型、关系数据库、数据库设计,它是学习以后各章的基础。

1.1 数据库系统概述

本节介绍数据库、数据库管理系统、数据库系统等内容,其中,数据库管理系统是数据库系统的核心组成部分。

1.1.1 数据库

1. 数据

数据(Data)是事物的符号表示,数据的种类有数字、文字、图像、声音等,可以用数字化后的二进制形式存入计算机来进行处理。

在日常生活中,人们直接用自然语言描述事物。在计算机中,就要抽出事物的特征组成一个记录来描述。例如,一个学生记录数据如下所示:

181001	宋德成	男	1997-11-05	计算机	201805	52

数据的含义称为信息,数据是信息的载体,信息是数据的内涵,是对数据的语义解释。

2. 数据库

数据库(Database,DB)是长期存放在计算机内的有组织的可共享的数据集合,数据库中的数据按一定的数据模型组织、描述和存储,具有尽可能小的冗余度、较高的数据独立性和易扩张性。

数据库具有以下特性。

- 共享性：数据库中的数据能被多个应用程序的用户所使用。
- 独立性：数据库提高了数据和程序的独立性，有专门的语言支持。
- 完整性：指数据库中数据的正确性、一致性和有效性。
- 减少数据冗余。

数据库包含以下含义。

- 建立数据库的目的是为应用服务。
- 数据存储在计算机的存储介质中。
- 数据结构比较复杂，有专门理论支持。

1.1.2 数据库管理系统

数据库管理系统（Database Management System，DBMS）是数据库系统的核心组成部分，它是在操作系统支持下的系统软件，是对数据进行管理的大型系统软件，用户在数据库系统中的一些操作都是由数据库管理系统来实现的。

- 数据定义功能：提供数据定义语言，定义数据库和数据库对象。
- 数据操纵功能：提供数据操纵语言，对数据库中的数据进行查询、插入、修改、删除等操作。
- 数据控制功能：提供数据控制语言进行数据控制，即提供数据的安全性、完整性、并发控制等功能。
- 数据库建立维护功能：包括数据库初始数据的装入、转储、恢复和系统性能监视、分析等功能。

1.1.3 数据库系统

数据库系统（Database System，DBS）是在计算机系统中引入数据库后的系统构成，数据库系统由数据库、操作系统、数据库管理系统、应用程序、用户、数据库管理员（Database Administrator，DBA）组成，如图 1.1 所示。数据库系统在整个计算机系统中的地位如图 1.2 所示。

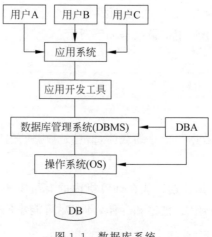

图 1.1　数据库系统

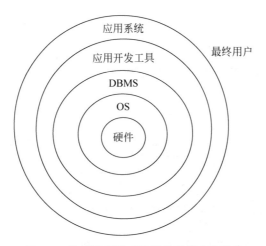

图 1.2　数据库系统在计算机系统中的地位

数据库应用系统分为客户-服务器模式（C/S）和三层客户-服务器（B/S）模式。

1. C/S 模式

应用程序直接与用户打交道，数据库管理系统不直接与用户打交道，因此，应用程序称为前台，数据库管理系统称为后台。因为应用程序向数据库管理系统提出服务请求，所以称为客户程序（Client），而数据库管理系统向应用程序提供服务，所以称为服务器程序（Server），上述操作数据库的模式称为客户-服务器（C/S）模式，如图 1.3 所示。

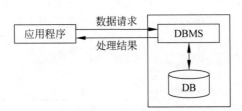

图 1.3　C/S 模式

2. B/S 模式

基于 Web 的数据库应用采用三层客户-服务器（B/S）模式，第一层为浏览器，第二层为 Web 服务器，第三层为数据库服务器，如图 1.4 所示。

图 1.4　B/S 模式

1.1.4　数据管理技术的发展

数据管理是指对数据进行分类、组织、编码、存储、检索和维护等工作，数据管理技术的发展经历了人工管理阶段、文件系统阶段、数据库系统阶段，现在正在向更高一级的数据库系统发展。

1. 人工管理阶段

20 世纪 50 年代中期以前,人工管理阶段的数据是面向应用程序的,一个数据集只能对应一个程序,应用程序与数据之间的关系如图 1.5 所示。

图 1.5 人工管理阶段应用程序与数据之间的关系

人工管理阶段的特点如下。

(1) 数据不保存。只是在计算某一课题时将数据输入,用完即撤走;

(2) 数据不共享。数据面向应用程序,一个数据集只能对应一个程序,即使多个不同程序用到相同数据,也要各自定义;

(3) 数据和程序不具有独立性。数据的逻辑结构和物理结构发生改变,必须修改相应的应用程序,即要修改数据必须修改程序;

(4) 没有软件系统对数据进行统一管理。

2. 文件系统阶段

20 世纪 50 年代后期到 60 年代中期,计算机不仅用于科学计算,也开始用于数据管理。数据处理的方式不仅有批处理,还有联机实时处理。应用程序与数据之间的关系如图 1.6 所示。

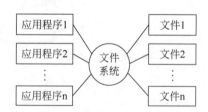

图 1.6 文件系统阶段应用程序与数据之间的关系

文件系统阶段数据管理的特点如下。

(1) 数据可长期保存。数据以文件的形式长期保存;

(2) 数据共享性差,冗余度大。在文件系统中,一个文件基本对应一个应用程序,当不同应用程序具有相同数据时,也必须各自建立文件,而不能共享相同数据,数据冗余度大;

(3) 数据独立性差。当数据的逻辑结构改变时,必须修改相应的应用程序,数据依赖于应用程序,独立性差;

(4) 由文件系统对数据进行管理。由专门的软件——文件系统进行数据管理,文件系统把数据组织成相互独立的数据文件,可按文件名访问,按记录存取,程序与数据之间有一定的独立性。

3. 数据库系统阶段

20 世纪 60 年代后期开始,数据管理对象的规模越来越大,应用越来越广泛,数据量快速增加。为了实现数据的统一管理,解决多用户、多应用共享数据的需求,数据库技术应运而生,出现了统一管理数据的专门软件——数据库管理系统。

数据库系统阶段应用程序与数据之间的关系如图 1.7 所示。

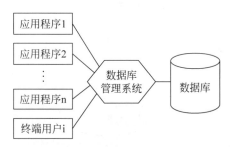

图 1.7　数据库系统阶段应用程序与数据之间的关系

数据库系统与文件系统相比较,具有以下主要特点:

(1) 数据结构化。

(2) 数据的共享度高,冗余度小。

(3) 有较高的数据独立性。

(4) 由数据库管理系统对数据进行管理。

在数据库系统中,数据库管理系统作为用户与数据库的接口,提供了数据库定义、数据库运行、数据库维护和数据安全性和完整性等控制功能。

1.2　数据库系统结构

从数据库管理系统内部系统结构看,数据库系统通常采用三级模式结构。

1.2.1　数据库系统的三级模式结构

模式(Schema)指对数据的逻辑结构或物理结构、数据特征、数据约束的定义和描述,它是对数据的一种抽象,模式反映数据的本质、核心或型的方面。

数据库系统的标准结构是三级模式结构,它包括外模式、模式和内模式,如图 1.8 所示。

1. 外模式

外模式(External Schema)又称子模式或用户模式,位于三级模式的最外层,对应于用户级,它是某个或某几个用户所看到的数据视图,是与某一应用有关的数据的逻辑表示。外模式通常是模式的子集,一个数据库可以有多个外模式,同一外模式也可以为某一用户的多个应用系统所用,但一个应用程序只能使用一个外模式,它是由外模式描述语言(外模式DDL)来描述和定义的。

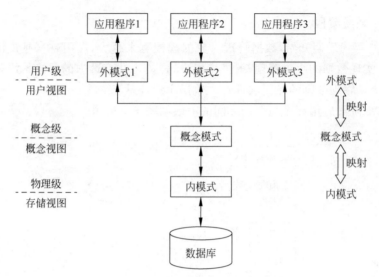

图 1.8　数据库系统的三级模式结构

2. 模式

模式(Schema)又称概念模式,也称逻辑模式,位于三级模式的中间层,对应于概念级,它是由数据库设计者综合所有用户的数据,按照统一观点构造的全局逻辑结构,是所有用户的公共数据视图(全局视图)。一个数据库只有一个模式,它是由模式描述语言(模式 DDL)来描述和定义的。

3. 内模式

内模式(Internal Schema)又称为存储模式,位于三级模式的底层,对应于物理级,它是数据物理结构和存储方式的描述,是数据在数据库内部的表示方式。一个数据库只有一个内模式,它是由内模式描述语言(内模式 DDL)来描述和定义的。

1.2.2　数据库的二级映像功能和数据独立性

为了能够在内部实现这三个抽象层次的联系和转换,数据库管理系统在这三级模式之间提供了两级映像:外模式/模式映像,模式/内模式映像。

1. 外模式/模式映像

模式描述的是数据的全局逻辑结构,外模式描述的是数据的局部逻辑结构。数据库系统都有一个外模式/模式映像,它定义了该外模式与模式之间的对应关系。

当模式改变时,由数据库管理员对各个外模式/模式映像做相应改变,可以使外模式保持不变。

应用程序是依据数据的外模式编写的,保证了数据与程序的逻辑独立性,简称为数据逻辑独立性。

2. 模式/内模式映像

数据库中只有一个模式,也只有一个内模式,所以模式/内模式映像是唯一的,它定义了数据库全局逻辑结构与存储结构之间的对应关系。当数据库的存储结构改变了,由数据库管理员对模式/内模式映像做相应改变,可以使模式保持不变,从而应用程序也不必改变,保证了数据与程序的物理独立性,简称为数据物理独立性。

在数据库的三级模式结构中,数据库模式即全局逻辑结构是数据库的中心与关键,它独立于数据库的其他层次。

数据库的内模式依赖于它的全局逻辑结构,但独立于数据库的用户视图即外模式,也独立于具体的存储设备。

数据库的外模式面向具体的应用程序,它定义在逻辑模式之上,但独立于内模式和存储设备。

数据库的二级映像保证了数据库外模式的稳定性,从而根本上保证了应用程序的稳定性,使得数据库系统具有较高的数据与程序的独立性。数据库的三级模式与二级映像使得数据的定义和描述可以从应用程序中分离出去。

1.2.3 数据库管理系统的工作过程

数据库管理系统控制的数据操作过程基于数据库系统的三级模式结构与二级映像功能。下面通过读取一个用户记录的过程反映数据库管理系统的工作过程,如图 1.9 所示。

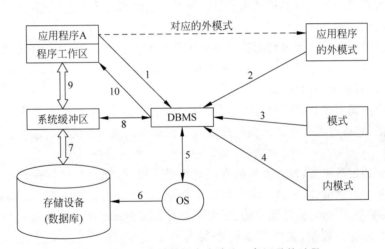

图 1.9 应用程序从数据库中读取一条记录的过程

(1) 应用程序 A 向 DBMS 发出从数据库中读用户数据记录的命令。

(2) DBMS 对该命令进行语法检查、语义检查,并调用应用程序 A 对应的子模式,检查 A 的存取权限,决定是否执行该命令。如果拒绝执行,则转(10)向用户返回错误信息。

(3) 在决定执行该命令后,DBMS 调用模式,依据子模式/模式映像的定义,确定应读入模式中的哪些记录。

(4) DBMS 调用内模式,依据模式/内模式映像的定义,决定应从哪个文件、用什么存取方式、读入哪个或哪些物理记录。

(5) DBMS 向操作系统发出执行读取所需物理记录的命令。

(6) 操作系统执行从物理文件中读数据的有关操作。

(7) 操作系统将数据从数据库的存储区送至系统缓冲区。

(8) DBMS 依据内模式/模式、模式/子模式映像的定义(仅为模式/内模式、子模式/模式映像的反方向,并不是另一种新映像),导出应用程序 A 所要读取的记录格式。

(9) DBMS 将数据记录从系统缓冲区传送到应用程序 A 的用户工作区。

(10) DBMS 向应用程序 A 返回命令执行情况的状态信息。

以上为 DBMS 一次读用户数据记录的过程,DBMS 向数据库写一个用户数据记录的过程与此类似,只是过程基本相反而已。由 DBMS 控制的用户数据的存取操作,就是由很多读或写的基本过程组合完成的。

1.3 数 据 模 型

模型是对现实世界中某个对象特征的模拟和抽象,数据模型(Data Model)是对现实世界数据特征的抽象,它是用来描述数据、组织数据和对数据进行操作的。数据模型是数据库系统的核心和基础。

1.3.1 两类数据模型

数据模型需要满足三方面的要求:能比较真实地模拟现实世界,容易为人所理解,便于在计算机上实现。

在开发设计数据库应用系统时需要使用不同的数据模型,它们是概念模型、逻辑模型、物理模型。根据模型应用的不同目的,按不同的层次可将它们分为两类:第一类是概念模型,第二类是逻辑模型、物理模型。

第一类中的概念模型,按用户的观点对数据和信息建模,是对现实世界的第一层抽象,又称信息模型,它通过各种概念来描述现实世界的事物以及事物之间的联系,主要用于数据库设计。

第二类中的逻辑模型,按计算机的观点对数据建模,是概念模型的数据化,是事物以及事物之间联系的数据描述,提供了表示和组织数据的方法,主要的逻辑模型有层次模型、网状模型、关系模型、面向对象数据模型、对象关系数据模型和半结构化数据模型等。

第二类中的物理模型,是对数据最底层的抽象,它描述数据在系统内部的表示方式和存取方法,如数据在磁盘上的存储方式和存取方法,是面向计算机系统的,由数据库管理系统具体实现。

为了把现实世界具体的事物抽象、组织为某一数据库管理系统支持的数据模型,需要经历一个逐级抽象的过程,将现实世界抽象为信息世界,然后将信息世界转换为机器世界,即首先将现实世界的客观对象抽象为某一种信息结构,这种信息结构不依赖于具体计算机系统,不是某一个数据库管理系统支持的数据模型,而是概念级的模型,然后,将概念模型转换为计算机上某一个数据库管理系统支持的数据模型,如图 1.10 所示。

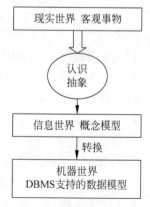

图 1.10 现实世界客观事物的抽象过程

从概念模型到逻辑模型的转换由数据库设计人员完成,从逻辑模型到物理模型的转换主要由数据库管理系统完成。

1.3.2 数据模型组成要素

数据模型(Data Model)是现实世界数据特征的抽象,一般由数据结构、数据操作、数据完整性约束三部分组成。

1. 数据结构

数据结构用于描述系统的静态特性,是所研究的对象类型的集合,数据模型按其数据结构分为层次模型、网状模型和关系模型等。数据结构所研究的对象是数据库的组成部分,包括两类:一类是与数据类型、内容、性质有关的对象,例如关系模型中的域、属性等;另一类是与数据之间联系有关的对象,例如关系模型中反映联系的关系等。

2. 数据操作

数据操作用于描述系统的动态特性,是指对数据库中各种对象及对象的实例允许执行的操作的集合,包括对象的创建、修改和删除,对对象实例的检索、插入、删除、修改及其他有关操作等。

3. 数据完整性约束

数据完整性约束是一组完整性约束规则的集合,完整性约束规则是给定数据模型中数据及其联系所具有的制约和依存的规则。

数据模型三要素在数据库中都是严格定义的一组概念的集合,在关系数据库中,数据结构是表结构定义及其他数据库对象定义的命令集,数据操作是数据库管理系统提供的数据操作(操作命令、语法规定、参数说明等)命令集,数据完整性约束是各关系表约束的定义及操作约束规则等的集合。

1.3.3 层次模型、网状模型和关系模型

数据模型是现实世界的模拟,它是按计算机的观点对数据建立模型,数据模型有层次模型、网状模型和关系模型。

1. 层次模型

用树状层次结构组织数据,树状结构每一个结点表示一个记录类型,记录类型之间的联系是一对多的联系。层次模型有且仅有一个根结点,位于树状结构顶部,其他结点有且仅有一个父结点。某大学按层次模型组织数据的示例如图 1.11 所示。

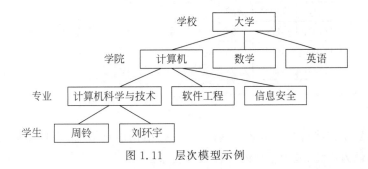

图 1.11 层次模型示例

层次模型简单易用,但现实世界很多联系是非层次性的,如多对多联系等,表达起来比较笨拙且不直观。

2. 网状模型

采用网状结构组织数据,网状结构的每一个结点表示一个记录类型,记录类型之间可以有多种联系。按网状模型组织数据的示例如图 1.12 所示。

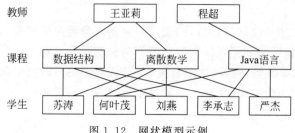

图 1.12　网状模型示例

网状模型可以更直接地描述现实世界,层次模型是网状模型特例,但网状模型结构复杂,用户不易掌握。

3. 关系模型

采用关系的形式组织数据,一个关系就是一张二维表,二维表由行和列组成。按关系模型组织数据的示例如图 1.13 所示。

学生关系框架

学号	姓名	性别	出生日期	专业	班号	总学分

成绩关系框架

学号	课程号	成绩

学生关系

学号	姓名	性别	出生日期	专业	班号	总学分
181001	宋德成	男	1997-11-05	计算机	201805	52
181002	何静	女	1998-04-27	计算机	201805	50

成绩关系

学号	课程号	成绩
181001	1004	94
181002	1004	86
181001	1201	93

图 1.13　关系模型示例

关系模型建立在严格的数学概念基础上,数据结构简单清晰,用户易懂易用,关系数据库是目前应用最为广泛、最为重要的一种数学模型。

1.4　关系数据库

关系数据库采用关系模型组织数据,关系数据库是目前最流行的数据库,关系数据库管理系统(Relational Database Management System,RDBMS)是支持关系模型的数据库管理系统。

1.4.1　关系数据库的基本概念

- 关系:关系就是表(Table),在关系数据库中,一个关系存储为一个数据表。
- 元组:表中一行(Row)为一个元组(Tuple),一个元组对应数据表中的一条记录(Record),元组的各个分量对应于关系的各个属性。
- 属性:表中的列(Column)称为属性(Property),对应数据表中的字段(Field)。
- 域:属性的取值范围。
- 关系模式:对关系的描述称为关系模式,格式如下:

关系名(属性名 1,属性名 2,…,属性名 n)

- 候选码:属性或属性组,其值可唯一标识其对应元组。
- 主关键字(主键):在候选码中选择一个作为主键(Primary Key)。
- 外关键字(外键):在一个关系中的属性或属性组不是该关系的主键,但它是另一个关系的主键,称为外键(Foreign Key)。

在图 1.13 中,学生的关系模式为:

学生(学号,姓名,性别,出生日期,专业,班号,总学分)

主键为学号。

成绩的关系模式为:

成绩(学号,课程号,成绩)

1.4.2　关系运算

关系数据操作称为关系运算,投影、选择、连接是最重要的关系运算,关系数据库管理系统支持关系数据库和投影、选择、连接运算。

1. 选择

选择(Selection)指选出满足给定条件的记录,它是从行的角度进行的单目运算,运算对象是一个表,运算结果形成一个新表。

【例 1.1】　从学生表中选择专业为计算机且总学分为 52 分的行进行选择运算,选择所得的新表如表 1.1 所示。

表 1.1　选择后的新表

学号	姓名	性别	出生日期	专业	班号	总学分
181001	宋德成	男	1997-11-05	计算机	201805	52

2. 投影

投影（Projection）是选择表中满足条件的列，它是从列的角度进行的单目运算。

【例 1.2】 从学生表中选取姓名、专业、班号进行投影运算，投影所得的新表如表 1.2 所示。

表 1.2　投影后的新表

姓　名	专　业	班　号
宋德成	计算机	201805
何　静	计算机	201805

3. 连接

连接（Join）是将两个表中的行按照一定的条件横向结合生成的新表。选择和投影都是单目运算，其操作对象只是一个表；而连接是双目运算，其操作对象是两个表。

【例 1.3】 学生表与成绩表通过学号相等的连接条件进行连接运算，连接所得的新表如表 1.3 所示。

表 1.3　连接后的新表

学号	姓　名	性别	出生日期	专　业	班　号	总学分	课程号	成绩
181001	宋德成	男	1997-11-05	计算机	201805	52	1004	94
181001	宋德成	男	1997-11-05	计算机	201805	52	1201	93
181002	何　静	女	1998-04-27	计算机	201805	50	1004	86

1.5　数据库设计

数据库设计的技术和方法是本章讨论的主要内容，本章介绍数据库设计概述、需求分析、概念结构设计、逻辑结构设计、物理结构设计、数据库实施、数据库运行和维护等内容。

1.5.1　数据库设计概述

通常将使用数据库的应用系统称为数据库应用系统，例如电子商务系统、电子政务系统、办公自动化系统、以数据库为基础的各类管理信息系统等。数据库应用系统的设计和开发本质上是属于软件工程的范畴。

广义数据库设计指设计整个数据库的应用系统。狭义数据库设计指设计数据库各级模式并建立数据库，它是数据库的应用系统设计的一部分。本章主要介绍狭义数据库设计。

数据库设计是指对于一个给定的应用环境，构造优化的数据库逻辑模式和物理结构，以建立数据库及其应用系统。

1. 数据库设计的特点和方法

1) 数据库设计的特点

数据库设计和应用系统设计有相同之处,但更具其自身特点,具体如下。

(1) 综合性。

数据库设计涉及面广,较为复杂,它包含计算机专业知识及业务系统专业知识,要解决技术及非技术两方面的问题。

(2) 结构设计与行为设计相结合。

数据库的结构设计在模式和外模式中定义,应用系统的行为设计在存取数据库的应用程序中设计和实现。

静态结构设计是指数据库的模式框架设计,包括语义结构(概念)、数据结构(逻辑)、存储结构(物理);动态行为设计是指应用程序设计(动作操纵:功能组织、流程控制)。

由于结构设计和行为设计是分离进行的,程序和数据不易结合,我们必须强调数据库设计和应用系统设计的密切结合。

2) 数据库设计的方法

数据库设计方法有新奥尔良设计方法、基于 E-R 模型的数据库设计方法、基于 3NF 的设计方法和对象定义语言方法等。

(1) 新奥尔良(New Orleans)设计方法。

新奥尔良方法是规范设计方法中比较著名的数据库设计方法,该方法将数据库设计分成 4 个阶段:需求分析、概念设计、逻辑设计和物理设计。经过很多人的改进,将数据库设计分为 6 个阶段:需求分析、概念结构设计、逻辑结构设计、物理结构设计、数据库实施、数据库运行与维护。

(2) 基于 E-R 模型的数据库设计方法。

在需求分析的基础上,基于 E-R 模型的数据库设计方法设计数据库的概念模型,是数据库概念设计阶段广泛采用的方法。

(3) 基于 3NF 的设计方法。

基于 3NF 的设计方法以关系数据库设计理论为指导来设计数据库的逻辑模型,是设计关系数据库时在逻辑设计阶段采用的一种有效方法。

(4) 对象定义语言(Object Definition Language,ODL)方法。

ODL 方法是面向对象的数据库设计方法,该方法使用面向对象的概念和术语来描述和完成数据库的结构设计,通过统一建模语言(Unified Modeling Language,UML)的类图表示数据对象的汇集及它们之间的联系,其所得到的对象模型,既可用于设计关系数据库,也可用于设计面向对象数据库等。

数据库设计工具已经实用化和商品化,例如 SYSBASE 公司的 PowerDesigner、Oracle 公司的 Design er2000、Rational 公司的 Rational Rose 等。

2. 数据库设计的基本步骤

在数据库设计之前,首先要选定参加设计的人员,包括系统分析员、数据库设计人员、应用开发人员、数据库管理员和用户代表。

按照规范设计的方法,考虑数据库及其应用系统开发全过程,将数据库设计分为以下 6

个阶段：需求分析阶段、概念结构设计阶段、逻辑结构设计阶段、物理结构设计阶段、数据库实施阶段，数据库运行与维护阶段，如图 1.14 所示。

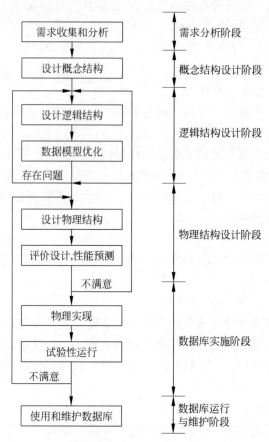

图 1.14　数据库设计步骤

（1）需求分析阶段。

需求分析是整个数据库设计的基础，在数据库设计中，首先需要准确了解与分析用户的需求，明确系统的目标和实现的功能。

（2）概念结构设计阶段。

概念结构设计是整个数据库设计的关键，其任务是根据需求分析，形成一个独立于具体数据库管理系统的概念模型，即设计 E-R 模型。

（3）逻辑结构设计阶段。

逻辑结构设计是将概念结构转换为某个具体的数据库管理系统所支持的数据模型。

（4）物理结构设计阶段。

物理结构设计是为逻辑数据模型选取一个最适合应用环境的物理结构，包括存储结构和存取方法等。

（5）数据库实施阶段。

设计人员运用数据库管理系统所提供的数据库语言和宿主语言，根据逻辑设计和物理设计的结果建立数据库，编写和调试应用程序，组织数据入库和试运行。

（6）数据库运行与维护阶段。

通过试运行后即可投入正式运行，在数据库运行过程中，不断地对其进行评估、调整和修改。

数据库设计的不同阶段形成的数据库各级模式如图 1.15 所示。

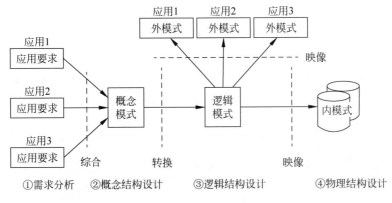

图 1.15　数据库各级模式

在需求分析阶段，设计的中心工作是综合各个用户的需求。在概念结构设计阶段，形成与计算机硬件无关的、独立于各个数据库管理系统产品的概念模式，即 E-R 图。在逻辑结构设计阶段，将 E-R 图转换成具体的数据库管理系统产品支持的数据模型，形成数据库逻辑模式，然后，在基本表的基础上再建立必要的视图，形成数据的外模式。在物理结构设计阶段，根据数据库管理系统的特点和处理的需要，进行物理存储安排，建立索引，形成数据库物理模式。

1.5.2　需求分析

需求分析阶段是整个数据库设计中最重要的一个步骤，它需要从各个方面对业务对象进行调查、收集、分析，以准确了解用户对数据和处理的需求。

需求分析是数据库设计的起点，需求分析的结果是否准确反映用户要求将直接影响到后面各阶段的设计，并影响到设计结果是否合理和实用。

1. 需求分析的任务

需求分析阶段的主要任务是对现实世界要处理的对象（公司、部门、企业）进行详细调查，在了解现行系统的概况、确定新系统功能的过程中，收集支持系统目标的基础数据及其处理方法。

需求分析是在用户调查的基础上，通过分析，逐步明确用户对系统的需求，包括数据需求和围绕这些数据的业务处理需求。

用户调查的重点是"数据"和"处理"。

（1）信息需求。

定义未来数据库系统用到的所有信息，明确用户将向数据库中输入什么样的数据，从数据库中要求获得哪些内容，将要输出哪些信息，以及描述数据间的联系等。

（2）处理需求。

定义系统数据处理的操作功能，描述操作的优先次序，包括操作的执行频率和场合，操作与数据间的联系。处理需求还要明确用户要完成哪些处理功能，每种处理的执行频度，用户需求的响应时间以及处理的方式，例如是联机处理还是批处理等。

（3）安全性与完整性要求。

安全性要求描述系统中不同用户对数据库的使用和操作情况，完整性要求描述数据之间的关联关系以及数据的取值范围要求。

2. 需求分析的方法

需求分析中的结构化分析方法（Structured Analysis，SA）采用自顶向下、逐层分解的方法分析系统，通过数据流图（Data Flow Diagram，DFD）、数据字典（Data Dictionary，DD）描述系统。

1）数据流图

数据流图用来描述系统的功能，表达了数据和处理的关系。数据流图采用 4 个基本符号：外部实体、数据流、数据处理和数据存储。

（1）外部实体。

数据来源和数据输出又称为外部实体，表示系统数据的外部来源和去处，也可是另外一个系统。

（2）数据流。

数据流由数据组成，表示数据的流向，数据流都需要命名，数据流的名称反映了数据流的含义。

（3）数据处理。

数据处理指对数据的逻辑处理，也就是数据的变换。

（4）数据存储。

数据存储表示数据保存的地方，即数据存储的逻辑描述。

数据流图如图 1.16 所示。

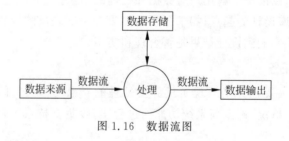

图 1.16　数据流图

2）数据字典

数据字典是各类数据描述的集合，对数据流图中的数据流和数据存储等进行详细的描述，它包括数据项、数据结构、数据流、数据存储、处理过程等。

（1）数据项。

数据项是数据最小的组成单位，即不可再分的基本数据单位，记录了数据对象的基本信息，描述了数据的静态特性。

数据项描述＝｛数据项名,数据项含义说明,别名,数据类型,长度,取值范围,
取值含义,与其他数据项的逻辑关系｝

（2）数据结构。

数据结构是若干数据项有意义的集合,由若干数据项组成,或由若干数据项和数据结构组成。

数据结构描述＝｛数据结构名,含义说明,组成：｛数据项或数据结构｝｝

（3）数据流。

数据流表示某一处理过程的输入和输出,表示了数据处理过程中的传输流向,是对数据动态特性的描述。

数据流描述＝｛数据流名,说明,数据流来源,数据流去向,
组成：｛数据结构｝,平均流量,高峰期流量｝

（4）数据存储。

数据存储是处理过程中存储的数据,它是在事务和处理过程中数据所停留和保存过的地方。

数据存储描述＝｛数据存储名,说明,编号,流入的数据流,流出的数据流,
组成：｛数据结构｝,数据量,存取频度,存取方式｝

（5）处理过程。

在数据字典中,只需简要描述处理过程的信息。

处理过程描述＝｛处理过程名,说明,输入：｛数据流｝,
输出：｛数据流｝,处理：｛简要说明｝｝

1.5.3 概念结构设计

将需求分析得到的用户需求抽象为信息结构（概念模型）的过程就是概念结构设计。

需求分析得到的数据描述是无结构的,概念设计是在需求分析的基础上转换为有结构的、易于理解的精确表达,概念结构设计阶段的目标是形成整体数据库的概念结构,它独立于数据库逻辑结构和具体的数据库管理系统,概念结构设计是整个数据库设计的关键。

1. 概念结构的特点和设计步骤

1）概念结构的特点

概念模型具有以下特点：

（1）能真实、充分地反映现实世界。概念模型是现实世界的一个真实模型,能满足用户对数据的处理要求。

（2）易于理解。便于数据库设计人员和用户交流,用户的积极参与是数据库设计成功的关键。

（3）易于更改。当应用环境和应用要求发生改变时,易于修改和扩充概念模型。

（4）易于转换为关系、网状、层次等各种数据模型。

2）概念结构设计的方法

概念结构设计的方法有4种。

（1）自底向上。首先定义局部应用的概念结构,然后按一定的规则把它们集成起来,得

到全局概念模型。

（2）自顶向下。首先定义全局概念模型，然后再逐步细化。

（3）由里向外。首先定义最重要的核心概念结构，然后再逐步向外扩展。

（4）混合策略。将自顶向下和自底向上结合起来使用。

3）概念结构设计的步骤

概念结构设计的一般步骤如下。

（1）根据需求分析划分的局部应用，设计局部 E-R 图。

（2）将局部 E-R 图合并，消除冗余和可能的矛盾，得到系统的全局 E-R 图，审核和验证全局 E-R 图，完成概念模型的设计。

概念结构设计步骤如图 1.17 所示。

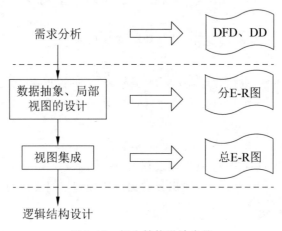

图 1.17　概念结构设计步骤

2. E-R 模型

描述概念模型的有力工具是 E-R 模型，E-R 模型即实体-联系模型，在 E-R 模型中有以下术语。

- 实体：客观存在并可相互区别的事物称为实体，实体用矩形框表示，框内为实体名。实体可以是具体的人、事、物或抽象的概念，例如，在学生成绩管理系统中，"学生"就是一个实体。
- 属性：实体所具有的某一特性称为属性，属性采用椭圆框表示，框内为属性名，并用无向边与其相应实体连接。例如，在学生成绩管理系统中，学生的特性有学号、姓名、性别、出生日期、专业、班号、总学分，它们就是学生实体的 7 个属性。
- 实体型：用实体名及其属性名集合来抽象和刻画同类实体，称为实体型。例如，学生（学号，姓名，性别，出生日期，专业，班号，总学分）就是一个实体型。
- 实体集：同型实体的集合称为实体集，例如全体学生记录就是一个实体集。
- 联系：实体之间的联系，可分为一对一的联系、一对多的联系、多对多的联系。实体间的联系采用菱形框表示，联系以适当的含义命名，名字写在菱形框中，用无向边将参加联系的实体矩形框分别与菱形框相连，并在连线上标明联系的类型。如果联系也具有属性，则将属性与菱形也用无向边连上。

（1）一对一的联系（1∶1）。

例如，一个班级只有一个正班长，而一个正班长只属于一个班级，班级与正班长两个实体之间具有一对一的联系。

（2）一对多的联系（1∶n）。

例如，一个班级可有若干学生，一个学生只能属于一个班级，班级与学生两个实体之间具有一对多的联系。

（3）多对多的联系（m∶n）。

例如，一个学生可选多门课程，一门课程可被多个学生选修，学生与课程两个实体之间具有多对多的联系。

实体之间的 3 种联系举例如图 1.18 所示。

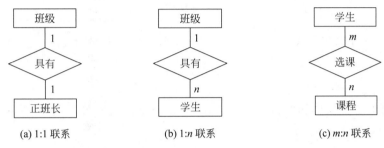

(a) 1:1 联系　　　　(b) 1:n 联系　　　　(c) m:n 联系

图 1.18　实体之间的联系

3. 局部 E-R 模型设计

使用系统需求分析阶段得到的数据流程图、数据字典和需求规格说明，建立对应于每一部门或应用的局部 E-R 模型，关键问题是如何确定实体（集）和实体属性，即首先要确定系统中的每一个子系统包含哪些实体和属性。

设计局部 E-R 模型时，最大的困难在于实体和属性的正确划分，其基本划分原则如下：

（1）属性应是系统中最小的信息单位；

（2）若属性具有多个值时，应该升级为实体。

【例 1.4】　设有学生、课程、教师、学院实体如下：

学生：学号、姓名、性别、出生日期、专业、总学分、选修课程号

课程：课程号、课程名、学分、开课学院、任课教师号

教师：教师号、姓名、性别、出生日期、职称、学院名、讲授课程号

学院：学院号、学院名、电话、教师号、教师名

上述实体中存在如下联系：

（1）一个学生可选修多门课程，一门课程可由多个学生选修；

（2）一个教师可讲授多门课程，一门课程可由多个教师讲授；

（3）一个学院可有多个教师，一个教师只能属于一个学院；

（4）一个学院可拥有多个学生，一个学生只属于一个学院；

（5）假设学生只能选修本学院的课程，教师只能为本学院的学生讲课。

要求分别设计学生选课和教师任课两个局部信息的结构 E-R 图。

解：

从各实体属性看到, 学生实体与学院实体和课程实体关联, 不直接与教师实体关联, 一个学院可以开设多门课程, 学院实体与课程实体之间是 $1:m$ 关系, 学生选课局部 E-R 图如图 1.19 所示。

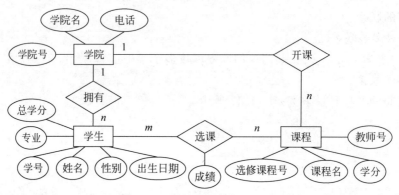

图 1.19 学生选课局部 E-R 图

教师实体与学院实体和课程实体关联, 不直接与学生实体关联, 教师讲课局部 E-R 图如图 1.20 所示。

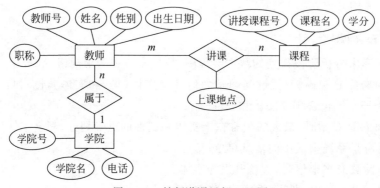

图 1.20 教师讲课局部 E-R 图

4. 全局 E-R 模型设计

综合各部门或应用的局部 E-R 模型, 就可以得到系统的全局 E-R 模型。综合局部 E-R 模型的方法有两种：

(1) 多个局部 E-R 图逐步综合, 一次综合两个 E-R 图。此方法难度降低, 较易使用。

(2) 多个局部 E-R 图一次综合。

在上述两种方法中, 每次综合可分为以下两个步骤。

(1) 进行合并, 解决各局部 E-R 图之间的冲突问题, 生成初步 E-R 图。

(2) 修改和重组, 消除冗余, 生成基本 E-R 图。

1) 合并局部 E-R 图, 消除冲突

由于各个局部应用不同, 通常由不同的设计人员去设计局部 E-R 图。因此, 各局部

E-R 图之间往往会有很多不一致,被称为冲突,冲突的类型有属性冲突、结构冲突和命名冲突。

（1）属性冲突。

- 属性域冲突：属性取值的类型、取值范围或取值集合不同。例如年龄可用出生年月和整数表示。
- 属性取值单位冲突：例如重量,可用千克、克为单位。

（2）结构冲突。

- 同一事物,不同的抽象：例如职工,在一个应用中为实体,而在另一个应用中为属性。
- 同一实体在不同应用中的属性组成不同。
- 同一联系在不同应用中类型不同。

（3）命名冲突。

命名冲突包括实体名、属性名、联系名之间的冲突。

- 同名异义：不同意义的事物具有相同的名称。
- 异名同义：同一意义的事物具有不同的名称。

属性冲突和命名冲突可通过协商来解决,结构冲突在认真分析后通过技术手段解决。

【例 1.5】 将例 1.4 设计完成的两个局部 E-R 图合并成一个初步的全局 E-R 图。

解：

将图 1.19 中的"教师号"属性转换为"教师"实体,将两个局部 E-R 图中的"选修课程号"和"讲授课程号"统一为"课程号",并将"课程"实体的属性统一为"课程号"和"课程名",初步的全局 E-R 图如图 1.21 所示。

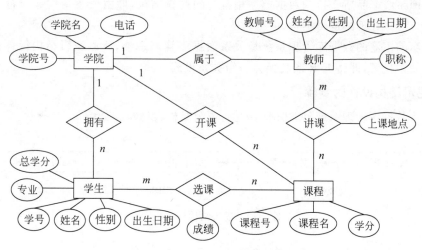

图 1.21 初步的全局 E-R 图

2）消除冗余

在初步的全局 E-R 图中,可能存在冗余的数据或冗余的联系。冗余的数据是指可由基本的数据导出的数据,冗余的联系也可由其他的联系导出。

冗余的存在容易破坏数据库的完整性,给数据库的维护增加困难,应该消除。

【**例 1.6**】 消除冗余,对例 1.5 的初步的全局 E-R 图进行改进。

解:

在图 1.21 中,"属于"和"开课"是冗余联系,它们可以通过其他联系导出,消除冗余联系后得到改进的全局 E-R 图,如图 1.22 所示。

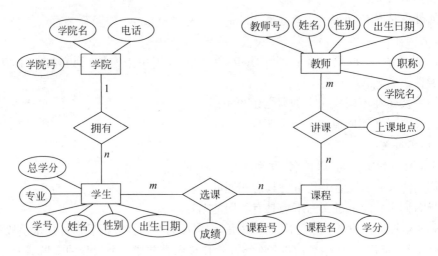

图 1.22 改进的全局 E-R 图

1.5.4 逻辑结构设计

逻辑结构设计的任务,是将概念结构设计阶段设计好的基本 E-R 图,转换为与选用的数据库管理系统产品所支持的数据模型相符合的逻辑结构,即由概念结构导出特定的数据库管理系统可以处理的逻辑结构。

由于当前主流的数据库管理系统是关系数据库管理系统,所以逻辑结构设计是将 E-R 图转换为关系模型,即将 E-R 图转换为一组关系模式。

1. 逻辑结构设计的步骤

以关系数据库管理系统(RDBMS)为例,逻辑结构设计步骤如图 1.23 所示。

图 1.23 逻辑结构设计步骤

(1) 将用 E-R 图表示的概念结构转换为关系模型。

(2) 优化模型。

(3) 设计适合 DBMS 的关系模式。

2. E-R 模型向关系模型的转换

由 E-R 图向关系模型转换有以下两个规则。

1）一个实体转换为一个关系模式

实体的属性就是关系的属性,实体的码就是关系的码。

2）实体间的联系转换为关系模式

实体间的联系转换为关系模式有以下不同的情况:

（1）一个1∶1联系可以转换为一个独立的关系模式,也可以与任意一端所对应的关系模式合并。

如果转换为一个独立的关系模式,则与该联系相连的各实体的码以及联系本身的属性都转换为关系的属性,每个实体的码都是该关系的候选码。

如果与某一端实体对应的关系模式合并,则需在该关系模式的属性中加入另一个关系模式的码和联系本身的属性。

（2）一个1∶n联系可以转换为一个独立的关系模式,也可以与n端所对应的关系模式合并。

如果转换为一个独立的关系模式,则与该联系相连的各实体的码以及联系本身的属性都转换为关系的属性,且关系的码为n端实体的码。

如果与n端实体对应的关系模式合并,则需在该关系模式的属性中加入1端实体的码和联系本身的属性。

（3）一个m∶n联系转换为一个独立的关系模式。

与该联系相连的各实体的码以及联系本身的属性都转换为关系的属性,各实体的码组成该关系的码或关系码的一部分。

（4）三个或三个以上实体间的一个多元联系可以转换为一个独立的关系模式。

与该多元联系相连的各实体的码以及联系本身的属性都转换为关系的属性,各实体的码组成该关系的码或关系码的一部分。

（5）具有相同码的关系模式可以合并。

【例1.7】 1∶1联系的E-R图如图1.24所示,将E-R图转换为关系模型。

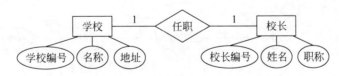

图1.24 1∶1联系的E-R图示例

方案1:联系转换为独立的关系模式,则转换后的关系模式为:

学校(学校编号,名称,地址)
校长(校长编号,姓名,职称)
任职(学校编号,校长编号)

方案2:联系合并到"学校"关系模式中,则转换后的关系模式为:

学校(学校编号,名称,地址,校长编号)
校长(校长编号,姓名,职称)

方案 3：联系合并到"校长"关系模式中,则转换后的关系模式为:

学校(<u>学校编号</u>,名称,地址)
校长(<u>校长编号</u>,姓名,职称,学校编号)

在 1:1 联系中,一般不将联系转换为一个独立的关系模式,这是由于关系模式个数越多,相应的表也越多,查询时会降低查询效率。

【例 1.8】　1:n 联系的 E-R 图如图 1.25 所示,将 E-R 图转换为关系模型。

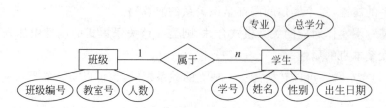

图 1.25　1:n 联系的 E-R 图示例

方案 1：联系转换为独立的关系模式,则转换后的关系模式为:

班级(<u>班级编号</u>,教室号,人数)
学生(<u>学号</u>,姓名,性别,出生日期,专业,总学分)
属于(<u>学号</u>,班级编号)

方案 2：联系合并到 n 端实体对应的关系模式中,则转换后的关系模式为:

班级(<u>班级编号</u>,教室号,人数)
学生(<u>学号</u>,姓名,性别,出生日期,专业,总学分,班级编号)

同样原因,在 1:n 联系中,一般也不将联系转换为一个独立的关系模式。

【例 1.9】　$m:n$ 联系的 E-R 图如图 1.26 所示,将 E-R 图转换为关系模型。

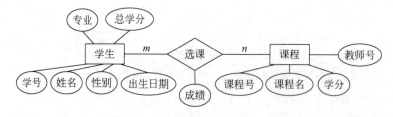

图 1.26　$m:n$ 联系的 E-R 图示例

对于 $m:n$ 联系,必须转换为独立的关系模式,转换后的关系模式为:

学生(<u>学号</u>,姓名,性别,出生日期,专业,总学分)
课程(<u>课程号</u>,课程名,学分,教师号)
选课(<u>学号,课程号</u>,成绩)

【例 1.10】　3 个实体联系的 E-R 图如图 1.27 所示,将 E-R 图转换为关系模型。
3 个实体联系,一般也转换为独立的关系模式,转换后的关系模式为:

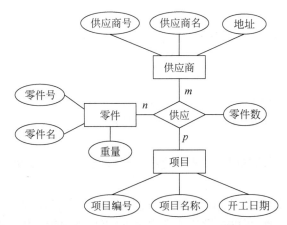

图 1.27　3 个实体联系的 E-R 图示例

供应商(<u>供应商号</u>,供应商名,地址)
零件(<u>零件号</u>,零件名,重量)
项目(<u>项目编号</u>,项目名称,开工日期)
供应(<u>供应商号,零件号,项目编号</u>,零件数)

【例 1.11】　将图 1.22 所示的改进的全局 E-R 图转换为关系模型。

将"学生"实体、"课程"实体、"教师"实体、"学院"实体分别设计成一个关系模式,将"拥有"联系(1∶n 联系)合并到"学生"实体(n 端实体)对应的关系模式中,将"选课"联系和"讲课"(m∶n 联系)转换为独立的关系模式。

学生(<u>学号</u>,姓名,性别,出生日期,专业,总学分,学院号)
课程(<u>课程号</u>,课程名,学分)
教师(<u>教师号</u>,姓名,性别,出生日期、职称、学院名)
学院(<u>学院号</u>,学院名,电话)
选课(<u>学号,课程号</u>,成绩)
讲课(<u>教师号,课程号</u>,上课地点)

3. 数据模型的优化和设计外模式

1) 关系模型的优化

数据库逻辑设计的结果不是唯一的,为了进一步提高数据库应用系统的性能,有必要根据应用需求适当修改、调整数据模型的结构,这就是数据模型的优化,规范化理论是关系数据模型的优化的指南和工具,具体方法如下。

(1) 确定数据依赖,考查各关系模式的函数依赖关系,以及不同关系模式属性之间的数据依赖。

(2) 对各关系模式之间的数据依赖进行最小化处理,消除冗余的联系。

(3) 确定各关系模式属于第几范式,并根据需求分析阶段的处理要求,确定是否要对这些关系模式进行合并或分解。

(4) 对关系模式进行必要的分解,以提高数据操作的效率和存储空间的利用率,常用的分解方法有垂直分解和水平分解。

- 垂直分解：把关系模式 R 的属性分解成若干属性子集合,定义每个属性子集合为一个子关系。
- 水平分解：把基本关系的元组分为若干元组子集合,定义每个子集合为一个子关系,以提高系统的效率。

2) 设计外模式

将概念模型转换为全局逻辑模型后,还应该根据局部应用需求,结合具体数据库管理系统的特点,设计用户外模式。外模式设计的目标是抽取或导出模式的子集,以构造各不同用户使用的局部数据逻辑结构。

外模式概念对应关系数据库的视图概念,设计外模式是为了更好地满足局部用户的需求。

定义数据库的模式主要是从系统的时间效率、空间效率、易维护等角度出发,而用户外模式和模式是相对独立的,所以在设计外模式时,可以更多地考虑用户的习惯和方便。

(1) 使用更符合用户习惯的别名。

(2) 对不同级别的用户定义不同的视图,以保证系统的安全性。

(3) 简化用户对系统的使用,如将复杂的查询定义为视图等。

1.5.5 物理结构设计

数据库在物理设备上的存储结构和存取方法称为数据库的物理结构。为已确定的逻辑数据结构,选取一个最适合应用环境的物理结构,称为物理结构设计。数据库的物理结构设计通常分为 2 步:

- 确定数据库的物理结构,在关系数据库中主要指存取方法和存储结构;
- 对物理结构进行评价,评价的重点是时间和空间效率。

1. 物理结构设计的内容和方法

数据库的物理结构设计主要包括的内容为:确定数据的存取方法和确定数据的存储结构。

1) 确定数据的存取方法

存取方法是快速存取数据库中数据的技术,具体采用的方法由数据库管理系统根据数据的存储方式决定,一般用户不能干预。

一般用户可以通过建立索引的方法来加快数据的查询效率。

建立索引的一般原则为:

- 在经常作为查询条件的属性上建立索引;
- 在经常作为连接条件的属性上建立索引;
- 在经常作为分组依据列的属性上建立索引;
- 对经常进行连接操作的表可以建立索引。

一个表可以建立多个索引,但只能建立一个聚簇索引。

2) 确定数据的存储结构

一般的存储方式有顺序存储、散列存储和聚簇存储。

- 顺序存储：该存储方式平均查找次数为表中记录数的二分之一;
- 散列存储：其平均查找次数由散列算法确定;

- 聚簇存储：为了提高某个属性或属性组的查询速度，把这个属性或属性组上具有相同值的元组集中存放在连续的物理块上的处理称为聚簇，这个属性或属性组称为聚簇码，通过聚簇可以极大提高按聚簇码进行查询的速度。

一般情况下系统都会为数据选择一种最合适的存储方式。

2. 物理结构设计的评价

在物理结构设计过程中，需要对时间效率、空间效率、维护代价和各种用户要求进行权衡，从而产生多种设计方案，数据库设计人员应对这些方案进行详细的评价，从中选择一个较优的方案作为数据库的物理结构。

评价物理结构设计的方法完全依赖于具体的数据库管理系统，主要考虑的是操作开销，即为使用户获得及时、准确的数据所需的开销和计算机的资源的开销，具体可分为如下几类：

- 查询和响应时间；
- 更新事务的开销；
- 生成报告的开销；
- 主存储空间的开销；
- 辅助存储空间的开销。

1.5.6 数据库实施

数据库实施阶段的主要任务是根据数据库逻辑结构和物理结构设计的结果，在实际的计算机系统中建立数据库的结构，加载数据、校验和调试应用程序，数据库试运行等。

1. 建立数据库的结构

使用给定的数据库管理系统提供的命令，建立数据库的模式、子模式和内模式，对于关系数据库，即是创建数据库和建立数据库中的表、视图、索引。

2. 加载数据和应用程序的调试

数据库实施阶段有两项重要工作：一是加载数据；一是应用程序的校验和调试。

数据库系统中，一般数据量都很大，各应用环境差异也很大。

为了保证数据库中的数据正确、无误，必须十分重视数据的校验工作。在将数据输入系统进行数据转换过程中，应该进行多次的校验。对于重要的数据的校验更应该反复多次，确认无误后再进入到数据库中。

数据库应用程序的设计应与数据库设计同时进行，在加载数据到数据库的同时，还要调试应用程序。

3. 数据库试运行

在有一部分数据加载到数据库之后，就可以开始对数据库系统进行联合调试了，这个过程又称为数据库试运行。

这一阶段要实际运行数据库应用程序，执行对数据库的各种操作，测试应用程序的功能是否满足设计要求。如果不满足，则要对应用程序进行修改、调整，直到达到设计要求为止。

在数据库试运行阶段，还要对系统的性能指标进行测试，分析其是否达到设计目标。

1.5.7 数据库运行与维护

数据库试运行合格后,数据库开发工作基本完成,可以投入正式运行。

数据库投入运行标志着开发工作的基本完成和维护工作的开始,只要数据库存在,就需要不断地对它进行评价、调整和维护。

在数据库运行阶段,对数据库的经常性的维护工作主要由数据库系统管理员完成,其主要工作有:数据库的备份和恢复,数据库的安全性和完整性控制,监视、分析、调整数据库性能,数据库的重组和重构。

1. 数据库的备份和恢复

数据库的备份和恢复是系统正式运行后重要的维护工作,要对数据库进行定期的备份,一旦出现故障,要能及时地将数据库恢复到尽可能的正确状态,以减少数据库损失。

2. 数据库的安全性和完整性控制

随着数据库应用环境的变化,对数据库的安全性和完整性要求也会发生变化。例如,增加、删除用户,增加、修改某些用户的权限,撤回某些用户的权限,数据的取值范围发生变化等。这都需要系统管理员对数据库进行适当的调整,以适应这些新的变化。

3. 监视、分析、调整数据库性能

监视数据库的运行情况,并对检测数据进行分析,找出能够提高性能的可行性,并适当地对数据库进行调整。目前有些数据库管理系统产品提供了性能检测工具,数据库系统管理员可以利用这些工具很方便地监视数据库。

4. 数据库的重组和重构

数据库运行一段时间后,随着数据的不断添加、删除和修改,会使数据库的存取效率降低,数据库管理员可以改变数据库数据的组织方式,通过增加、删除或调整部分索引等方法,改善系统的性能。

数据库的重组并不改变数据库的逻辑结构,而数据库的重构指部分修改数据库的模式和内模式。

1.6 小 结

本章主要介绍了以下内容。

(1) 数据库(Database,DB)是长期存放在计算机内的有组织的可共享的数据集合,数据库中的数据按一定的数据模型组织、描述和储存,具有尽可能小的冗余度、较高的数据独立性和易扩张性。

数据库管理系统(Database Management System,DBMS)是数据库系统的核心组成部分,它是在操作系统支持下的系统软件,是对数据进行管理的大型系统软件,用户在数据库系统中的一些操作都是由数据库管理系统来实现的。

数据库系统(Database System,DBS)是在计算机系统中引入数据库后的系统构成,数据库系统由数据库、操作系统、数据库管理系统、应用程序、用户、数据库管理员(Database Administrator,DBA)组成。

数据管理技术的发展经历了人工管理阶段、文件系统阶段、数据库系统阶段,现在正在向更高一级的数据库系统发展。

（2）数据库系统的标准结构是三级模式结构,它包括外模式、模式和内模式,数据库管理系统在这三级模式之间提供了两级映像:外模式/模式映像,模式/内模式映像。数据库的三级模式与二级映像使得数据的定义和描述可以从应用程序中分离出去。

（3）数据模型（Data Model）是现实世界数据特征的抽象,在开发设计数据库应用系统时需要使用不同的数据模型,它们是概念模型、逻辑模型、物理模型。

（4）将数据库设计分为以下 6 个阶段:需求分析阶段,概念结构设计阶段,逻辑结构设计阶段,物理结构设计阶段,数据库实施阶段,数据库运行与维护阶段。

（5）需求分析是在用户调查的基础上,通过分析,逐步明确用户对系统的需求,包括数据需求和围绕这些数据的业务处理需求。用户调查的重点是"数据"和"处理"。

（6）概念结构设计是在需求分析的基础上转换为有结构的、易于理解的精确表达,概念结构设计阶段的目标是形成整体数据库的概念结构,它独立于数据库逻辑结构和具体的数据库管理系统。描述概念模型的有力工具是 E-R 模型,概念结构设计是整个数据库设计的关键。

概念结构设计的一般步骤为:根据需求分析划分的局部应用,设计局部 E-R 图。将局部 E-R 图合并,消除冗余和可能的矛盾,得到系统的全局 E-R 图,审核和验证全局 E-R 图,完成概念模型的设计。

（7）逻辑结构设计的任务是将概念结构设计阶段设计好的基本 E-R 图,转换为与选用的数据库管理系统产品所支持的数据模型相符合的逻辑结构。由于当前主流的数据模型是关系模型,所以逻辑结构设计是将 E-R 图转换为关系模型,即将 E-R 图转换为一组关系模式。

由 E-R 图向关系模型转换有以下两个规则:一个实体转换为一个关系模式,实体间的联系转换为关系模式有几种不同的情况。

（8）数据库在物理设备上的存储结构和存取方法称为数据库的物理结构。对已确定的逻辑数据结构,利用数据库管理系统提供的方法、技术,以较优的存储结构、数据存取路径、合理的数据存储位置以及存储分配,为逻辑数据模型选取一个最适合应用环境的物理结构,就是物理结构设计。

（9）数据库实施包括建立数据库的结构,加载数据,调试和运行应用程序,数据库试运行等。

（10）数据库投入运行标志着开发工作的基本完成和维护工作的开始,只要数据库存在,就需要不断地对它进行评价、调整和维护。

1.7　E-R 图画法与概念模型向逻辑模型的转换实验

1. 实验目的及要求

（1）了解 E-R 图构成要素。

（2）掌握 E-R 图的绘制方法。

（3）掌握概念模型向逻辑模型的转换原则和方法。

2. 验证性实验

1）实验内容

（1）某同学需要设计开发班级信息管理系统,希望能够管理班级与学生信息的数据库,其中学生信息包括学号、姓名、年龄、性别；班级信息包括班号、年级号、班级人数。

① 确定班级实体和学生实体的属性。

学生：学号、姓名、年龄、性别。

班级：班号、班主任、班级人数。

② 确定班级和学生之间的联系,给联系命名并指出联系的类型。

一个学生只能属于一个班级,一个班级可以有很多学生,班级和学生之间是一对多的关系,即 $1:n$。

③ 确定联系的名称和属性。

联系的名称；属性。

④ 画出班级与学生关系的 E-R 图。

班级和学生关系的 E-R 图如图 1.28 所示。

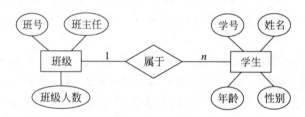

图 1.28　班级和学生关系的 E-R 图

⑤ 将 E-R 图转化为关系模式,写出关系模式并标明各自的码。

学生(学号,姓名,年龄,性别,班号)；码：学号
班级(班号,班主任,班级人数)；码：班号

（2）设图书借阅系统在需求分析阶段搜集到的图书信息有书号、书名、作者、价格、复本量、库存量；学生信息有借书证号、姓名、专业、借书量。

① 确定图书和学生实体的属性。

图书信息：书号、书名、作者、价格、复本量、库存量。

学生信息：借书证号、姓名、专业、借书量。

② 确定图书和学生之间的联系,为联系命名并指出联系的类型。

一个学生可以借阅多种图书,一种图书可被多个学生借阅。学生借阅的图书要在数据库中记录索书号、借阅时间。所以,图书和学生间是多对多关系,即 $m:n$。

③ 确定联系名称和属性。

联系名称：借阅；属性：索书号、借阅时间。

④ 画出图书和学生关系的 E-R 图。

图书和学生关系的 E-R 图如图 1.29 所示。

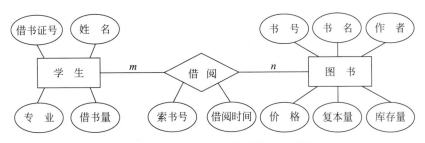

图 1.29　图书和学生关系的 E-R 图

⑤ 将 E-R 图转换为关系模式，写出表的关系模式并标明各自的码。

学生(<u>借书证号</u>,姓名,专业,借书量);码：借书证号
图书(<u>书号</u>,书名,作者,价格,复本量,库存量);码：书号
借阅(<u>书号</u>,<u>借书证号</u>,索书号,借阅时间);码：书号，借书证号

(3) 在商场销售系统中，搜集到顾客信息有顾客号、姓名、地址、电话；订单信息有订单号、单价、数量、总金额；商品信息有商品号、商品名称。

① 确定顾客、订单、商品实体的属性。

顾客信息：顾客号、姓名、地址、电话。

订单信息：订单号、单价、数量、总金额。

商品信息：商品号、商品名称。

② 确定顾客、订单、商品之间的联系，给联系命名并指出联系的类型。

一个顾客可拥有多个订单，一个订单只属于一个顾客，顾客和订单间是一对多关系，即 $1:n$。一个订单可购多种商品，一种商品可被多个订单购买，订单和商品间是多对多关系，即 $m:n$。

③ 确定联系的名称和属性。

联系的名称：订单明细；属性：单价，数量。

④ 画出顾客、订单、商品之间联系的 E-R 图。

顾客、订单、商品之间联系的 E-R 图如图 1.30 所示。

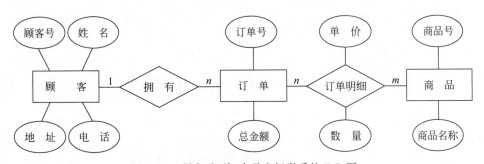

图 1.30　顾客、订单、商品之间联系的 E-R 图

⑤ 将 E-R 图转换为关系模式，写出表的关系模式并标明各自的码。

顾客(<u>顾客号</u>,姓名,地址,电话);码：顾客号

订单(<u>订单号</u>,总金额,顾客号)；码：订单号

订单明细(<u>订单号</u>,<u>商品号</u>,单价,数量)；码：订单号,商品号

商品(<u>商品号</u>,商品名称)；码：商品号

(4) 设某汽车运输公司想开发车辆管理系统,其中,车队信息有车队号、车队名等；车辆信息有车牌号、厂家、出厂日期等；司机信息有司机编号、姓名、电话等。车队与司机之间存在"聘用"联系,每个车队聘用若干个司机,但每个司机只能应聘一个车队,车队聘用司机有"聘用开始时间"和"聘期"两个属性；车队与车辆之间存在"拥有"联系,每个车队可拥有若干车辆,但每辆车只能属于一个车队；司机与车辆之间存在着"使用"联系,司机使用车辆有"使用日期"和"千米数"两个属性,每个司机可使用多辆汽车,每辆汽车可被多个司机使用。

① 确定实体和实体的属性。

车队：车队号、车队名。

车辆：车牌号、厂家、出厂日期。

司机：司机编号、姓名、电话、车队号。

② 确定实体之间的联系,给联系命名并指出联系的类型。

车队与车辆联系类型是 $1:n$,联系名称为拥有；车队与司机联系类型是 $1:n$,联系名称为聘用；车辆和司机联系类型为 $m:n$,联系名称为使用。

③ 确定联系的名称和属性。

联系"聘用"有"聘用开始时间"和"聘期"两个属性；联系"使用"有"使用日期"和"千米数"两个属性。

④ 画出 E-R 图。

车队、车辆和司机关系的 E-R 图如图 1.31 所示。

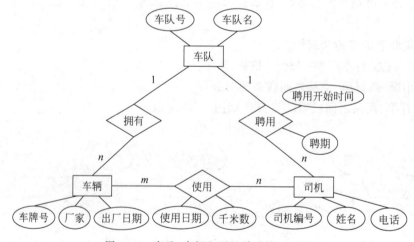

图 1.31　车队、车辆和司机关系的 E-R 图

⑤ 将 E-R 图转换为关系模式,写出表的关系模式并标明各自的码。

车队(<u>车队号</u>,车队名)；码：车队号

车辆(<u>车牌号</u>,厂家,出厂日期,车队号)；码：车牌号

司机(<u>司机编号</u>,姓名,电话,车队号,聘用开始时间,聘期)；码：司机编号

使用(<u>司机编号</u>,<u>车牌号</u>,使用日期,千米数)；码：司机编号,车牌号

3. 设计性试验

（1）设计存储生产厂商和产品信息的数据库。生产厂商的信息包括厂商名称，地址、电话；产品信息包括品牌、型号、价格；生产厂商生产某产品的数量和日期。

① 确定产品和生产厂商实体的属性。

② 确定产品和生产厂商之间的联系，为联系命名并指出联系的类型。

③ 确定联系的名称和属性。

④ 画出产品与生产厂商关系的 E-R 图。

⑤ 将 E-R 图转换为关系模式，写出表的关系模式并标明各自的码。

（2）某房地产交易公司，需要存储房地产交易中客户、业务员和合同三者信息的数据库。其中，客户信息主要有客户编号、购房地址；业务员信息有员工号，姓名，年龄；合同信息有客户编号、员工号、合同有效时间。其中，一个业务员可以接待多个客户，每个客户只签署一个合同。

① 确定客户实体、业务员实体和合同的属性。

② 确定客户、业务员和合同三者之间的联系，为联系命名并指出联系类型。

③ 确定联系的名称和属性。

④ 画出客户、业务员和合同三者关系的 E-R 图。

⑤ 将 E-R 图转换为关系模式，写出表的关系模式并标明各自的码。

4. 观察与思考

如果有 10 个不同的实体集，它们之间存在 12 个不同的二元联系（二元联系是指两个实体集之间的联系），其中 3 个 1∶1 联系，4 个 1∶n 联系，5 个 m∶n 联系，那么根据 E-R 模式转换为关系模型的规则，这个 E-R 结构转换为关系模式的个数至少有多少个？

习 题 1

一、选择题

1. 下面不属于数据模型要素的是_____。

    A. 数据结构   B. 数据操作

    C. 数据控制   D. 完整性约束

2. 数据库（DB）、数据库系统（DBS）和数据库管理系统（DBMS）的关系是_____。

    A. DBMS 包括 DBS 和 DB   B. DBS 包括 DBMS 和 DB

    C. DB 包括 DBS 和 DBMS   D. DBS 就是 DBMS，也就是 DB

3. 能唯一标识实体的最小属性集，称为_____。

    A. 候选码   B. 外码   C. 联系   D. 码

4. 在数据模型中，概念模型是_____。

    A. 依赖于计算机的硬件

    B. 独立于 DBMS

    C. 依赖于 DBMS

    D. 依赖于计算机的硬件和 DBMS

5. 数据库设计中概念结构设计的主要工具是_____。

    A. E-R 图   B. 概念模型   C. 数据模型   D. 范式分析

6. 数据库设计人员和用户之间沟通信息的桥梁是_____。

    A. 程序流程图   B. 模块结构图

    C. 实体联系图   D. 数据结构图

7. 概念结构设计阶段得到的结果是_____。

    A. 数据字典描述的数据需求

    B. E-R 图表示的概念模型

    C. 某个 DBMS 所支持的数据结构

    D. 包括存储结构和存取方法的物理结构

8. 在关系数据库设计中，设计关系模式是_____的任务。

    A. 需求分析阶段   B. 概念结构设计阶段

    C. 逻辑结构设计阶段   D. 物理结构设计阶段

9. 生成 DBMS 系统支持的数据模型是在_____阶段完成的。

    A. 概念结构设计   B. 逻辑结构设计

    C. 物理结构设计   D. 运行与维护

10. 在关系数据库设计中，对关系进行规范化处理，使关系达到一定的范式，是_____的任务。

    A. 需求分析阶段   B. 概念结构设计阶段

    C. 逻辑结构设计阶段   D. 物理结构设计阶段

11. 逻辑结构设计阶段得到的结果是_____。

    A. 数据字典描述的数据需求

    B. E-R 图表示的概念模型

    C. 某个 DBMS 所支持的数据结构

    D. 包括存储结构和存取方法的物理结构

12. 员工性别的取值，有的用"男"和"女"，有的用"1"和"0"，这种情况属于_____。

    A. 结构冲突   B. 命名冲突

    C. 数据冗余   D. 属性冲突

13. 将 E-R 图转换为关系数据模型的过程属于_____。

    A. 需求分析阶段   B. 概念结构设计阶段

    C. 逻辑结构设计阶段   D. 物理结构设计阶段

14. 根据需求建立索引是在_____阶段完成的。

    A. 运行与维护   B. 物理结构设计

    C. 逻辑结构设计   D. 概念结构设计

15. 物理结构设计阶段得到的结果是_____。

    A. 数据字典描述的数据需求

    B. E-R 图表示的概念模型

    C. 某个 DBMS 所支持的数据结构

D. 包括存储结构和存取方法的物理结构

16. 在关系数据库设计中,设计视图是_____的任务。

    A. 需求分析阶段　　　　　　　　B. 概念结构设计阶段

    C. 逻辑结构设计阶段　　　　　　D. 物理结构设计阶段

17. 进入数据库实施阶段,下述工作中,_____不属于实施阶段的工作。

    A. 建立数据库结构　　　　　　　B. 加载数据

    C. 系统调试　　　　　　　　　　D. 扩充功能

18. 在数据库物理结构设计中,评价的重点是_____。

    A. 时间和空间效率　　　　　　　B. 动态和静态性能

    C. 用户界面的友好性　　　　　　D. 成本和效益

二、填空题

1. 数据模型由数据结构、数据操作和_____组成。

2. 数据库系统的三级模式包括_____、模式和内模式。

3. 数据库的特性包括共享性、独立性、完整性和_____。

4. 数据模型包括概念模型、逻辑模型和_____。

5. 数据库设计的 6 个阶段为需求分析阶段、概念结构设计阶段、_____、物理结构设计阶段、数据库实施阶段、数据库运行与维护阶段。

6. 结构化分析方法通过数据流图和_____描述系统。

7. 概念结构设计阶段的目标是形成整体_____的概念结构。

8. 描述概念模型的有力工具是_____。

9. 逻辑结构设计是将 E-R 图转换为_____。

10. 数据库在物理设备上的存储结构和_____称为数据库的物理结构。

11. 对物理结构进行评价的重点是_____。

12. 在数据库运行阶段经常性的维护工作有:_____,数据库的安全性和完整性控制,监视、分析、调整数据库性能,数据库的重组和重构。

三、问答题

1. 什么是数据库?

2. 数据库管理系统有哪些功能?

3. 数据管理技术的发展经历了哪些阶段?各阶段有何特点?

4. 简述数据库系统的三级模式结构和两级映像。

5. 什么是关系模型?关系模型有何特点?

6. 试述数据库设计过程及各阶段的工作。

7. 需求分析阶段的主要任务是什么?用户调查的重点是什么?

8. 概念结构有何特点?简述概念结构设计的步骤。

9. 逻辑结构设计的任务是什么?简述逻辑结构设计的步骤。

10. 简述 E-R 图向关系模型转换的规则。

11. 简述物理结构设计的内容和步骤。

四、应用题

1. 设学生成绩信息管理系统在需求分析阶段搜集到以下信息：

学生信息：学号、姓名、性别、出生日期。

课程信息：课程号、课程名、学分。

该业务系统有以下规则：

（1）一名学生可选修多门课程，一门课程可被多名学生选修。

（2）学生选修的课程要在数据库中记录课程成绩。

① 根据以上信息画出合适的 E-R 图。

② 将 E-R 图转换为关系模式，并用下画线标出每个关系的主码、说明外码。

2. 设图书借阅系统在需求分析阶段搜集到以下信息：

图书信息：书号、书名、作者、价格、复本量、库存量。

学生信息：借书证号、姓名、专业、借书量。

该业务系统有以下约束：

（1）一个学生可以借阅多种图书，一种图书可被多个学生借阅。

（2）学生借阅的图书要在数据库中记录索书号、借阅时间。

① 根据以上信息画出合适的 E-R 图。

② 将 E-R 图转换为关系模式，并用下画线标出每个关系的主码、说明外码。

第2章

Oracle 数据库

本章要点

- Oracle 12c 数据库的特性
- Oracle 12c 数据库安装
- Oracle 数据库开发工具
- Oracle 12c 数据库卸载

Oracle12c 是由 Oracle 公司开发的支持关系对象模型的分布式数据库产品,是当前主流关系数据库管理系统之一,本章介绍 Oracle 12c 数据库的特性、安装、开发环境和卸载等内容。

2.1 Oracle 12c 数据库的特性

Oracle 的产品版本具有信息化发展的鲜明时代特征,从 8i/9i 的 Internet 时代,10g/11g 的 Grid(网格计算)时代,到 12c 的 Cloud(云计算)时代。

2013 年 7 月,发布了 Oracle 12c 版,这是首款专门为云计算设计的数据库,其中最重要的两个新特性是云端数据库整合的全新多租户架构和支持行式存储与列式存储并存的内存数据库。下面简要介绍 Oracle 12c 数据库的新特性。

1. 云端数据库整合的全新多租户架构

在 Oracle 12c 引入的多租户用户环境(Multitenant Environment)中,允许一个数据库容器(Container Database,CDB)承载多个可插拔数据库(Pluggable Database,PDB),在 Oracle 12c 之前,实例与数据库是一对一或多对一关系(RAC):即一个实例只能与一个数据库相关联,数据库可以被多个实例所加载,而实例与数据库不可能是一对多的关系。当进入 Oracle 12c 之后,实例与数据库可以是一对多的关系。

Oracle 多租户技术可与所有 Oracle 数据库功能协同工作,包括应用到集群、分区、数据防护、压缩、自动存储管理等。

2. 支持行式存储与列式存储并存的内存数据库

传统的数据库概念中,以行形式保存的数据满足联机事务处理(OnLine Transaction Processing,OLTP)应用;列形式保存的数据满足以查询为主的联机分析处理(OnLine Analytical Processing,OLAP)应用。Oracle 支持行式存储与列式存储并存的内存数据库(In-memory)组件可以和其他数据库组件功能使用,利用内存的速度和优化的列格式来加速数据分析。

3. 与大数据的高度集成

通过 SQL 模式匹配增强了面向大数据的数据库 MapReduce 功能,开源 R 与 Oracle 12c 的高度集成,使数据分析人员可以更好地进行大数据分析和企业信息分析。

4. 使 Oracle 数据库成为私有云和公有云部署的理想平台

Oracle 企业管理器实现了私有云和公有云之间透明移动负载和无缝切换。

5. 数据自动优化

Oracle 12c 新添加的数据自动优化功能,可以帮助用户有效管理更多数据、降低存储成本和提高数据库的性能。

6. 深度安全防护

推出了更多的安全性创新,可帮助客户应对不断升级的安全威胁和严格的数据隐私合规要求。

2.2 Oracle 12c 数据库安装

本书将在 Windows 7 系统下安装 Oracle 12c,下面介绍 Oracle 12c 安装要求和安装步骤。

2.2.1 安装要求和软件下载

1. 安装 Oracle 12c 的软件和硬件环境要求

OS:Windows Server 2000 SP1 以上,Windows Server 2003,Windows Server 2008;Windows XP Professional,Windows Vista,Windows 7、Windows 8、Windows 10。

CPU:最小 1GMHz,建议 2GMHz 以上。

网络配置:TCP/IP。

物理内存:最小 2GB。

虚拟内存:物理内存的 2 倍左右。

硬盘:NTFS,最小 10GB。

Oracle 12c 只能安装在 Windows 64 位操作系统上。

2. 安装软件下载

Oracle 12c 安装软件,可以直接从 Oracle 官方网站下载,下载窗口如图 2.1 所示。

2.2.2 Oracle 12c 数据库安装步骤

以在 Windows 7 下安装 Oracle 12c 企业版为例,说明安装步骤。

(1) 双击 winx64_12201_database 文件夹中的 setup.exe 应用程序,出现命令提示行,启动 Oracle Universal Installer 安装工具,出现"配置安全更新"窗口,取消"我希望通过 My Oracle Support 接收安全更新"选项,如图 2.2 所示,单击"下一步"按钮。

(2) 进入如图 2.3 所示的"选择安装选项"窗口,这里选择"创建和配置数据库"选项,单击"下一步"按钮。

图 2.1 Oracle 12c 安装软件下载窗口

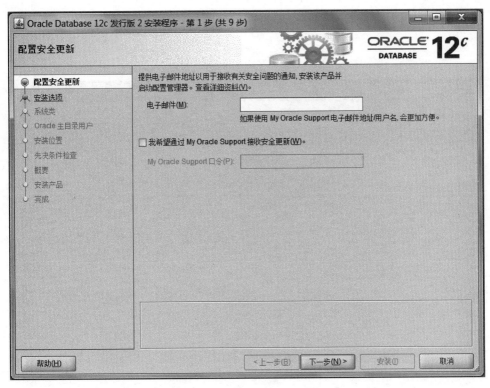

图 2.2 "配置安全更新"窗口

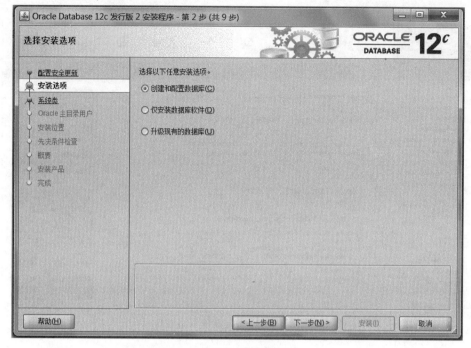

图 2.3　"选择安装选项"窗口

（3）出现"选择系统类"窗口，本书安装 Oracle 仅用于教学，这里选择"桌面类"选项，如图 2.4 所示。

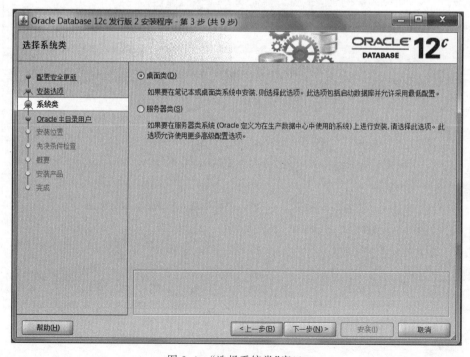

图 2.4　"选择系统类"窗口

（4）单击"下一步"按钮，出现"指定 Oracle 主目录用户"窗口，该步骤是 Oracle 12c 版本特有的，用于更加安全地管理 Oracle 主目录，防止用户误删 Oracle 文件。这里，选择"创建新 Windows 用户"选项，在"用户名"文本框中输入"ora"，在"口令"中输入"Ora123456"，如图 2.5 所示。

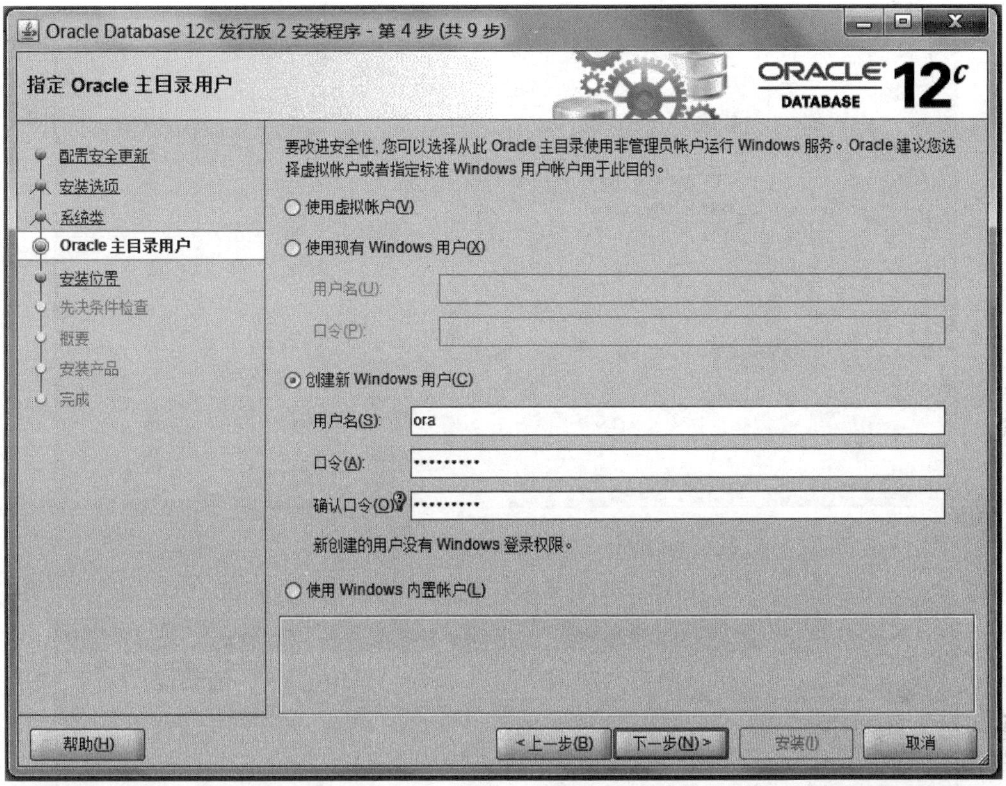

图 2.5　"指定 Oracle 主目录用户"窗口

注意：Oracle 12c 对用户口令有严格要求，规范的标准口令组合为：小写字母＋数字＋大写字母（顺序不限），且字符长度必须保持在要求的范围内。

（5）单击"下一步"按钮，出现"典型安装配置"窗口，Oracle 基目录、数据库文件位置、数据库版本、可插入数据库名等均采用默认值，但要保存上述信息到本地，以便以后使用，这里"全局数据库名"为"stsys"，"字符集设置"选择"操作系统区域设置（ZHS16GBK）"，设置口令为"Ora123456"，如图 2.6 所示。

（6）单击"下一步"按钮，执行先决条件检查后，出现"概要"窗口，生成安装设置概要信息，可保存上述信息到本地，对于需要修改的地方，可返回"上一步"进行调整，如图 2.7 所示，确认无误后，单击"安装"按钮。

（7）出现"安装产品"窗口，进入安装产品过程，持续时间较长，如图 2.8 所示。

（8）安装完成并且 Oracle Database 配置完成后，出现"完成"窗口，提示安装成功，如图 2.9 所示，单击"关闭"按钮结束 Oracle 12c 的安装。

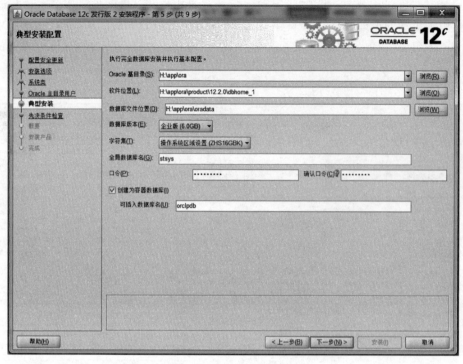

图 2.6 "典型安装配置"窗口

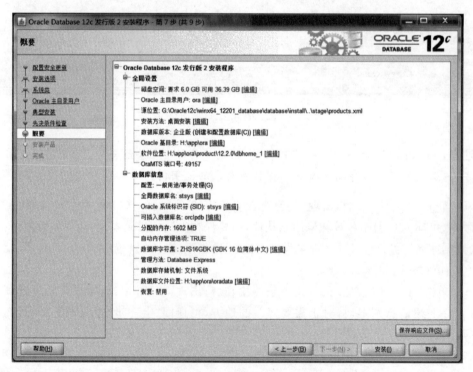

图 2.7 "概要"窗口

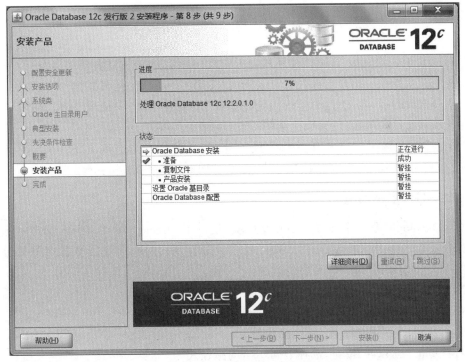

图 2.8　"安装产品"窗口

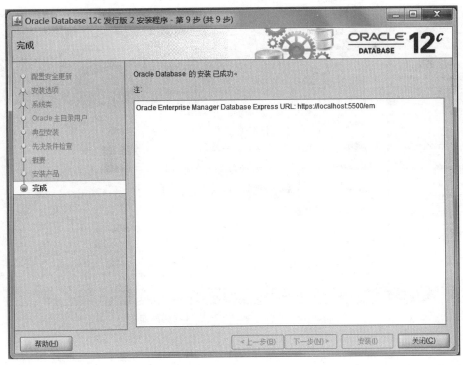

图 2.9　"完成"窗口

2.3 Oracle 数据库开发工具

在 Oracle 12c 数据库中,可以使用两种方式执行命令,一种方式是使用命令行;另一种方式是使用图形界面。图形界面的特点是直观、简便、容易记忆,但灵活性较差,不利于用户对命令及其选项的理解。使用命令行需要记忆命令的语法形式,但使用灵活,有利于加深用户对命令及其选项的理解,可以完成某些图形界面无法完成的任务。

Oracle 12c 数据库有很多开发和管理工具,包括使用图形界面的 SQL Developer 和 Oracle Enterprise Manager,使用命令行的 SQL * Plus 下面分别进行介绍。

2.3.1 SQL Developer

SQL Developer 是一个图形化的开发环境,集成于 Oracle 12c 中,创建、修改和删除数据库对象,运行 SQL 语句,调试 PL/SQL 程序十分直观、方便,简化了数据库的管理和开发,提高了工作效率,受到广大用户的欢迎。

启动 SQL Developer 操作步骤如下。

(1) 选择"开始"→"所有程序"→Oracle-OraDb12_home1→"应用程序开发"→SQL Developer 命令,如果是第一次启动,会弹出 Oracle SQL Developer 窗口,要求输入 java. exe 完全路径,单击"Browse"按钮,选择 java. exe 的路径。

(2) 出现 SQL Developer 窗口的起始页,如图 2.10 所示。

图 2.10 SQL Developer 窗口的起始页

(3) SQL Developer 启动后,需要创建一个数据库连接,创建了数据库连接后,才能在该数据库中创建、更改对象和编辑表中的数据。在主界面左边窗口的"连接"选项卡中右击"连接"节点,选择"新建连接"命令,弹出"新建/选择数据库连接"对话框,在"连接名"文本框中输入一个自定义的连接名,如"sys_stsys",在"用户名"文本框中输入"system",在"口令"文本框中输入相应的密码,这里口令为"Ora123456"(安装时已设置),选中"保存口令"复选框,"角色"复选框保留为默认的 default,在"主机名"复选框中保留为"localhost";"端口"值保留默认的"1521","SID"框中输入数据库的 SID,本书为"stsys",设置完毕后,单击"保存"按钮对设置进行保存,单击"测试"按钮对连接进行测试。如果测试成功,在左下角状态栏会显示成功,如图 2.11 所示。

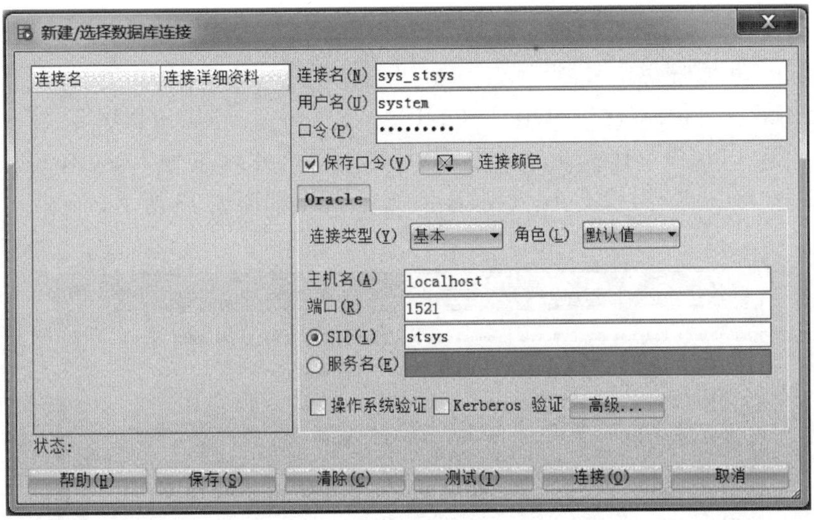

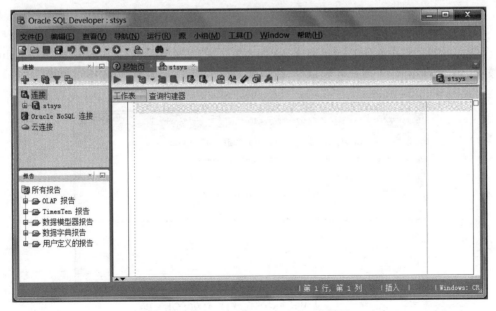

图 2.11　"新建/选择数据库连接"对话框

(4) 单击"连接"按钮,出现 Oracle SQL Developer 主界面,如图 2.12 所示。

图 2.12　Oracle SQL Developer 主界面

2.3.2　SQL * Plus

SQL * Plus 是 Oracle 公司独立的 SQL 语言工具产品，它是与 Oracle 数据库进行交互的一个非常重要的工具，同时也是一个可用于各种平台的工具，很多初学者使用 SQL * Plus 与 Oracle 数据库进行交互，执行启动或关闭数据库，数据查询，数据插入、删除、修改，创建用户和授权，备份和恢复数据库等操作。

1. 启动 SQL * Plus

启动 SQL * Plus 有以下两种方式。

（1）从 Oracle 程序组中启动。

选择"开始"→"所有程序"→Oracle-OraDb 12c_home1→"应用程序开发"→SQL Plus 命令，进入 SQL Plus 命令行窗口。这里，在"请输入用户名："处输入"system"，在"输入口令："处输入"Ora123456"，按 Enter 键后连接到 Oracle，如图 2.13 所示。

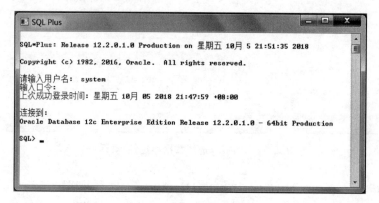

图 2.13　从 Oracle 程序组中启动 SQL * Plus

（2）从 Windows 命令窗口启动。

选择"开始"→"运行"命令，进入 Windows 运行窗口，在"打开"文本框中输入"sqlplus"后按 Enter 键，然后输入用户名和口令，连接到 Oracle 后进入如图 2.14 所示界面。

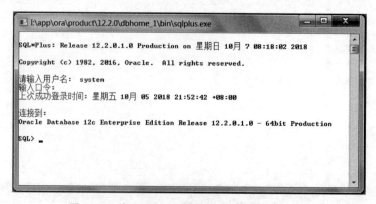

图 2.14　从 Windows 命令窗口启动 SQL * Plus

2. 使用 SQL * Plus

下面介绍使用 SQL * Plus 创建数据表、插入和查询数据。

【例 2.1】　使用 SQL * Plus 编辑界面创建学生成绩数据库 stsys 中的成绩表 score。

在提示符 SQL >后输入以下语句：

```
CREATE TABLE score
(
    sno char(6) NOT NULL,
    cno char(4) NOT NULL,
    grade int NULL,
    PRIMARY KEY(sno,cno)
);
```

该语句执行结果如图 2.15 所示。

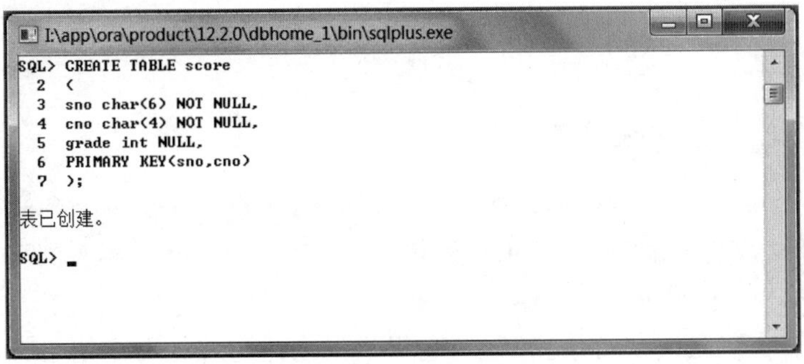

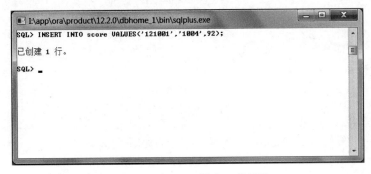

图 2.15　创建 score

注意：Oracle 命令不分大小写，在 SQL * Plus 中每条命令以分号(；)为结束标志。

【例 2.2】　使用 INSERT 语句向成绩表 score 插入一条记录。

在提示符 SQL >后输入以下语句：

```
INSERT INTO score VALUES('121001','1004',92);
```

该语句执行结果如图 2.16 所示。

图 2.16　向 score 插入一条记录

【例 2.3】 使用 SELECT 语句可查询成绩表 score 中的记录。

在提示符 SQL>后输入以下语句：

```
SELECT * FROM score;
```

该语句执行结果如图 2.17 所示。

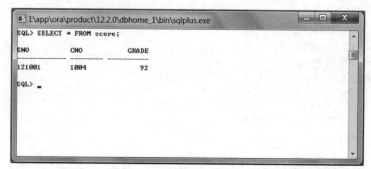

图 2.17　查询 score 中的记录

3. SQL * Plus 编辑命令

在 SQL * Plus 中,最后执行的一条 SQL * Plus 语句将保存在一个 SQL 缓冲区的内存区域中,用户可对 SQL 缓冲区中的 SQL 语句进行修改、保存,然后再次执行。

(1) SQL * Plus 行编辑命令。

SQL * Plus 窗口是一个行编辑环境,它提供了一组行编辑命令用于编辑保存在 SQL 缓冲区中的语句,常用的编辑命令如表 2.1 所示。

表 2.1　SQL * Plus 行编辑命令

命　令	描　述
A[PPEND] text	将文本 text 的内容附加在当前行的末尾
C[HRNGE]/old/new	将旧文本 old 替换为新文本 new 的内容
C[HANGE] /text/	删除当前行中 text 指定的内容
CL[EAR] BUFF[ER]	删除 SQL 缓冲区中的所有命令行
DEL	删除当前行
DEL n	删除 n 指定的行
DEL m n	删除由 m 行到 n 行之间的所有命令
DEL n LAST	删除由 n 行到最后一行的命令
I[NPUT]	在当前行后插入任意数量的命令行
I[NPUT] text	在当前行后插入一行 text 指定的命令行
L[IST]	列出所有行
L[IST] n 或只输入 n	显示第 n 行,并指定第 n 行为当前行
L[IST] m n	显示第 m 到第 n 行
L[IST] *	显示当前行
R[UN]	显示并运行缓冲区当前命令
n text	用 text 文本的内容替代第 n 行
O text	在第一行之前插入 text 指定的文本

（2）SQL * Plus 文件操作命令。

SQL * Plus 常用的文件操作命令如表 2.2 所示。

表 2.2　SQL * Plus 文件操作命令

命　　令	描　　述
SAV［E］filename	将 SQL 缓冲区的内容保存到指定的文件中，默认的扩展名为.sql
GET filename	将文件的内容调入 SQL 缓冲区，默认的文件扩展名为.sql
STA［RT］filename	运行 filename 指定的命令文件
@ filename	运行 filename 指定的命令文件
ED［IT］	调用编辑器，并把缓冲区的内容保存到文件中
ED［IT］filename	调用编辑器，编辑所保存的文件内容
SPO［OL］［filename］	把查询结果放入到文件中
EXIT	退出 SQL * PLUS

【例 2.4】　在 SQL * Plus 中输入一条 SQL 查询语句，将当前缓冲区的 SQL 语句保存为 sco.sql 文件，再将保存在磁盘上的文件 sco.sql 调入缓冲区执行。

（1）保存脚本文件 sco.sql。

输入 SQL 查询语句。

```
SELECT sno, cno
  FROM score
  WHERE GRADE = 92;
```

保存 SQL 语句到 sco.sql 文件中。

```
SAVE E:\sco.sql
```

（2）调入脚本文件 sco.sql 并执行。

```
GET E:\sco.sql
```

运行缓冲区的命令使用"/"即可，执行结果如图 2.18 所示。

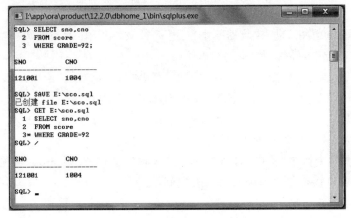

图 2.18　查询 score 中的记录

2.3.3 Oracle Enterprise Manager

企业管理器(Oracle Enterprise Manager,OEM),它是一个基于 Java 的框架系统,具有图形用户界面,OEM 采用了基于 Web 的界面,使用 B/S 模式访问 Oracle 数据库管理系统。使用 OEM 可以创建表、视图等、管理数据库的安全性、备份和恢复数据库、查询数据库的执行情况和状态、管理数据库的内存和存储结构等。

OEM 操作步骤如下。

(1) 在浏览器地址栏输入 OEM 的 URL 地址"https://localhost:5500/em/",启动 OEM。

(2) 出现 OEM 的登录页面,如图 2.19 所示,在"用户名"文本框中输入"sys",在"口令"文本框中输入设定的"Ora123456",单击"以 sysdba 身份"复选框。

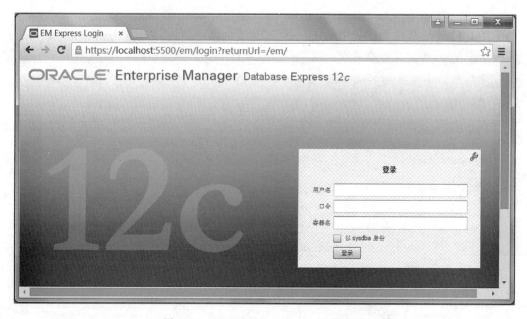

图 2.19 OEM Express Login 登录界面

(3) 单击"登录"按钮,进入"数据库主目录"属性页,用于显示当前数据库的状态、性能、资源、SQL 监视、意外事件等,如图 2.20 所示。

(4) 在"数据库主目录"菜单栏,选择"配置"菜单"初始化参数"选项,进入"初始化参数"属性页,显示 Ansi 相容性、Exadata、Java、PL/SQL、SGA 内存等参数。

(5) 在"数据库主目录"菜单栏,选择"存储"菜单"还原管理"选项,进入"还原管理"属性页,显示还原概要、还原统计信息概要、还原指导、统计信息等。

(6) 在"数据库主目录"菜单栏,选择"安全"菜单"用户"选项,进入"普通用户"属性页,显示用户名称、账户状态、失效日期、默认表空间等。

(7) 在"数据库主目录"菜单栏,选择"性能"菜单"性能中心"选项,进入"性能中心"属性页,显示过去 1 小时实时情况,并可通过"概要""活动""工作量""监视的 SQL""ADDM""容

图 2.20　"数据库主目录"属性页

器"等选项卡查询有关性能。

2.4　Oracle 12c 数据库卸载

Oracle12c 数据库卸载包括停止所有 Oracle 服务、卸载所有 Oracle 组件、手动删除 Oracle 残留部分等步骤。

2.4.1　停止所有 Oracle 服务

在卸载 Oracle 组件以前,必须首先停止所有 Oracle 服务,其操作步骤如下。

(1) 选择"开始"→"控制面板"→"管理工具"命令,在右侧窗口中双击"服务"选项,弹出如图 2.21 所示"服务"对话框。

(2) 在"服务"窗口中,找到所有与 Oracle 相关且状态为"已启动"的服务,分别右击"已启动"的服务,在弹出的快捷菜单中选择"停止"命令。

(3) 退出"服务"窗口,退出"控制面板"。

2.4.2　卸载所有 Oracle 组件

运行命令 I:\app\ora\product\12.2.0\dbhome_1\deinstall\deinstall,即可卸载所选择的组件。

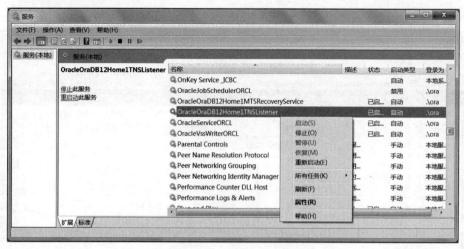

图 2.21　"服务"对话框

2.4.3　手动删除 Oracle 残留部分

由于 Oracle Universal Installer(OUI)不能完全卸载 Oracle 所有成分,在卸载完 Oracle 所有组件后,还需要手动删除 Oracle 残留部分,包括注册表、环境变量、文件和文件夹等。

1. 从注册表中删除

删除注册表中所有 Oracle 入口,操作步骤如下。

(1)选择"开始"→"运行",在"打开"文本框中输入 regedit 命令,单击"确定"按钮,弹出"注册表编辑器"对话框。

(2)在"注册表编辑器"对话框中,在 HKEY_CLASSES_ROOT 路径下,查找 Oracle、ORA、Ora 的注册项进行删除,如图 2.22 所示。

图 2.22　HKEY_CLASSES_ROOT 路径

在 HKEY_LOCAL_MACHINE\SOFTWARE\ORACLE 路径下，删除 ORACLE 目录，该目录注册 ORACLE 数据库软件安装信息，如图 2.23 所示。

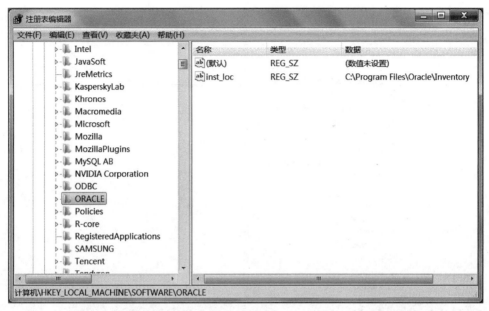

图 2.23　HKEY_LOCAL_MACHINE\SOFTWARE\ORACLE 路径

在 HKEY_LOCAL_MACHINE\SYSTEM\CurrentControlSet\Services 路径下，删除所有以 ORACLE 开始的服务名称，该键标识 ORACLE 在 Windows 下注册的服务，如图 2.24 所示。

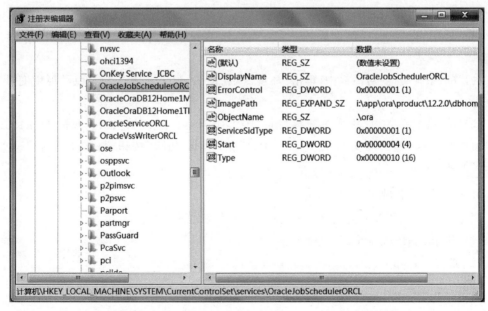

图 2.24　HKEY_LOCAL_MACHINE\SYSTEM\CurrentControlSet\Services 路径

在 HKEY_LOCAL_MACHINE\SYSTEM\CurrentControlSet\Services\Eventlog\ Application 路径下,删除以 ORACLE 开头的 ORACLE 事件日志,如图 2.25 所示。

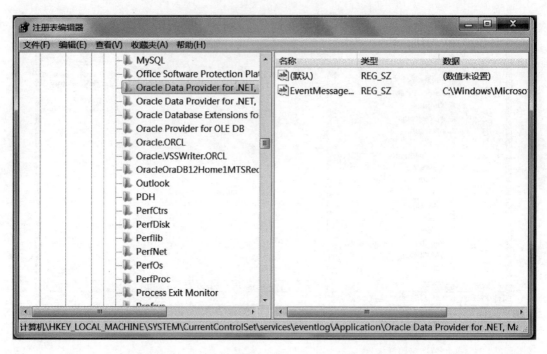

图 2.25　HKEY_LOCAL_MACHINE\SYSTEM\CurrentControlSet\Services\Eventlog\Application 路径

(3) 确定删除后,退出"注册表编辑器"窗口。

2. 从环境变量中删除

从环境变量中删除 Oracle 残留部分,操作步骤如下。

(1) 选择"开始"→"控制面板"→"系统",单击"高级系统设置"选项,弹出"系统属性"对话框。

(2) 在"系统属性"对话框中,单击"环境变量"按钮,弹出如图 2.26 所示"环境变量"对话框。

(3) 在"系统变量"列表框中,选择变量"Path"选项,单击"编辑"按钮,删除 Oracle 在该变量值中的内容;选择变量"ORACLE_HOME",单击"删除"按钮,将该变量删除。单击"确定"按钮,保存并退出。

3. 从文件夹中删除

删除 Oracle 残留部分的文件和文件夹,操作步骤如下。

(1) 删除 C:\Program Files\Oracle。

(2) 删除 D:\app。

注意:需要对 Oracle 数据库重新安装,必须先卸载已安装的 Oracle 数据库。

图 2.26　"环境变量"对话框

2.5　小　　结

本章主要介绍了以下内容。

（1）Oracle 12c 数据库在云端数据库整合的全新多租户架构、支持行式存储与列式存储并存的内存数据库、与大数据的高度集成、使 Oracle 数据库成为私有云和公有云部署的理想平台、数据自动优化、深度安全防护等方面具有新特性。

（2）在 Windows 7 系统下安装 Oracle 12c 的安装要求和安装步骤。

（3）SQL Developer 是一个图形化的开发环境，集成于 Oracle 12c 中，用于创建、修改和删除数据库对象，运行 SQL 语句，调试 PL/SQL 程序。

（4）SQL * Plus 是 Oracle 公司独立的 SQL 语言工具产品，是一个使用命令行的开发环境，它是与 Oracle 数据库进行交互的一个非常重要的工具，同时也是一个可用于各种平台的工具，广泛应用于执行启动或关闭数据库，数据查询，数据插入、删除、修改，创建用户和授权，备份和恢复数据库等操作。

（5）企业管理器（Oracle Enterprise Manager，OEM）具有图形用户界面，使用 OEM 可以创建表、视图等、管理数据库的安全性、备份和恢复数据库、查询数据库的执行情况和状态等。

（6）Oracle 12c 数据库卸载包括停止所有 Oracle 服务，卸载所有 Oracle 组件，手动删除 Oracle 残留部分等步骤。

习　题　2

一、选择题

1. 下列操作系统中，不能运行 Oracle 12c 的是＿＿＿＿＿。

  A. Windows   B. Macintosh

  C. Linux   D. Unix

2. 关于 SQL＊Plus 的叙述正确的是＿＿＿＿＿。

  A. SQL＊Plus 是 Oracle 数据库的专用访问工具

  B. SQL＊Plus 是标准的 SQL 访问工具，可以访问各类关系数据库

  C. DB 包括 DBS 和 DBMS

  D. DBS 就是 DBMS，也就是 DB

3. SQL＊Plus 显示 student 表结构的命令是＿＿＿＿＿。

  A. LIST student

  B. DESC student

  C. SHOW DESC student

  D. SHOW STRUCTURE student

4. 将 SQL＊Plus 的显示结果输出到 E:\dp.txt 的命令＿＿＿＿＿。

  A. SPOOL TO E:\dp.txt   B. SPOOL ON E:\dp.txt

  C. SPOOL E:\dp.txt   D. WRITE TO E:\dp.txt

5. SQL＊Plus 执行刚输入的一条命令用＿＿＿＿＿。

  A. 正斜杠（/）   B. 反斜杠（\）

  C. 感叹号（!）   D. 句号（.）

二、填空题

1. 在 SQL＊Plus 工具中，可以运行 SQL 语句和＿＿＿＿＿。

2. 使用 SQL＊Plus＿＿＿＿＿命令可以显示表结构的信息。

3. 使用 SQL＊Plus 的＿＿＿＿＿命令可以将文件的内容调入缓冲区，并且不执行。

4. 使用 SQL＊Plus 的＿＿＿＿＿命令可以将缓冲区的内容保存到指定文件中。

三、问答题

1. Oracle 12c 具有哪些新特征？

2. Oracle 12c 安装要求有哪些？

3. 简述 Oracle 12c 安装步骤。

4. Oracle 12c 有哪些管理工具？

5. SQL Developer 有哪些功能？

6. 简述启动 SQL Developer 的操作步骤。

7. 简述 Oracle 12c 的卸载步骤。

四、应用题

1. 安装 Oracle 12c。

2. 在 SQL * Plus 工具中,使用 SELECT 语句查询教师表 teacher 中的记录,并列出缓冲区的内容。

3. 在 SQL * Plus 中,将以下 SQL 语句中 tc 的值修改为 52 后再执行。

```
SELECT * FROM student WHER tc = 50;
```

4. 在 SQL * Plus 中输入一条 SQL 查询语句,

```
SELECT * FROM course;
```

将当前缓冲区的语句保存为 course.sql 文件,再将保存在磁盘上的文件 course.sql 调入缓冲区执行。

第 3 章

创建数据库

本章要点
- Oracle 数据库的体系结构
- 创建和删除数据库

在 Oracle 中,数据库是一个数据容器,它包含表、视图、索引、过程、函数等对象,表是数据库中最重要的数据库对象,用来存储数据库中的数据。本章介绍 Oracle 数据库的体系结构、创建和删除数据等内容。

3.1 Oracle 数据库的体系结构

Oracle 是一个关系数据库系统,Oracle 数据库(Database)是一个数据容器,它包含表、视图、索引、过程、函数等对象,用户只有和一个确定的数据库相连接,才能使用和管理该数据库中的数据。在使用数据库之前,有必要了解 Oracle 数据库的体系结构。

Oracle 数据库的体系结构包括逻辑结构、物理结构和总体结构。其中,逻辑结构为 Oracle 引入的结构,物理结构为操作系统所拥有的结构。Oracle 引入逻辑结构,首先是为了增加 Oracle 的可移植性,即在某个操作系统上开发的数据库几乎可以不加修改地移植到另外的操作系统上;其次是为了减少 Oracle 操作人员的操作难度,只需对逻辑结构进行操作,而从逻辑结构到物理结构的映射,则由 Oracle 数据库管理系统来完成。

下面对逻辑结构、物理结构和总体结构分别进行介绍。

3.1.1 逻辑结构

逻辑结构包括表空间,段、盘区和数据块,表,索引,用户和方案等。

1. 表空间

表空间(Table Space)是 Oracle 数据库中数据的逻辑组织单位,通过表空间来组织数据库中的数据,数据库逻辑上由一个或多个表空间组成,表空间物理上是由一个或多个数据文件组成,Oracle 系统默认创建的表空间如下。

(1) EXAMPLE 表空间。

EXAMPLE 表空间是示例表空间,用于存放示例数据库的方案对象信息及其培训资料。

(2) SYSTEM 表空间。

SYSTEM 表空间是系统表空间,用于存放 Oracle 系统内部表和数据字典的数据,如表名、列名和用户名等。一般不赞成将用户创建的表、索引等存放在 SYSTEM 表空间中。

（3）SYSAUX 表空间。

SYSAUX 表空间是辅助系统表空间，主要存放 Oracle 系统内部的常用样例用户的对象，如存放 CMR 用户的表和索引等，从而减少系统表空间的负荷。

（4）TEMP 表空间。

TEMP 表空间是临时表空间，存放临时表和临时数据，用于排序和汇总等。

（5）UNDOTBS1 表空间。

UNDOTBSI 表空间是重做表空间，存放数据库中有关重做的相关信息和数据。

（6）USERS 表空间。

USERS 表空间是用户表空间，存放永久性用户对象的数据和私有信息，因此也被称为数据表空间。

2. 段、盘区和数据块

- 段（Segment）：段是按照不同的处理性质，在表空间划分出不同区域，用于存放不同的数据，例如，数据段、索引段、临时段等。
- 盘区（Extent）：盘区由连续分配的相邻数据块组成。
- 数据块（Data Block）：数据块是数据库中最小的、最基本的存储单位。

表空间划分为若干段，段由若干个盘区组成，盘区由连续分配的相邻数据块组成，如图 3.1 所示。

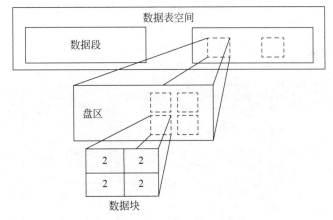

图 3.1　表空间、段、盘区和数据块之间的关系

3. 表

表（Table）是数据库中存放用户数据的对象，它包含一组固定的列，表中的列描述该表所跟踪的实体的属性，每个列都有一个名字和若干个属性。

4. 索引

索引（Index）是帮助用户在表中快速地查找记录的数据库结构，既可以提高数据库性能，又能够保证列值的唯一性。

5. 用户

用户(User)账号虽然不是数据库中的一个物理结构,但它与数据库中的对象有着重要的关系,这是因为用户拥有数据库的对象。

6. 方案

用户账号拥有的对象集称为用户的方案(SCHEMA)。

3.1.2 物理结构

物理结构包括数据文件、控制文件、日志文件、初始化参数文件、其他文件等。

1. 数据文件

数据文件(Data File)是用来存放数据库数据的物理文件,文件后缀名为".DBF"。

数据文件存放的主要内容有:

- 表中的数据;
- 索引数据;
- 数据字典定义;
- 回滚事务所需信息;
- 存储过程、函数和数据包的代码;
- 用来排序的临时数据。

每一个 Oracle 数据库都有一个或多个数据文件,每一个数据文件只能属于一个表空间,数据文件一旦加入到表空间,就不能从这个表空间中移走,也不能和其他表空间发生联系。

数据库、表空间和数据文件之间的关系,如图 3.2 所示。

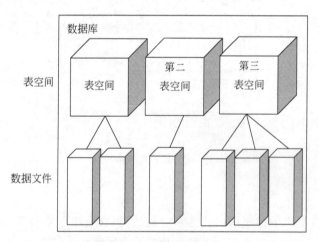

图 3.2 数据库、表空间和数据文件之间的关系

2. 重做日志文件

日志文件(Log File)用于记录对数据库进行的修改操作和事务操作,文件后缀名为".LOG"。

除了数据文件外,最重要的 Oracle 数据库实体档案就是重做日志文件(Redo Log Files)。Oracle 保存所有数据库事务的日志。这些事务被记录在联机重做日志文件(Online Redo Log File)中。当数据库中的数据遭到破坏时,可以用这些日志来恢复数据库。

3. 控制文件

控制文件(Control File)用于记录和维护整个数据库的全局物理结构,它是一个二进制文件,文件后缀名为".CTL"。

控制文件存放了与 Oracle 数据库物理文件有关的关键控制信息,如数据库名和创建时间,物理文件名、大小及存放位置等信息。

控制文件在创建数据库时生成,以后当数据库发生任何物理变化都将被自动更新。

每个数据库包含两个或多个控制文件。这几个控制文件的内容上保持一致。

3.1.3 总体结构

总体结构包括实例、内存结构、进程等。

1. 实例

数据库实例(Instance)也称作服务器(Server),它由系统全局区(System Global Area,SGA)和后台进程组成,实例用来访问数据库且只能打开一个数据库,一个数据库可以被多个实例访问,实例与数据库之间的关系如图 3.3 所示。

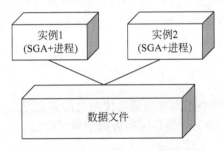

图 3.3 实例与数据库之间的关系

2. 内存结构

内存结构是 Oracle 存放常用信息和所有运行在该机器上的 Oracle 程序的内存区域,Oracle 有两种类型的内存结构:系统全局区(System Global Area,SGA)和程序全局区(Program Global Area,PGA)。

(1) 系统全局区。

SGA 区是由 Oracle 分配的共享内存结构,包含一个数据库实例共享的数据和控制信息。当多个用户同时连接同一个实例时,SGA 区数据供多个用户共享,所以 SGA 区又称为共享全局区。SGA 区在实例启动时分配,实例关闭时释放。

SGA 包含几个重要区域,数据块缓存区(Data Block Buffer Cache)、字典缓存区(Dictionary Cache)、重做日志缓冲区(Redo Log Buffer)和共享池(Shared SQL Pool),如图 3.4 所示。

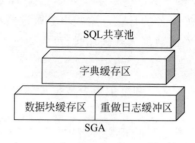

图 3.4　SGA 各重要区域之间的关系

- 数据块缓存区。

数据块缓存区为 SGA 的主要成员,用来存放读取自数据文件的数据块复本,或是使用者曾经处理过的数据。

数据块缓存区又称用户数据高速缓存区,为所有与该实例相链接的用户进程所共享。采用最近最少使用算法(LRU)来管理可用空间。

- 字典缓存区。

数据库对象信息存储在数据字典中,包括用户账号、数据文件名、表说明和权限等。当数据库需要这些信息,就要读取数据字典,并将这些信息存储在字典缓存区中。

- 重做日志缓冲区。

联机重做日志文件用于记录数据库的更改,对数据库进行修改的事务(Transaction)在记录到重做日志之前都必须首先放到重做日志缓冲区(Redo Log Buffer)中。重做日志缓冲区是专为此开辟的一块内存区域,重做日志缓存中的内容将被 LGWR 后台进程写入重做日志文件。

- 共享池。

共享池(Shared SQL Pool)用来存储最近使用过的数据定义,最近执行过的 SQL 指令,以便共享。共享池有两个部分:库缓存区和数据字典缓存区。

(2) 程序全局区。

PGA 是为每一个与 Oracle 数据库连接的用户保留的内存区,主要存储该连接使用的变量信息和与用户进程交换的信息,它是非共享的,只有服务进程本身才能访问它自己的 PGA 区。

3. 进程

进程是操作系统中一个独立的可以调度的活动,用于完成指定的任务,进程可看作由一段可执行的程序、程序所需要的相关数据和进程控制块组成。

进程的类型有用户进程、服务器进程、后台进程。

(1) 用户进程。

当用户连接数据库执行一个应用程序时,会创建一个用户进程,来完成用户所指定的任务,用户进程在用户方工作,它向服务器进程提出请求信息。

(2) 服务器进程。

服务器进程由 Oracle 自身创建,用于处理连接到数据库实例的用户进程所提出的请求,用户进程只有通过服务器进程才能实现对数据库的访问和操作。

（3）后台进程。

为了保证 Oracle 数据库在任意一个时刻可以处理多用户的并发请求，进行复杂的数据操作，Oracle 数据库起用了一些相互独立的附加进程，称为后台进程。服务器进程在执行用户进程请求时，调用后台进程来实现对数据库的操作。

Oracle 数据库服务器的总体结构如图 3.5 所示。

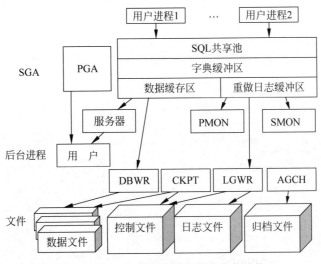

图 3.5　Oracle 数据库服务器的总体结构

几个常用的后台进程介绍如下。

• DBWR（数据库写入进程）。

负责将数据块缓冲区内变动过的数据块写回磁盘内的数据文件。

• LGWR（日志写入进程）。

负责将重做日志缓冲区内变动记录循环写回磁盘内的重做日志文件，该进程会将所有数据从重做日志缓存中写入到现行的在线重做日志文件中。

• SMON（系统监控进程）。

系统监控进程的主要职责是重新启动系统。

• PMON（进程监控进程）。

PMON 的主要职责是监控服务器进程和注册数据库服务。

• CKPT（检查点进程）。

在适当时候产生一个检查点事件，确保缓冲区内经常被变动的数据也要定期被写入数据文件。在检查点之后，万一需要恢复，不再需要写检查点之前的记录，从而缩短数据库的重新激活时间。

3.2　创建和删除数据库

3.2.1　删除数据库

本书在 Oracle 数据库安装时，已创建数据库 stsys，现在使用图形界面方式的数据库配置向导（Database Configuration Assistant，DBCA）首先删除该数据库，再重新创建数据库。

【例 3.1】 使用 DBCA 删除数据库 stsys。

使用 DBCA 删除数据库 stsys 操作步骤如下。

（1）选择"开始"→"所有程序"→Oracle-OraDB12Home1→"配置和移植工具"→Database Configuration Assistant 命令，启动 DBCA。

（2）单击"下一步"按钮，出现"选择数据库操作"窗口，这里选择"删除数据库"单选按钮，如图 3.6 所示。

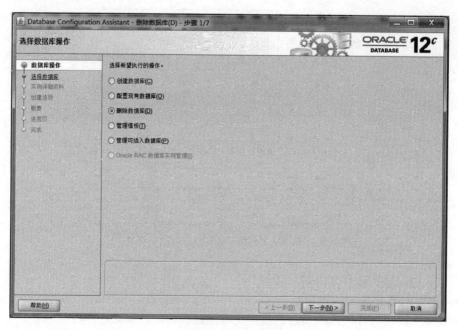

图 3.6　"操作"窗口

（3）单击"下一步"按钮，进入"选择数据库"窗口，这里选择 stsys 数据库，如图 3.7 所示，单击"下一步"按钮。

（4）单击"下一步"按钮，进入"管理选项"窗口、"概要"窗口，都保持默认设置，单击"完成"按钮，在弹出的确认删除提示框中单击"是"按钮，显示删除进度，完成删除数据库操作。

3.2.2　创建数据库

使用图形界面方式的数据库配置向导（Database Configuration Assistant，DBCA）创建数据库举例如下。

【例 3.2】 使用 DBCA 创建数据库 stsys。

使用 DBCA 创建数据库 stsys 操作步骤如下。

（1）启动 DBCA，进入"选择数据库操作"窗口，单击"创建数据库"单选按钮，如图 3.8 所示。

（2）单击"下一步"按钮，出现"选择数据库创建模式"窗口，在"全局数据库名"输入"stsys"，在"数据库字符集"中选择"ZHS 16GBK-GBK 16 位简体中文"，在"管理口令""确认口令"和"Oracle 主目录用户口令"栏目中，分别输入"Ora123456"，如图 3.9 所示。

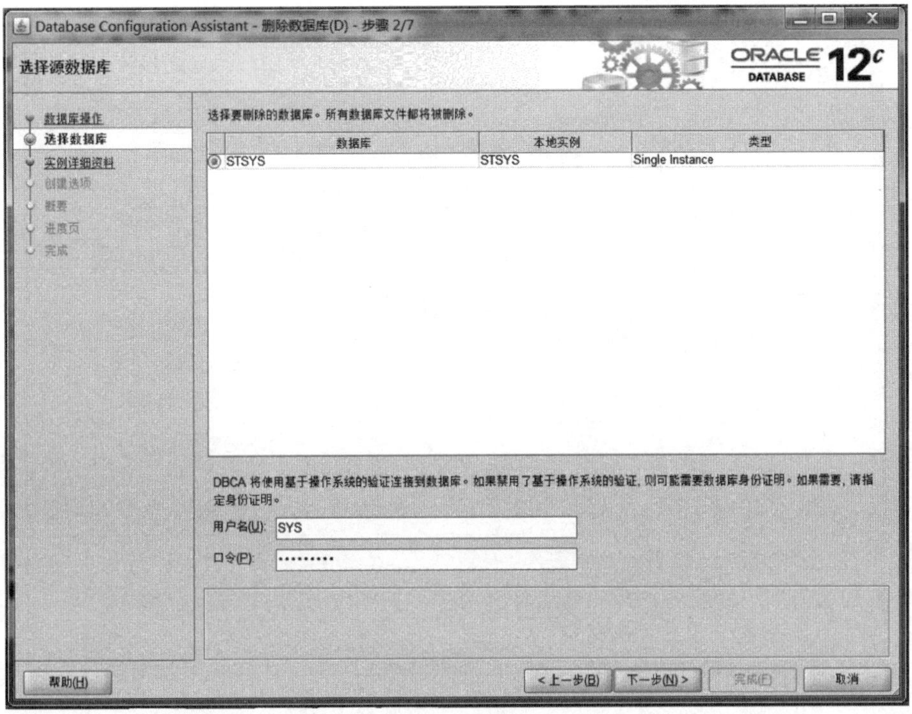

图 3.7　"选择源数据库"窗口

图 3.8　"选择数据库操作"窗口

图 3.9 "选择数据库创建模式"窗口

（3）单击"下一步"按钮，进入"概要"窗口，如图 3.10 所示，单击"完成"按钮，出现"进度页"窗口，直至数据库 stsys 创建完成。

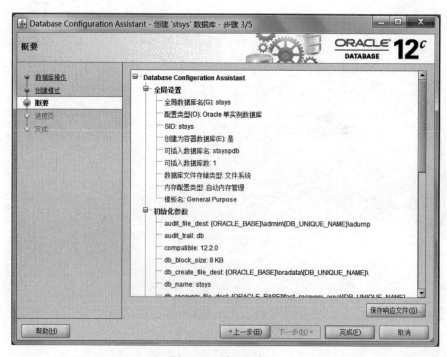

图 3.10 "概要"窗口

3.3　小　　结

本章主要介绍了以下内容。

（1）Oracle 数据库的体系结构包括逻辑结构、物理结构和总体结构。

（2）逻辑结构包括表空间、段、盘区、数据块、表、其他逻辑对象等。

表空间（TableSpace）是 Oracle 数据库中数据的逻辑组织单位，通过表空间来组织数据库中的数据，数据库逻辑上由一个或多个表空间组成，表空间物理上是由一个或多个数据文件组成。

段（Segment）是按照不同的处理性质，在表空间划分出不同区域，用于存放不同的数据，例如，数据段、索引段、临时段等。

盘区由连续分配的相邻数据块组成。

数据块（Data Block）是数据库中最小的、最基本的存储单位。

表（Table）是数据库中存放用户数据的对象，它包含一组固定的列，表中的列描述该表所跟踪的实体的属性，每个列都有一个名字和若干个属性。

（3）物理结构包括数据文件、控制文件、日志文件、初始化参数文件、其他文件等。

数据文件（Data File）是用来存放数据库数据的物理文件，文件后缀名为“.DBF”。

日志文件（Log File）用于记录对数据库进行修改操作和事务操作，文件后缀名为“.LOG”。

控制文件（Control File）用于记录和维护整个数据库的全局物理结构，它是一个二进制文件，文件后缀名为“.CTL”。

（4）总体结构包括实例、内存结构、进程等。

数据库实例（Instance）也称作服务器（Server），它由系统全局区（System Global Area，SGA）和后台进程组成，实例用来访问数据库且只能打开一个数据库，一个数据库可以被多个实例访问。

内存结构是 Oracle 存放常用信息和所有运行在该机器上的 Oracle 程序的内存区域，Oracle 有两种类型的内存结构：系统全局区（System Global Area，SGA）和程序全局区（Program Global Area，PGA）。

进程是操作系统中一个独立的可以调度的活动，用于完成指定的任务，进程可看作由一段可执行的程序、程序所需要的相关数据和进程控制块组成。进程的类型有用户进程、服务器进程、后台进程。

（5）使用图形界面方式删除和创建数据库。

3.4　创建数据库实验

1. 实验目的及要求

（1）掌握使用 DBCA（数据库配置向导）删除数据库的步骤和方法。

（2）掌握使用 DBCA（数据库配置向导）创建数据库的步骤和方法。

2. 实验内容

（1）使用 DBCA 删除数据库 stsys。

（2）使用 DBCA 创建数据库 stsys。

3. 观察与思考

（1）Oracle 数据库文件有哪几种，扩展名分别是什么？

（2）Oracle 常用的后台进程有哪几个？

习 题 3

一、选择题

1. 下列选项中，属于 Oracle 数据库最小存储分配单元的是＿＿＿＿＿＿。

  A. 表空间   B. 盘区   C. 数据块   D. 段

2. 当数据库创建时，会自动生成＿＿＿＿＿＿。

  A. SYSTEM 表空间   B. TEMP 表空间

  C. USERS 表空间   D. TOOLS 表空间

3. 每个数据库至少有＿＿＿＿＿＿重做日志文件。

  A. 1个   B. 2个   C. 3个   D. 任意个

4. 解析后的 SQL 语句在 SGA 的＿＿＿＿＿＿区域中进行缓存。

  A. 数据缓冲区   B. 字典缓冲区

  C. 重做日志缓冲区   D. 共享池

5. 在全局存储区 SGA 中，＿＿＿＿＿＿内存区域是循环使用的。

  A. 数据缓冲区   B. 字典缓冲区

  C. 共享池   D. 重做日志缓冲区

6. 当数据库运行在归档模式下，如果发生日志切换，为了不覆盖旧的日志信息，系统将启动＿＿＿＿＿＿进程。

  A. LGWR   B. DBWR   C. ARCH   D. RECO

7. 下列进程中，用于将修改后的数据从内存保存到磁盘数据文件中的是＿＿＿＿＿＿。

  A. PMON   B. SMON   C. LGWR   D. DBWR

二、填空题

1. 一个表空间物理上对应一个或多个＿＿＿＿＿＿文件。

2. Oracle 数据库系统的物理存储结构主要由数据文件、＿＿＿＿＿＿、控制文件三类文件组成。

3. 用户对数据库的操作如果产生日志信息，则该日志信息首先存储在＿＿＿＿＿＿中，然后由 LGWR 进程保存到日志文件。

4. 在 Oracle 实例系统中，进程分为用户进程、服务器进程和＿＿＿＿＿＿。

5. ＿＿＿＿＿＿是 Oracle 最大的逻辑存储结构。

6. 在安装 Oracle 系统时，一般会自动创建 6 个默认的表空间：＿＿＿＿＿＿、SYSAUX 表空间、TEMP 表空间、UNDOTBS1 表空间、USERS 表空间和 EXAMPLE 表空间。

7. 表空间的管理类型可以分为＿＿＿＿＿＿和本地化管理。

8. 表空间的状态属性有＿＿＿＿＿＿、OFFLINE、READ WRITE 和 READ ONLY 四种

状态。

三、问答题

1．Oracle 数据库的逻辑结构包括哪些内容？

2．Oracle 数据库的物理结构包括哪些文件？

3．什么是数据库实例？简述其组成。

4．什么是内存结构？Oracle 有哪两种内存结构？

5．什么是进程？Oracle 有哪些进程类型？

第4章

创建和使用表

本章要点
- 表的基本概念
- 创建、修改和删除表
- 表数据的操作

在关系数据库中,关系就是表,表是数据库中最重要的数据库对象,用来存储数据库中的数据。本章介绍表的基本概念、创建 Oracle 表、表数据的操作等内容。

4.1 表的基本概念

在创建数据库的过程中,最重要的一步就是创建表,下面介绍创建表要用到的两个基本概念:表和数据类型。

4.1.1 表和表结构

在工作和生活中,表是经常使用的一种表示数据及其关系的形式,在学生成绩管理系统中,学生表如表 4.1 所示。

表 4.1 学生表(student)

学　号	姓　名	性别	出 生 日 期	专　业	班　号	总学分
181001	宋德成	男	1997-11-05	计算机	201805	52
181002	何　静	女	1998-04-27	计算机	201805	50
181004	刘文韬	男	1998-05-13	计算机	201805	52
184001	李浩宇	男	1997-10-24	通信	201836	50
184002	谢丽君	女	1998-01-16	通信	201836	48
184003	陈春玉	女	1997-08-09	通信	201836	52

表包含以下基本概念。

1) 表

表是数据库中存储数据的数据库对象,每个数据库包含若干个表,表由行和列组成。例如,表 4.1 由 6 行 7 列组成。

2) 表结构

每个表具有一定的结构,表结构包含一组固定的列,列由数据类型、长度、允许 NULL

值等组成。

3）记录

每个表包含若干行数据，表中一行称为一个记录（Record）。表 4.1 有 6 个记录。

4）字段

表中每列称为字段（Field），每个记录由若干个数据项（列）构成，构成记录的每个数据项就称为字段。表 4.1 有 7 个字段。

5）空值

空值（NULL）通常表示未知、不可用或将在以后添加的数据。

6）关键字

关键字用于唯一标识记录，如果表中记录的某一字段或字段组合能唯一标识记录，则该字段或字段组合称为候选关键字（Candidate Key）。如果一个表有多个候选关键字，则选定其中的一个为主关键字（Primary Key），又称为主键。表 4.1 的主键为"学号"。

4.1.2　数据类型

Oracle 常用的数据类型有数值型、字符型、日期型、其他数据类型等，下面分别介绍。

1. 数值型

常用的数值型有 number、float 两种，其格式和取值范围如表 4.2 所示。

表 4.2　数值型

数据类型	格　式	说　明
number	NUMBER[(<总位数>[,<小数点右边的位数>)]]	可变长度数值列，允许值为 0、正数和负数，总位数默认为 38，小数点右边的位数默认为 0
float	FLOAT[(<数值位数>)]	浮点型数值列

2. 字符型

常用的字符型有 char、nchar、varchar2、nvarchar2 和 long 等 5 种，它们在数据库中以 ASCII 码的格式存储，其取值范围和作用如表 4.3 所示。

表 4.3　字符型

数据类型	格　式	说　明
char	CHAR[(<长度>[BYTE|CHAR])]	固定长度字符域，最大长度为 2000 字节
nchar	NCHAR[(<长度>)]	多字节字符集的固定长度字符域，最多为 2000 个字符或 2000 字节
varchar2	VARCHAR2[(<长度>[BYTE|CHAR])]	可变长度字符域，最大长度为 4000 字节
nvarchar2	NVARCHAR2[(<长度>)]	多字节字符集的可变长度字符域，最多为 4000 个字符或 4000 字节
long	LONG	可变长度字符域，最大长度为 2GB

3. 日期型

日期型常用的有 date、timestamp 两种，用来存放日期和时间，取值范围和作用如表 4.4 所示。

表 4.4　日期型

数据类型	格　式	说　明
date	DATE	存储全部日期和时间的固定长度字符域，长度为 7 字节，查询时日期默认格式为 DD-MON-RR，除非通过设置 NLS_DATE_FORMAT 参数取代默认格式
timestamp	TIMESTAMP［(<位数>)］	用亚秒的粒度存储一个日期和时间，参数是亚秒粒度的位数，默认为 6，范围为 0～9

4. 其他数据类型

除上述类型外，Oracle 12c 还提供存放大数据的数据类型和二进制文件的数据类型 blob、clob、bfile，如表 4.5 所示。

表 4.5　其他数据类型

数据类型	格式	说　明
blob	BLOB	二进制大对象，最大长度为 4GB
clob	CLOB	字符大对象，最大长度为 4GB
bfile	BFILE	外部二进制文件，大小由操作系统决定

4.1.3　表结构设计

在数据库设计过程中，最重要的是表结构设计。好的表结构设计，对应着较高的效率和安全性；而差的表设计，对应着差的效率和安全性。

创建表的核心是定义表结构及设置表和列的属性，创建表以前，首先要确定表名和表的属性，表所包含的列名、列的数据类型、长度、是否为空、是否主键等，这些属性构成表结构。

学生表 student 包含 sno, sname, ssex, sbirthday, speciality, sclass, tc 等列，其中，sno 列是学生的学号，例如 181001 中 18 表示 2018 年入学，01 表示学生的序号，所以 sno 列的数据类型选字符型 char［(n)］，n 的值为 6，不允许空；sname 列是学生的姓名，姓名一般不超过 4 个中文字符，所以选字符型 char［(n)］，n 的值为 12，不允许空；ssex 列是学生的性别，选字符型 char［(n)］，n 的值为 3，不允许空；sbirthday 列是学生的出生日期，选 date 数据类型，不允许空；speciality 列是学生的专业，选字符型 char［(n)］，n 的值为 18，允许空；sclass 是学生的班号，选字符型 char［(n)］，n 的值为 6，允许空；tc 列是学生的总学分，选 number 数据类型，允许空。在 student 表中，只有 sno 列能唯一标识一个学生，所以将 sno 列设为主键。student 的表结构设计如表 4.6 所示。

表 4.6 student 的表结构

列名	数据类型	允许 null 值	是否主键	说　　明
sno	char(6)		主键	学号
sname	char(12)			姓名
ssex	char(3)			性别
sbirthday	date			出生日期
speciality	char(18)	√		专业
sclass	char(6)	√		班号
tc	number	√		总学分

4.2　创建、修改和删除表

下面介绍使用 SQL Developer 图形界面创建、修改、删除表。

4.2.1　使用 SQL Developer 创建表

【例 4.1】　在 stsys 数据库中创建 student 表。

创建 student 表的操作步骤如下。

(1) 启动 SQL Developer,在"连接"节点下打开数据库连接 sys_stsys,右击"表"节点,在弹出的快捷菜单中选择"新建表"命令。

(2) 弹出"创建 表"对话框,在"名称"栏输入表名"STUDENT",根据已经设计好的 student 的表结构分别输入或选择 SNO,SNAME,SSEX,SBIRTHDAY,SPECIALITY,SCLASS,TC 等列的 PK(是否主键)、列名、数据类型、长度大小、非空性等栏信息,输入完一列后单击"＋"按钮添加下一列,输入完成后的结果如图 4.1 所示。

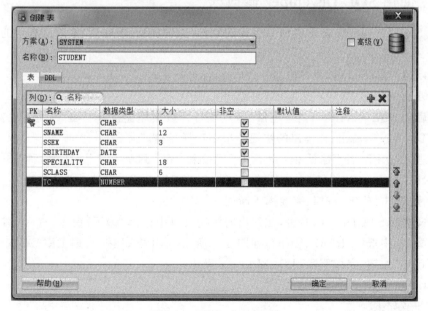

图 4.1 "创建 表"对话框

(3) 输入完最后一列的信息后,选中右上角的"高级"复选框,此时会显示出更多表的选项,如表的类型、列的默认值、约束条件和存储选项等,如图4.2所示。

图 4.2 "高级"选项

(4) 单击"确定"按钮,创建 student 表完成。

4.2.2 使用 SQL Developer 修改表

使用 SQL Developer 图形界面修改表的结构(如增加列、删除列、修改已有列的属性等)举例如下。

【例 4.2】 在 student 表中增加一列 remarks(备注),然后删除该列。

操作步骤如下:

(1) 启动 SQL Developer,在"连接"节点下打开数据库连接 sys_stsys,展开"表"节点,选中表 STUDENT,右击,在弹出的快捷菜单中选择"编辑"命令。

(2) 进入"编辑表"对话框,单击"+"按钮,在"列属性"栏的"名称"框中输入"REMARKS",在"数据类型"文本框中选择"VARCHAR2",在"大小"框中输入"180",如图 4.3 所示,单击"确定"按钮,完成插入新列 REMARKS 操作。

(3) 选中表 STUDENT,右击,在弹出的快捷菜单中选择"编辑"命令,进入"编辑表"对话框,在"列"栏中选中"REMARKS",如图 4.4 所示,单击"×"按钮,列 REMARKS 即被删除,单击"确定"按钮,完成删除列 REMARKS 操作。

【例 4.3】 主键的删除或设置。

操作步骤如下。

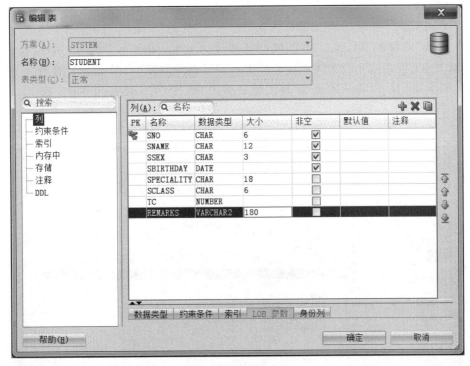

图 4.3 插入列操作

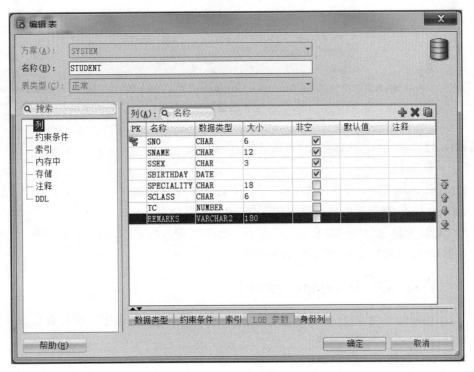

图 4.4 删除列操作

（1）启动 SQL Developer,在"连接"节点下打开数据库连接 sys_stsys,展开"表"节点,选中表 STUDENT,右击,在弹出的快捷菜单中选择"编辑"命令。

（2）进入"编辑表"对话框,SNO 列已经被设为主键,如图 4.5 所示。如果要删除该表的主键 SNO,在所选列(SNO)列 PK 栏单击即可删除主键;如果要设置某列为主键,在所选列 PK 栏单击,即将该列设置为主键;单击"确定"按钮,完成主键的删除或设置操作。

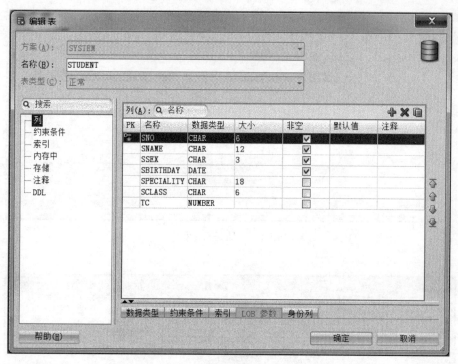

图 4.5　主键的删除和设置

【例 4.4】　将 mno 表(已创建)表名修改为 rst 表。

操作步骤如下。

（1）启动 SQL Developer,在"连接"节点下打开数据库连接 sys_stsys,展开"表"节点,选中表 mno,右击,在弹出的快捷菜单中选择"表"→"重命名"命令。

（2）出现"重命名"对话框,在 New Table Name 栏输入"rst",单击"应用"按钮,弹出"确认"对话框,单击"确定"按钮,完成重命名操作。

4.2.3　使用 SQL Developer 删除表

当表不需要的时候,可将其删除。删除表时,表的结构定义、表中的所有数据以及表的索引、触发器、约束等都被删除掉。

【例 4.5】　删除 rst 表(已创建)。

（1）启动 SQL Developer,在"连接"节点下打开数据库连接 sys_stsys,展开"表"节点,选中表 rst,右击,在弹出的快捷菜单中选择"表"→"删除"命令。

（2）进入"删除"对话框，单击"应用"按钮，弹出"确认"对话框，单击"确定"按钮，即可删除 rst 表。

4.3　表数据的操作

对表中数据进行的操作，包括数据的插入、删除和修改，可以采用 PL/SQL 语句或 SQL Developer 图形界面，本节介绍用 SQL Developer 图形界面操作表数据。

【例 4.6】　插入 stsys 数据库中 student 表的有关记录。

操作步骤如下。

（1）启动 SQL Developer，在"连接"节点下打开数据库连接 sys_stsys，展开"表"节点，单击表 student，在右边窗口中选择"数据"选项卡。

（2）在此窗口中，单击"插入行"按钮，表中将增加一个新行，如图 4.6 所示，可在各个字段输入或编辑有关数据。

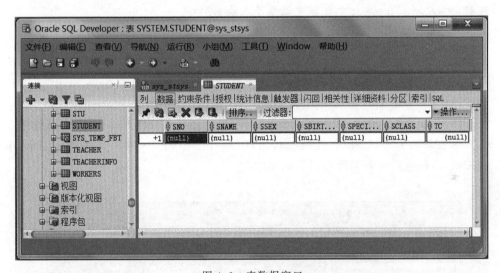

图 4.6　表数据窗口

在输入 SBIRTHDAY 的数据时，数据库默认的日期格式是：DD-MON-RR，为了将日期格式改为习惯的格式，需要在 SQL Developer 命令窗口中执行以下语句：

```
ALTER SESSION
    SET NLS_DATE_FORMAT = "YYYY - MM - DD";
```

说明：

该语句只在当前会话中起作用，下次打开 SQL Developer 窗口，还需重新执行该语句。

输入完一行后，单击"提交"按钮，将数据保存到数据库中，如果保存成功，会在下面的"Data Editor-日志"窗口显示提交成功的信息；如果保存错误，会在该窗口显示错误信息。提交完毕，再单击"插入行"按钮，输入下一行，直至 student 表的 6 个记录输入和保存完毕，如图 4.7 所示。

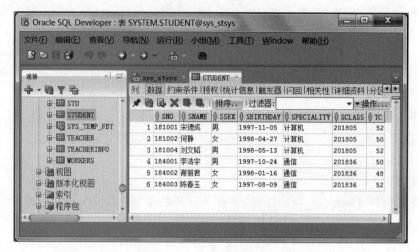

图 4.7　student 表的记录

注意：输入 student 表样本数据可以参看附录 B。

【**例 4.7**】　修改 stsys 数据库中 student 表的有关记录。

操作步骤如下。

（1）启动 SQL Developer，在"连接"节点下打开数据库连接 sys_stsys，展开"表"节点，单击表 STUDENT，在右边窗口中选择"数据"选项卡。

（2）在 STUDENT 表中，找到要修改的行，这里对第 5 行 TC 列进行修改，选择第 5 行 TC 列，将数据修改为"50"，此时，在第 5 行的行号前出现一个" ＊ "号，如图 4.8 所示，单击 "提交"按钮，将修改后的数据保存到数据库中。

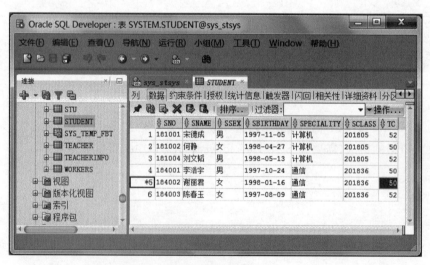

图 4.8　修改记录

【**例 4.8**】　删除 stsys 数据库中 student 表的第 6 条记录。

操作步骤如下。

(1) 启动 SQL Developer,在"连接"节点下打开数据库连接 sys_stsys,展开"表"节点,单击表 STUDENT,在右边窗口中选择"数据"选项卡。

(2) 在 STUDENT 表中,找到要删除的行,这里选择第 6 行,单击"删除"按钮。此时,在第 6 行的行号前出现一个"一"号,如图 4.9 所示,单击"提交"按钮保存。

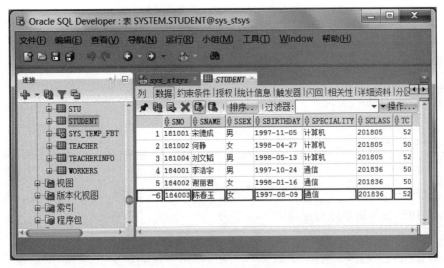

图 4.9 删除记录

注意:如果需要撤销之前对表中数据所做的操作,在单击"提交"按钮之前,可单击"撤销"按钮撤销所做的操作。

4.4 小 结

本章主要介绍了以下内容。

(1) 表是数据库中存储数据的数据库对象,每个数据库包含若干个表,表由行和列组成。每个表具有一定的结构,表结构包含一组固定的列,列由数据类型、长度、允许 NULL 值等组成。

(2) Oracle 常用的数据类型有数值型、字符型、日期型、其他数据类型等。

(3) 使用 SQL Developer 图形界面创建表、修改表和删除表。

(4) 使用 SQL Developer 图形界面操作表数据,进行数据的插入、删除和修改等操作。

4.5 创建和使用表实验

1. 实验目的及要求

(1) 掌握使用图形界面创建、修改和删除表的步骤和方法。

(2) 掌握使用图形界面插入、修改和删除表数据的步骤和方法。

2. 实验内容

（1）创建 TeacherInfo 表。

TeacherInfo 表（教师信息表）的表结构如表 4.7 所示，在 stsys 数据库中，使用图形界面创建 TeacherInfo 表。

表 4.7　TeacherInfo 表的表结构

列　　名	数据类型	允许 null 值	是否主键	说　　明
TeacherID	varchar2(6)		主键	教师编号
TeacherName	varchar2(12)			姓名
TeacherSex	varchar2(3)			性别
TeacherBirthday	date			出生日期
School	varchar2(18)			学院
Address	varchar2(30)	√		地址

（2）使用图形界面在 TeacherInfo 表中增加名为 Phone 的字段，数据类型为 varchar(20)。

（3）使用图形界面删除增加的 Phone 字段。

（4）插入 TeacherInfo 表的有关记录。

TeacherInfo 表的样本数据，如表 4.8 所示，使用图形界面向 TeacherInfo 表插入样本数据。

表 4.8　TeacherInfo 表的样本数据

教师编号	姓名	性别	出生日期	学　　院	地　　址
100005	李慧强	男	1968-09-25	计算机学院	北京市海淀区
100024	刘　松	男	1976-02-17	计算机学院	北京市海淀区
400021	陈霞飞	女	1975-12-07	通信学院	上海市黄浦区
800004	刘泉明	男	1978-08-16	数学学院	广州市越秀区
120007	张　莉	女	1982-03-21	外国语学院	成都市锦江区

（5）更新教师编号为 400021 的记录，将地址改为"上海市浦东新区"。

（6）删除教师编号为 800004 的记录。

（7）删除 TeacherInfo 表。

3. 观察与思考

表结构包含哪些内容？

习　题　4

一、选择题

1. 在商品表（goods）中，需要通过商品号（gid）字段唯一标识一条记录，应建立_____约束。

　　A. 主键 　　　　　　　　　　　　　　　B. 外键

　　C. 唯一约束条件 　　　　　　　　　　　D. 检查约束条件

2. 在商品表(goods)中,为使每件商品有唯一名称,在商品名称(gname)字段应建立_____约束。

　　A. 主键 　　　　　　　　　　　　　　　B. 外键

　　C. 唯一约束条件 　　　　　　　　　　　D. 检查约束条件

3. 在学生表(student)中某一条记录的总学分(tc)字段暂时不具有任何值,其中将保存_____内容。

　　A. 空格 　　　　　　　　　　　　　　　B. NULL

　　C. 0 　　　　　　　　　　　　　　　　　D. 不确定的值,由字段类型决定

4. 在成绩表(score)中的学号(sno)字段,在另一个学生表(student)中是主键,该字段应建立_____约束。

　　A. 主键 　　　　　　　　　　　　　　　B. 检查约束条件

　　C. 唯一约束条件 　　　　　　　　　　　D. 外键

二、填空题

1. 关键字用于唯一_____记录。

2. 空值通常表示_____、不可用或将在以后添加的数据。

3. 常用的数值型有_____、float 两种。

4. 常用的字符型有_____、nchar、varchar2、nvarchar2、long 5 种。

三、问答题

1. 什么是表? 简述表的组成。

2. 什么是表结构设计? 简述表结构的组成。

3. 什么是关键字? 什么是主键?

4. 简述 Oracle 常用的数据类型。

四、应用题

1. 创建商品表(goods),其表结构如表 4.9 所示。

表 4.9　goods 表的表结构

列名	数据类型	允许 null 值	是否主键	说　　明
gid	char(6)		√	商品号
gname	char(30)			商品名称
gclass	char(6)			商品类型代码
price	number			价格
stockqt	number			库存量
gnotarr	number	√		未到货商品数量

2. 在 student 表中,插入一列 id(身份证号,char(18)),然后删除该列。

3. 在 student 表中,进行插入记录、修改记录和删除记录的操作。

第 5 章

PL/SQL 基础

本章要点
- SQL 和 PL/SQL
- 在 PL/SQL 中的数据定义语言
- 在 PL/SQL 中的数据操纵语言
- 在 PL/SQL 中的数据查询语言

本章介绍 PL/SQL 中的数据定义语言（DDL）、数据操纵语言（DML）和数据查询语言（DQL），由于数据库查询是数据库的核心操作，本章重点讨论使用 SELECT 查询语句对数据库进行各种查询的方法。

5.1 SQL 和 PL/SQL

SQL（Structured Query Language，结构化查询语言）是目前主流的关系型数据库上执行数据操作、数据检索以及数据库维护所需要的标准语言，是用户与数据库之间进行交流的接口，许多关系型数据库管理系统都支持 SQL 语言，但不同的数据库管理系统之间的 SQL 语言不能完全通用，Oracle 数据库使用的 SQL 语言是 Procedural Language/SQL（简称 PL/SQL）。

5.1.1 SQL 语言

SQL 语言是应用于数据库的结构化查询语言，是一种非过程性语言，本身不能脱离数据库而存在。一般高级语言存取数据库时要按照程序顺序处理许多动作，使用 SQL 语言只需简单的几行命令，由数据库系统来完成具体的内部操作。

1. SQL 语言分类

通常将 SQL 语言分为以下 4 类。

（1）数据定义语言（Data Definition Language，DDL）。用于定义数据库对象，对数据库、数据库中的表、视图、索引等数据库对象进行建立和删除，DDL 包括 CREATE、ALTER、DROP 等语句。

（2）数据操纵语言（Data Manipulation Language，DML）。用于对数据库中的数据进行插入、修改、删除等操作，DML 包括 INSERT、UPDATE、DELETE 等语句。

（3）数据查询语言（Data Query Language，DQL）。用于对数据库中的数据进行查询操作，例如用 SELECT 语句进行查询操作。

（4）数据控制语言（Data Control Language，DCL）。用于控制用户对数据库的操作权限,DCL 包括 GRANT、REVOKE 等语句。

2. SQL 语言的特点

SQL 语言具有高度非过程化、应用于数据库的语言、面向集合的操作方式、既是自含式语言又是嵌入式语言、综合统一、语言简洁和易学易用等特点。

(1) 高度非过程化。SQL 语言是非过程化语言,进行数据操作,只要提出"做什么",而无须指明"怎么做",因此无须说明具体处理过程和存取路径,处理过程和存取路径由系统自动完成。

(2) 应用于数据库的语言。SQL 语言本身不能独立于数据库而存在,它是应用于数据库和表的语言,使用 SQL 语言,应熟悉数据库中的表结构和样本数据。

(3) 面向集合的操作方式。SQL 语言采用集合操作方式,不仅操作对象、查找结果可以是记录的集合,而且一次插入、删除、更新操作的对象也可以是记录的集合。

(4) 既是自含式语言、又是嵌入式语言。SQL 语言作为自含式语言,它能够用于联机交互的使用方式,用户可以在终端键盘上直接键入 SQL 命令对数据库进行操作;作为嵌入式语言,SQL 语句能够嵌入到高级语言(例如 C、C++、Java)程序中,供程序员设计程序时使用。在两种不同的使用方式下,SQL 语言的语法结构基本上是一致的,提供了极大的灵活性与方便性。

(5) 综合统一。SQL 语言集数据查询(Data Query)、数据操纵(Data Manipulation)、数据定义(Data Definition)和数据控制(Data Control)功能于一体。

(6) 语言简洁,易学易用。SQL 语言接近英语口语,易学使用,功能很强,由于设计巧妙,语言简洁,完成核心功能只用了 9 个动词,如表 5.1 所示。

表 5.1 SQL 语言的动词

SQL 语言的功能	动 词	SQL 语言的功能	动 词
数据定义	CREATE,ALTER,DROP	数据查询	SELECT
数据操纵	INSERT,UPDATE,DELETE	数据控制	GRANT,REVOKE

5.1.2 PL/SQL 预备知识

本节介绍使用 PL/SQL 语言的预备知识: PL/SQL 的语法约定,在 SQL Developer 中执行 PL/SQL 语句。

1. PL/SQL 的语法约定

PL/SQL 的语法约定如表 5.2 所示,在 PL/SQL 不区分大小写。

表 5.2 PL/SQL 的基本语法约定

语 法 约 定	说 明
大写	PL/SQL 关键字
|	分隔括号或大括号中的语法项,只能选择其中一项
[ ]	可选项。不要键入方括号

续表

语 法 约 定	说　　明
{ }	必选项。不要键入方括号
[,...n]	指示前面的项可以重复 n 次,各项由逗号分隔
[...n]	指示前面的项可以重复 n 次,各项由空格分隔
[;]	可选的 Transact-SQL 语句终止符。不要键入方括号
<label>	编写 PL/SQL 语句时设置的值
<*label*>（斜体,下画线）	语法块的名称。此约定用于对可在语句中的多个位置使用的过长语法段或语法单元进行分组和标记,可使用的语法块的每个位置由括在尖括号内的标签指示: <label>

2. 在 SQL Developer 中执行 PL/SQL 语句

在 SQL Developer 中执行 PL/SQL 语句的步骤如下。

（1）选择"开始"→"所有程序"→Oracle-OraDB12Home1→"应用程序开发"→SQL Developer 命令,启动 SQL Developer 界面。

（2）在主界面中展开 system_stsys 连接,单击工具栏的 按钮,主界面弹出 SQL 工作表窗口,在窗口中输入或粘贴要运行的 PL/SQL 语句,这里输入:

```
SELECT *
  FROM student;
```

（3）选中所有语句并单击工具栏的 按钮或直接单击 按钮,即执行语句,在"结果"窗口显示 PL/SQL 语句执行结果,如图 5.1 所示。

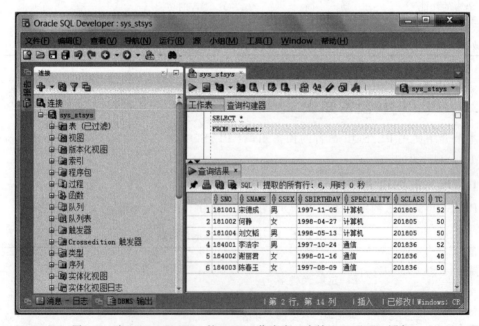

图 5.1　在 SQL Developer 的 SQL 工作表窗口中输入 PL/SQL 语句

提示：在 SQL 工作表窗口中执行 PL/SQL 语句命令的方法有：

(1) 选中所有语句后单击工具栏的 ▶ 按钮（"执行语句"按钮）或按 F9 键；

(2) 直接单击 ▣ 按钮（"运行脚本"按钮）或按 F5 键。

5.2 在 PL/SQL 中的数据定义语言

本节介绍在 SQL ∗ Plus 中使用 PL/SQL 语句创建数据库、表空间与表等内容。

5.2.1 数据库操作语句

使用 PL/SQL 中的 DDL 语言创建数据库的过程非常复杂，一般情况下应使用图形界面方式的数据库配置向导（Data Base Configuration Assistant，DBCA）创建数据库，不使用 PL/SQL 语句方式创建数据库。

1. 创建数据库

使用 PL/SQL 语句创建数据库步骤简介如下。

(1) 设定实例标识符。

建立数据库之前，必须先指定数据库实例的系统标识符，即 SID，在 SQL ∗ Plus 中使用以下命令设定 SID：

```
SET ORACLE_SID = stdb
```

(2) 设定数据库管理员的验证方法。

创建 Oracle 数据库必须经过数据库的验证手续，且被赋予适当系统权限后才可以建立。可以使用密码文件或操作系统的验证方法，下面是密码文件验证方法。

```
orapwd file = D:\app\tao\oradata\DATABASE\PWDstdb.ora
Password = 123456 entries = 5
```

(3) 创建初始化参数。

创建新数据库之前必须新增或编辑的初始化参数如下。

- 全局数据库名称。
- 控制文件名称与路径。
- 数据块大小。
- 影响 SGA 容量的初始化参数。
- 设定处理程序最大数目。
- 设定空间撤销（Undo）管理方法。

(4) 启动 SQL ∗ Plus 并以 SYSDBA 连接到 Oracle 实例。

```
sqlplus /nolog
connect system/Ora123456 as sysdba
```

(5) 启动实例。

在没有装载数据库情况下启动实例，通常只有在数据库创建期间或在数据库上实施维护操作时才会这么做，使用带有 NOMOUNT 选项的 STARTUP 命令。

```
STARTUP NOMOUNT pfile = "D:\app\tao\stdb\pfile\initstdb.ora"
```

（6）使用 CREATE DATABASE 语句创建数据库。

在 Oracle 中创建数据库，使用 CREATE DATABASE 语句。

语法格式：

```
CREATE DATABASE <数据库名>
    {   USER SYS IDENTIFIED BY <密码>
        | USER SYSTEM IDENTIFIED BY <密码>
        | CONTROLFILE REUSE
        | MAXDATAFILES <最大数据文件数>
        | MAXINSTANCES <最大实例数>
        | {ARCHIVELOG | NO ARCHIVELOG}
        | CHARACTER SET <字符集>
        | NATIONAL CHARACTER SET <民族字符集>
        | SET DEFAULT
            { BIGFILE | SMALLFILE } TABLESPACE
        | [ LOGFILE [ GROUP <数字值> ] <文件选项>
        | MAXLOGFILES <数字值>
        | MAXLOGMEMBERS <数字值>
        | MAXLOGHISTORY <数字值>
        | FORCE LOGGING
        | DATAFILE <文件选项>
            [ AUTOEXTEND [ OFF | ON [ NEXT <数字值>[K | M | G | T ]
            MAXSIZE [ UNLIMITED | <数字值> [K | M | G | T ]]]]
        | DEFAULT TABLESPACE <表空间名>[DATAFILE <文件选项> ]
        | [ BIGFILE | SMALL] UNDO TABLESPACE <表空间名> [ DATAFILE <文件选项>]
        | SET TIME_ZONE = '<时区名>'
    }... ;
```

其中：

```
<文件选项>::=
    ('<文件路径>\<文件名>') [ SIZE <数字值> [ K | M | G | T] [ REUSE ]],...n]
```

2. 修改数据库

修改数据库使用 ALTER DATABASE 语句。

语法格式：

```
ALTER DATABASE <数据库名>
    [ARCHIVELOG | NOARCHIVELOG]
    [NO] FORCE LOGGING
    RENAME FILE '<文件名>'[,...n] TO '<新文件名>'[,...n ]
    CREATE DATAFILE '<数据文件名>'
        [ AS {'<新数据文件名>'[ SIZE <数字值> [K | M | G | T]] [ REUSE ]][,...n]} | NEW ]
    DATAFILE '<文件名>' {ONLINE | OFFLINE [ FOR DROP] | RESIZE <数字值> [ K | M | G | T]
        | END BACKUP | AUTOEXTEND {OFF | ON [NEXT <数字值> [K | M]]
            [MAXSIZE UMLIMITED | <数字值> [K | M]] ] }}
```

```
ADD LOGFILE '<文件名>'[ SIZE <数字值> [K ｜ M｜G｜T ]][ REUSE ]][,...n]
DROP LOGFILE '<文件名>'
...;
```

3. 删除数据库

删除数据库使用 DROP 语句。

语法格式：

```
DROP DATABASE database_name
```

其中,database_name 是要删除的数据库名称。

5.2.2　表空间操作语句

下面介绍在 SQL * Plus 中使用 PL/SQL 中的 DDL 语言对表空间进行创建、管理和删除。

1. 创建表空间

创建表空间在 SQL * Plus 中使用 CREATE TABLESPACE 语句,创建的用户必须拥有 CREATE TABLESPACE 系统权限,在创建之前必须创建包含表空间的数据库。

语法格式：

```
CREATE TABLESPACE <表空间名>
    DATAFILE '<文件路径>\<文件名>'[SIZE <文件大小> [ K ｜ M ]][ REUSE ]
        [ AUTOEXTEND [ OFF ｜ ON [ NEXT <磁盘空间大小> [ K ｜ M ]]
        [ MAXSIZE [ UMLIMITED ｜<最大磁盘空间大小> [ K ｜ M ]]]]
        [ MINMUM EXTENT <数字值>[ K ｜ M ]]
        [ DEFAULT <存储参数>]
        [ ONLINE ｜ OFFLINE ]
        [ LOGGING ｜ NOLOGGING ]
        [ PERMANENT ｜ TEMPORARY ]
        [ EXTENT MANAGEMENT [ DICTIONARY ｜ LOCAL [ AUTOALLOCATE ｜ UNIFORM [ SIZE <数字值>[ K ｜ M ]
]]]]
```

【例 5.1】　创建表空间 testspace,大小为 40MB,禁止自动扩展数据文件。

```
CREATE TABLESPACE testspace
    LOGGING
    DATAFILE 'I:\app\ora\oradata\orcl\testspace01.DBF' SIZE 40M
    REUSE AUTOEXTEND OFF;
```

该语句运行结果如图 5.2 所示。

【例 5.2】　创建表空间 newspace,允许自动扩展数据文件。

```
CREATE TABLESPACE newspace
    LOGGING
    DATAFILE 'I:\app\ora\oradata\orcl\ newspace01.DBF' SIZE 40M
    REUSE AUTOEXTEND ON NEXT 10M MAXSIZE 300M
    EXTENT MANAGEMENT LOCAL;
```

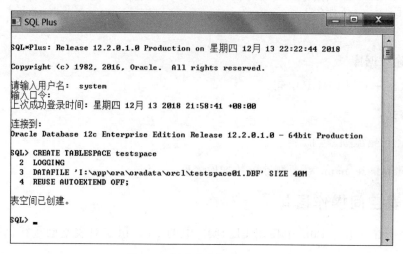

图 5.2 创建表空间 testspace

该语句运行结果如图 5.3 所示。

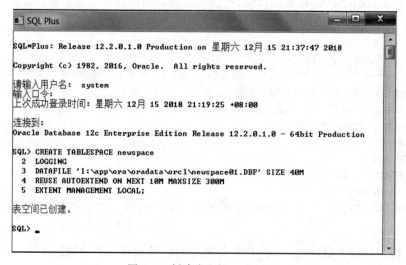

图 5.3 创建表空间 newspace

2. 管理表空间

在 SQL＊Plus 中使用 ALTER TABLESPACE 命令可以修改表空间或它的一个或多个数据文件、或为数据库中每一个数据文件指定各自的存储扩展参数值。

语法格式：

```
ALTER TABLESPACE <表空间名>
   [ ADD DATAFILE │ TEMPFILE '<路径>\<文件名>' [ SIZE <文件大小> [ K │ M ] ]
   [ REUSE ]
      [ AUTOEXTEND [ OFF │ ON [ NEXT <磁盘空间大小> [ K │ M ] ] ] ]
```

```
[MAXSIZE [ UNLIMITED │<最大磁盘空间大小> [ K │ M ] ] ]
[ RENAME DATAFILE '<路径>\<文件名>',...n TO '<路径>\<新文件名>'',...n ]
[ DEFAULT STORAGE <存储参数>]
[ ONLINE │ OFFLINE [ NORMAL │ TEMPORARY │ IMMEDIATE ] ]
[ LOGGING │ NOLOGGING ]
[ READ ONLY │ WRITE ]
[ PERMANENT ]
[ TEMPORARY ]
```

【例 5.3】　通过 ALTER TABLESPACE 命令把一个新的数据文件添加到 newspace 表空间,并指定了 AUTOEXTEND ON 和 MAXSIZE 300M。

```
ALTER TABLESPACE newspace
  ADD DATAFILE 'I:\app\ora\oradata\orcl\DATA02.DBF' SIZE 40M
    REUSE AUTOEXTEND ON NEXT 50M MAXSIZE 300M;
```

3. 删除表空间

在 SQL * Plus 中使用 DROP TABLESPACE 语句删除已经创建的表空间。其语法格式如下。

语法格式:

```
DROP TABLESPACE <表空间名>
  [ INCLUDING CONTENTS [ {AND │ KEEP} DATAFILES ]
    [ CASCADE CONSTRAINTS ]
  ] ;
```

【例 5.4】　删除表空间 newspace 和其对应的数据文件。

```
DROP TABLESPACE newspace
  INCLUDING CONTENTS AND DATAFILES;
```

该语句运行结果如图 5.4 所示。

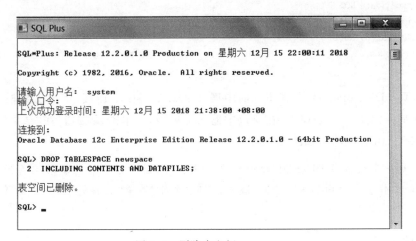

图 5.4　删除表空间 newspace

5.2.3 表操作语句

在 SQL Developer 中使用 PL/SQL 中的 DDL 语言对表进行创建、管理和删除介绍如下。

1. 创建表

使用 CREATE TABLE 语句创建表。

语法格式：

```
CREATE TABLE [<用户方案名>.] <表名>
(
<列名 1>  <数据类型>  [DEFAULT <默认值>]  [<列约束>]
<列名 2>  <数据类型>  [DEFAULT <默认值>]  [<列约束>]
[,...n]
<表约束>[,...n]
)
[PCTFREE <数字值>]
[PCTUSED <数字值> ]
[INITRANS <数字值>]
[MAXTRANS <最大并发事务数>]
[TABLESPACE <表空间名>]
[STORGE <参数>]
[AS <子查询>]
```

【**例 5.5**】 使用 PL/SQL 语句，在 stsys 数据库中创建 student 表。

在 stsys 数据库中创建 student 表语句如下：

```
CREATE TABLE student
(
sno char(6) NOT NULL PRIMARY KEY,
sname char(12) NOT NULL,
ssex char(3) NOT NULL,
sbirthday date NOT NULL,
speciality char(18) NULL,
sclass char(6) NULL,
tc number NULL
);
```

启动 SQL Developer 界面，在主界面中展开 system_stsys 连接，单击工具栏的 ⬛ ▾ 按钮，主界面弹出 SQL 工作表窗口，在窗口中输入上述语句，单击 ⬛ 按钮，在"结果"窗口显示"CREATE TABLE 成功"，如图 5.5 所示。

提示：*由一条或多条 PL/SQL 语句组成一个程序，通常以 . sql 为扩展名存储，称为 sql 脚本。SQL 工作表窗口内的 PL/SQL 语句，可用"文件"菜单"另存为"命令命名并存入指定目录。*

2. 修改表

使用 ALTER TABLE 语句用来修改表的结构。

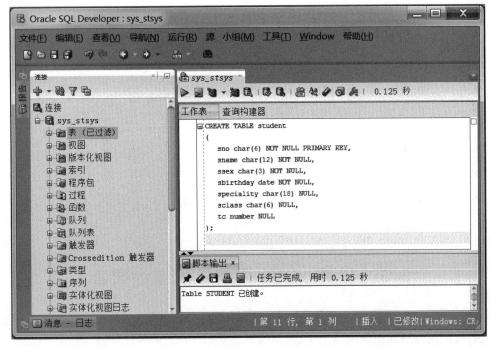

图 5.5　创建 student 表的表结构

语法格式：

```
ALTER TABLE [<用户方案名>.] <表名>
  [ ADD(<新列名> <数据类型> [DEFAULT <默认值>][列约束],...n) ]      /* 增加新列 */
  [ MODIFY([ <列名> [<数据类型>] [DEFAULT <默认值>][列约束],...n) ]  /* 修改已有列的属性 */
  [ STORAGE <存储参数> ]                                          /* 修改存储特征 */
  [<DROP 子句>]                                                 /* 删除列或约束条件 */
```

其中，<*DROP 子句*>用于从表中删除列或约束。

语法格式：

```
<DROP 子句>::=
DROP
{
    COLUMN <列名>
    | PRIMARY [KEY]
    | UNIQUE (<列名>,...n)
    | CONSTRAINT <约束名>
    | [ CASCADE ]
}
```

【例 5.6】　使用 ALTER TABLE 语句修改 Stsys 数据库中的 student 表。

（1）在 student 表中增加一列 remarks（备注）。

```
ALTER TABLE student
  ADD remarks varchar(100);
```

(2)在 student 表中删除列 remarks。

```
ALTER TABLE student
   DROP COLUMN remarks;
```

3. 删除表

使用 DROP TABLE 语言删除表。

语法格式:

```
DROP TABLE table_name;
```

其中,table_name 是要删除的表的名称。

【例 5.7】 删除 Stsys 数据库中 newstudent 表(已创建)。

```
DROP TABLE newstudent;
```

5.3 在 PL/SQL 中的数据操纵语言

下面介绍在 SQL Developer 中,使用 PL/SQL 中的数据操纵语言 DML 对表进行插入记录、修改记录和删除记录。

5.3.1 插入语句

INSERT 语句用于向数据库的表插入一行,由 VALUES 给定该行各列的值。

语法格式:

```
INSERT INTO <表名>[(<列名 1>,<列名 2>,…n)]
   VALUES(<列值 1>,<列值 2>,…n)
```

其中,列值表必须与列名表一一对应,且数据类型相同。向表的所有列添加数据时,可以省略列名表,但列值表必须与列名表顺序和数据类型一致。

注意:使用 PL/SQL 语言进行插入、修改和删除后,为将数据的改变保存到数据库中,应使用 COMMIT 命令进行提交,使用方法如下:

```
COMMIT;
```

本书后面的 SQL 语句都省略 COMMIT 命令,运行时请读者添加。

【例 5.8】 向 student 表插入表 4.1 各行数据。
向 student 表插入表 4.1 各行数据的语句如下。

```
INSERT INTO student VALUES('181001','宋德成','男',TO_DATE('19971105','YYYYMMDD'),'计算机',
'201805',52);
INSERT INTO student VALUES('181002','何静','女',TO_DATE('19980427','YYYYMMDD'),'计算机','201805',
50);
INSERT INTO student VALUES('181004','刘文韬','男',TO_DATE('19980513','YYYYMMDD'),'计算机','201805',
52);
```

```
INSERT INTO student VALUES('184001','李浩宇','男',TO_DATE('19971024','YYYYMMDD'),'通信','201836',
50);
INSERT INTO student VALUES('184002','谢丽君','女',TO_DATE('19980116','YYYYMMDD'),'通信','201836',
48);
INSERT INTO student VALUES('184003','陈春玉','女',TO_DATE('19970809','YYYYMMDD'),'通信','201836',
52);
```

使用 SELECT 语句查询插入的数据：

```
SELECT *
  FROM student;
```

查询结果：

SNO	SNAME	SSEX	SBIRTHDAY	SPECIALITY	SCLASS	TC
181001	宋德成	男	1997 - 11 - 05	计算机	201805	52
181002	何静	女	1998 - 04 - 27	计算机	201805	50
181004	刘文韬	男	1998 - 05 - 13	计算机	201805	52
184001	李浩宇	男	1997 - 10 - 24	通信	201836	50
184002	谢丽君	女	1998 - 01 - 16	通信	201836	48
184003	陈春玉	女	1997 - 08 - 09	通信	201836	52

5.3.2　修改语句

UPDATE 语句用于修改表中指定记录的列值。

语法格式：

```
UPDATE <表名>
  SET <列名> = {<新值>|<表达式>} [,...n]
  [WHERE <条件表达式>]
```

其中，在满足 WHERE 子句条件的行中，将 SET 子句指定的各列的列值设置为 SET 指定的新值，如果省略 WHERE 子句，则更新所有行的指定列值。

注意： UPDATE 语句修改的是一行或多行中的列。

【例 5.9】 在 student 表中，将所有学生的学分增加 2 分。

```
UPDATE student
  SET tc = tc + 2;
```

5.3.3　删除语句

1. DELETE 语句

DELETE 语句用于删除表中的一行或多行记录。

语法格式：

```
DELETE FROM <表名>
  [WHERE <条件表达式>]
```

该语句的功能为从指定的表或中删除满足 WHERE 子句条件行,若省略 WHERE 子句,则删除所有行。

注意:DELETE 语句删除的是一行或多行。如果删除所有行,表结构仍然存在,即存在一个空表。

【例 5. 10】 在 student 表中,删除学号为 184003 的行。

```
DELETE FROM student
    WHERE sno = '184003';
```

2. TRANCATE TABLE 语句

当需要删除一个表里的全部记录,使用 TRUNCATE TABLE 语句,它可以释放表的存储空间,但此操作不可回退。

语法格式:

```
TRUNCATE TABLE <表名>
```

5.4　在 PL/SQL 中的数据查询语言

PL/SQL 语言中最重要的部分是它的查询功能,PL/SQL 的 SELECT 语句具有灵活的使用方式和强大的功能,能够实现选择、投影和连接等操作。

语法格式:

```
SELECT <列>                               /* SELECT 子句,指定列 */
    FROM   <表或视图>                       /* FROM 子句,指定表或视图 */
    [ WHERE   <条件表达式> ]                 /* WHERE 子句,指定行 */
    [ GROUP BY <分组表达式> ]                /* GROUP BY 子句,指定分组表达式 */
    [ HAVING <分组条件表达式> ]              /* HAVING 子句,指定分组统计条件 */
    [ ORDER BY <排序表达式> [ ASC | DESC ]] /* ORDER 子句,指定排序表达式和顺序 */
```

5.4.1　投影查询

投影查询用于选择列,投影查询通过 SELECT 语句的 SELECT 子句来表示。

语法格式:

```
SELECT [ ALL | DISTINCT ] <列名列表>
```

其中,<列名列表>指出了查询结果的形式,其格式为:

```
{   *                                 /* 选择当前表或视图的所有列 */
    |<表名>|<视图>|. *                  /* 选择指定的表或视图的所有列 */
    |{|<列名>|<表达式>}
        [[ AS ]<列别名>]               /* 选择指定的列,为列指定别名 */
    | <列标题> =   <列名表达式>          /* 选择指定的列并更改列标题,为列指定别名 */
}[,... n ]
```

1. 投影指定的列

使用 SELECT 语句可选择表中的一个列或多个列,如果是多个列,各列名中间要用逗号分开。

语法格式:

```
SELECT <列名 1> [ , <列名 2> [,…n] ]
   FROM <表名>
   [WHERE <条件表达式>]
```

该语句的功能为在 FROM 子句指定表中检索符合条件的列。

【例 5.11】　查询 student 表中所有学生的学号、姓名和班号。

```
SELECT sno, sname, sclass
   FROM student;
```

查询结果:

SNO	SNAME	SCLASS
181001	宋德成	201805
181002	何静	201805
181004	刘文韬	201805
184001	李浩宇	201836
184002	谢丽君	201836
184003	陈春玉	201836

2. 投影全部列

在 SELECT 子句指定列的位置上使用 * 号时,则为查询表中所有列。

【例 5.12】　查询 student 表中所有列。

```
SELECT *
   FROM student;
```

该语句与下面语句等价

```
SELECT sno, sname, ssex, sbirthday, speciality, sclass, tc
   FROM student;
```

查询结果:

SNO	SNAME	SSEX	SBIRTHDAY	SPECIALITY	SCLASS	TC
181001	宋德成	男	1997 – 11 – 05	计算机	201805	52
181002	何静	女	1998 – 04 – 27	计算机	201805	50
181004	刘文韬	男	1998 – 05 – 13	计算机	201805	52
184001	李浩宇	男	1997 – 10 – 24	通信	201836	50
184002	谢丽君	女	1998 – 01 – 16	通信	201836	48
184003	陈春玉	女	1997 – 08 – 09	通信	201836	52

3. 修改查询结果的列标题

为了改变查询结果中显示的列标题,可以在列名后使用 AS <列别名>。

【例 5.13】　查询 student 表中所有学生的学生的 sno、sname、speciality，并将结果中各列的标题分别修改为学号、姓名、专业。

```
SELECT sno AS 学号, sname AS 姓名, speciality AS 专业
   FROM student;
```

查询结果：

学号	姓名	专业
181001	宋德成	计算机
181002	何静	计算机
181004	刘文韬	计算机
184001	李浩宇	通信
184002	谢丽君	通信
184003	陈春玉	通信

4. 计算列值

使用 SELECT 子句对列进行查询时，可以对数字类型的列进行计算，可以使用加（＋）、减（－）、乘（＊）、除（/）等算术运送符，SELECT 子句可使用表达式。

语法格式：

```
SELECT <表达式> [ , <表达式> ]
```

5. 去掉重复行

去掉结果集中的重复行可使用 DISTINCT 关键字。

语法格式：

```
SELECT DISTINCT <列名> [ , <列名>...]
```

【例 5.14】　查询 student 表中 sclass 列，消除结果中的重复行。

```
SELECT DISTINCT sclass
   FROM student;
```

查询结果：

```
SCLASS
----------
201836
201805
```

5.4.2　选择查询

选择查询用于选择行，选择查询通过 WHERE 子句实现，WHERE 子句通过条件表达式给出查询条件，该子句必须紧跟 FROM 子句之后。

语法格式：

```
WHERE <条件表达式>
```

其中,<条件表达式>为查询条件,格式为:

```
<条件表达式> ∷=
      { [ NOT ] <判定运算> | (<条件表达式> ) }
      [ { AND | OR } [ NOT ] { <判定运算> | (<条件表达式>) } ]
      [ ,...n ]
```

其中,<判定运算>的结果为 TRUE、FALSE 或 UNKNOWN,其格式为:

```
<判定运算> ∷=
{    <表达式 1> { = | < | <= | > | >= | <> | != } <表达式 2>      / * 比较运算 * /
     | <字符串表达式 1> [ NOT ] LIKE <字符串表达式 2> [ ESCAPE '转义字符' ]
                                                                    / * 字符串模式匹配 * /
     | <表达式> [ NOT ] BETWEEN <表达式 1> AND <表达式 2>        / * 指定范围 * /
     | <表达式> IS [ NOT ] NULL                                     / * 是否空值判断 * /
     | <表达式> [ NOT ] IN ( <子查询> | <表达式> [,...n] )         / * IN 子句 * /
     | EXIST ( <子查询> )                                          / * EXIST 子查询 * /
}
```

说明:

(1) 判定运算包括比较运算、模式匹配、指定范围、空值判断、子查询等,判定运算的结果为 TRUE、FALSE 或 UNKNOWN。

(2) 逻辑运算符包括 AND(与)、OR(或)、NOT(非),NOT、AND 和 OR 的使用是有优先级的,三者之中,NOT 优先级最高,AND 次之,OR 优先级最低。

(3) 条件表达式可以使用多个判定运算通过逻辑运算符成复杂的查询条件。

(4) 字符串和日期必须用单引号括起来。

注意: 在 SQL 中,返回逻辑值的运算符或关键字都称为谓词。

1. 表达式比较

比较运算符用于比较两个表达式值,共有 7 个运算符:=(等于)、<(小于)、<=(小于等于)、>(大于)、>=(大于等于)、<>(不等于)、!=(不等于)。

语法格式:

<表达式 1> { = | < | <= | > | >= | <> | != } <表达式 2>

【例 5.15】 查询 student 表中班号为 201805 或性别为女的学生。

```
SELECT *
  FROM student
  WHERE sclass = '201805' or ssex = '女';
```

查询结果:

SNO	SNAME	SSEX	SBIRTHDAY	SPECIALITY	SCLASS	TC
181001	宋德成	男	1997 - 11 - 05	计算机	201805	52
181002	何静	女	1998 - 04 - 27	计算机	201805	50
181004	刘文韬	男	1998 - 05 - 13	计算机	201805	52
184002	谢丽君	女	1998 - 01 - 16	通信	201836	48
184003	陈春玉	女	1997 - 08 - 09	通信	201836	52

2. 指定范围

BETWEEN、NOT BETWEEN、IN 是用于指定范围的三个关键字，用于查找字段值在（或不在）指定范围的行。

当要查询的条件是某个值的范围时，可以使用 BETWEEN 关键字。BETWEEN 关键字指出查询范围。

语法格式：

```
<表达式> [ NOT ] BETWEEN <表达式 1> AND <表达式 2>
```

【例 5.16】 查询 score 表成绩为 86、92、95 的记录。

```
SELECT *
  FROM score
  WHERE grade in (86,92,95);
```

查询结果：

SNO	CNO	GRADE
181002	1004	86
184001	4002	92
184001	8001	86
184003	8001	95
181004	1201	92

【例 5.17】 查询 student 表中不在 1998 年出生的学生情况。

```
SELECT *
  FROM student
  WHERE sbirthday NOT BETWEEN TO_DATE('19980101','YYYYMMDD') AND
    TO_DATE('19981231','YYYYMMDD');
```

查询结果：

SNO	SNAME	SSEX	SBIRTHDAY	SPECIALITY	SCLASS	TC
181001	宋德成	男	1997 - 11 - 05	计算机	201805	52
184001	李浩宇	男	1997 - 10 - 24	通信	201836	50
184003	陈春玉	女	1997 - 08 - 09	通信	201836	52

3. 模式匹配

模式匹配使用 LIKE 谓词，LIKE 谓词用于指出一个字符串是否与指定的字符串相匹配，其运算对象可以是 char、varchar2 和 date 类型的数据，返回逻辑值 TRUE 或 FALSE。

语法格式：

```
<字符串表达式 1> [ NOT ] LIKE <字符串表达式 2> [ ESCAPE '<转义字符>' ]
```

在使用 LIKE 谓词时，<字符串表达式 2>可以含有通配符，通配符有以下两种：

％：代表 0 或多个字符；

_：代表一个字符。

LIKE 匹配中使用通配符的查询也称模糊查询。

【**例 5.18**】 查询 student 表中姓谢的学生情况。

```
SELECT *
  FROM student
  WHERE sname LIKE '谢 % ';
```

查询结果：

SNO	SNAME	SSEX	SBIRTHDAY	SPECIALITY	SCLASS	TC
184002	谢丽君	女	1998 - 01 - 16	通信	201836	48

4. 空值判断

判定一个表达式的值是否为空值时，使用 IS NULL 关键字。

语法格式：

```
<表达式> IS [ NOT ] NULL
```

【**例 5.19**】 查询已选课但未参加考试的学生情况。

```
SELECT *
  FROM score
  WHERE grade IS null;
```

查询结果：

SNO	CNO	GRADE
184002	8001	

5.4.3　分组查询和统计计算

查询数据常常需要进行统计计算，本节介绍使用聚合函数、GROUP BY 子句、HAVING 子句进行统计计算的方法。

1. 聚合函数

聚合函数实现数据的统计计算，用于计算表中的数据，返回单个计算结果。聚合函数包括 COUNT、SUM、AVG、MAX、MIN 等函数，下面分别介绍。

(1) COUNT 函数。

COUNT 函数用于计算组中满足条件的行数或总行数。

语法格式：

```
COUNT ( { [ ALL | DISTINCT ] <表达式> } | * )
```

其中，ALL 表示对所有值进行计算，ALL 为默认值，DISTINCT 指去掉重复值，COUNT 函数用于计算时忽略 NULL 值。

【例 5.20】 求学生的总人数。

```
SELECT COUNT( * ) AS 总人数
  FROM student;
```

该语句采用 COUNT（＊）计算总行数，总人数与总行数一致。

查询结果：

```
总人数
----------
6
```

【例 5.21】 查询 201836 班学生的总人数。

```
SELECT COUNT( * ) AS 总人数
  FROM student
  WHERE sclass = '201836';
```

该语句采用 COUNT（＊）计算总人数，并用 WHERE 子句指定的条件进行限定为 201836。

查询结果：

```
总人数
----------
3
```

（2）SUM 和 AVG 函数。

SUM 函数用于求出一组数据的总和，AVG 函数用于求出一组数据的平均值，这两个函数只能针对数值类型的数据。

语法格式：

```
SUM / AVG ( [ ALL | DISTINCT ] <表达式> )
```

其中，ALL 表示对所有值进行计算，ALL 为默认值；DISTINCT 指去掉重复值；SUM/AVG 函数用于计算时忽略 NULL 值。

【例 5.22】 查询 1201 课程总分。

```
SELECT SUM(grade) AS 课程 1201 总分
  FROM score
  WHERE cno = '1201';
```

该语句采用 SUM（）计算课程总分，并用 WHERE 子句指定的条件进行限定为 1201 课程。

查询结果：

```
课程 1201 总分
------------
```

（3）MAX 和 MIN 函数。

MAX 函数用于求出一组数据的最大值，MIN 函数用于求出一组数据的最小值，这两个函数都可以适用于任意类型数据。

语法格式：

```
MAX / MIN ( [ ALL │ DISTINCT ] <表达式> )
```

其中，ALL 表示对所有值进行计算，ALL 为默认值；DISTINCT 指去掉重复值；MAX/MIN 函数用于计算时忽略 NULL 值。

【例 5.23】　查询 8001 课程的最高分、最低分、平均成绩。

```
SELECT MAX(grade) AS 课程 8001 最高分, MIN(grade) AS 课程 8001 最低分, AVG(grade) AS 课程 8001
平均成绩
  FROM score
  WHERE cno = '8001';
```

该语句采用 MAX 求最高分、MIN 求最低分、AVG 求平均成绩。

查询结果：

课程 8001 最高分	课程 8001 最低分	课程 8001 平均成绩
95	85	88.8

2. GROUP BY 子句

GROUP BY 子句用于指定需要分组的列。

语法格式：

```
GROUP BY [ ALL ] <分组表达式> [,...n]
```

其中，分组表达式通常包含字段名，ALL 显示所有分组。

注意：如果 SELECT 子句的列名表包含聚合函数，则该列名表只能包含聚合函数指定的列名和 GROUP BY 子句指定的列名。聚合函数常与 GROUP BY 子句一起使用。

【例 5.24】　查询各门课程的最高分、最低分、平均成绩。

```
SELECT cno AS 课程号, MAX(grade)AS 最高分,MIN (grade)AS 最低分, AVG(grade)AS 平均成绩
  FROM score
  WHERE NOT grade IS null
  GROUP BY cno;
```

该语句采用 MAX、MIN、AVG 等聚合函数，并用 GROUP BY 子句对 cno（课程号）进行分组。

查询结果：

课程号	最高分	最低分	平均成绩
8001	95	85	88.8

4002	92	78	8.6E + 01
1201	93	75	8.5E + 01
1004	94	86	90

3. HAVING 子句

HAVING 子句用于对分组按指定条件进一步进行筛选,过滤出满足指定条件的分组。

语法格式:

[HAVING <条件表达式>]

其中,条件表达式为筛选条件,可以使用聚合函数。

注意:HAVING 子句可以使用聚合函数,WHERE 子句不可以使用聚合函数。

当 WHERE 子句、GROUP BY 子句、HAVING 子句、ORDER BY 子句在一个 SELECT 语句中时,执行顺序如下:

(1) 执行 WHERE 子句,在表中选择行;

(2) 执行 GROUP BY 子句,对选取行进行分组;

(3) 执行聚合函数;

(4) 执行 HAVING 子句,筛选满足条件的分组;

(5) 执行 ORDER BY 子句,进行排序。

注意:HAVING 子句要放在 GROUP BY 子句的后面,ORDER BY 子句放在 HAVING 子句后面。

【例 5.25】 查询平均成绩在 90 分以上的学生的学号和平均成绩。

```
SELECT sno AS 学号, AVG(grade) AS 平均成绩
   FROM score
   GROUP BY sno
   HAVING AVG(grade)> 90;
```

该语句采用 COUNT 聚合函数、WHERE 子句、GROUP BY 子句、HAVING 子句;

查询结果:

学号	平均成绩
181001	9.3E + 01
184003	9.2E + 01

【例 5.26】 查询至少有 5 名学生选修且以 8 开头的课程号和平均分数。

```
SELECT cno AS 课程号, AVG (grade) AS 平均分数
   FROM score
   WHERE cno LIKE '8 % '
   GROUP BY cno
   HAVING COUNT( * )> 5;
```

该语句采用 AVG 聚合函数、WHERE 子句、GROUP BY 子句、HAVING 子句。

查询结果：

课程号	平均分数
8001	88.8

5.4.4　排序查询

在 Oracle 中，ORDER BY 子句用于对查询结果进行排序。

语法格式：

[ORDER BY { <排序表达式> [ASC │ DESC] } [,…n]

其中，排序表达式，可以是列名、表达式或一个正整数，ASC 表示升序排列，它是系统默认排序方式，DESC 表示降序排列。

提示：排序操作可对数值、日期、字符三种数据类型使用，ORDER BY 子句只能出现在整个 SELECT 语句的最后。

【例 5.27】　将 201836 班级的学生按出生时间降序排序。

```
SELECT *
  FROM student
  WHERE sclass = '201836'
  ORDER BY sbirthday DESC;
```

该语句采用 ORDER BY 子句进行排序。

查询结果：

SNO	SNAME	SSEX	SBIRTHDAY	SPECIALITY	SCLASS	TC
184002	谢丽君	女	1998 - 01 - 16	通信	201836	48
184001	李浩宇	男	1997 - 10 - 24	通信	201836	50
184003	陈春玉	女	1997 - 08 - 09	通信	201836	52

5.5　小　　结

本章主要介绍了以下内容。

(1) SQL(Structured Query Language)语言是目前主流的关系型数据库上执行数据操作、数据检索以及数据库维护所需要的标准语言，是用户与数据库之间进行交流的接口，许多关系型数据库管理系统都支持 SQL 语言，但不同的数据库管理系统之间的 SQL 语言不能完全通用，Oracle 数据库使用的 SQL 语言是 Procedural Language/SQL（PL/SQL）。

(2) 通常将 SQL 语言分为以下 4 类：数据定义语言（Data Definition Language，DDL）、数据操纵语言（Data Manipulation Language，DML）、数据查询语言（Data Query

Language，DQL)、数据控制语言(Data Control Language，DCL)。

SQL 语言具有高度非过程化、应用于数据库的语言、面向集合的操作方式、既是自含式语言又是嵌入式语言、综合统一、语言简洁和易学易用等特点。

（3）在 PL/SQL 中的数据定义语言 DDL。

DDL 中的数据库操作语句有：创建数据库用 CREATE DATABASE 语句、修改数据库用 ALTER DATABASE 语句、删除数据库用 DROP DATABASE 语句。

DDL 中的表空间操作语句有：创建表空间用 CREATE TABLESPACE 语句、修改表空间用 ALTER TABLESPACE 语句、删除表空间用 DROP TABLESPACE 语句。

DDL 中的表操作语句有：创建表用 CREATE TABLE 语句、修改表用 ALTER TABLE 语句、删除表用 DROP TABLE 语句。

（4）在 PL/SQL 中的数据操纵语言 DML。

在表中插入记录用 INSERT 语句，在表中修改记录或列用 UPDATE 语句，在表中删除记录用 DELETE 语句。

（5）在 PL/SQL 中的数据查询语言 DQL。

DQL 是 PL/SQL 语言的核心，DQL 使用 SELECT 语句，它包含 SELECT 子句、FROM 子句、WHERE 子句、GROUP BY 子句、HAVING 子句和 ORDER BY 子句等。

5.6 创建表实验

1. 实验目的及要求

（1）理解数据库和表的基本概念。

（2）掌握使用 PL/SQL 语句创建表的操作，具备编写和调试创建表、修改表、删除表的代码的能力。

2. 验证性实验

使用 PL/SQL 语句创建表、修改表、删除表。

在 stsys 数据库中分别创建一个 Employee 表（员工表）和 Department 表（部门表），其表结构分别如表 5.3 和表 5.4 所示。

表 5.3　Employee 表的表结构

列　名	数 据 类 型	允许 null 值	是否主键	说　明
EmplID	varchar(4)		主键	员工号
EmplName	varchar(12)			姓名
Sex	varchar(3)			性别
Birthday	date			出生日期
Address	varchar(30)	√		地址
Wages	number			工资
DeptID	varchar(4)	√		部门号

表 5.4　Department 表的表结构

列　　名	数 据 类 型	允许 null 值	是否主键	说　　明
DeptID	varchar(4)		主键	部门号
DeptName	varchar(30)			部门名称

（1）创建 Employee 表。

```
CREATE TABLE Employee
(
  EmplID varchar2(4) NOT NULL PRIMARY KEY,
  EmplName varchar2(12) NOT NULL,
  Sex varchar2(3) NOT NULL,
  Birthday date NOT NULL,
  Address varchar2(30) NULL,
  Wages number NOT NULL,
  DeptID varchar2(4) NULL
);
```

（2）创建 Department 表。

```
CREATE TABLE Department
(
  DeptID varchar2(4) NOT NULL PRIMARY KEY,
  DeptName varchar2(30) NOT NULL
);
```

（3）将 Employee 表的 EmplName 字段的数据类型改为 char(12)。

```
ALTER TABLE Employee
  MODIFY (EmplName char(12));
```

（4）将 Employee 表的 Address 字段删除。

```
ALTER TABLE Employee
  DROP COLUMN Address;
```

（5）在 Employee 表中增加名为 Address 的字段，数据类型为 char(30)。

```
ALTER TABLE Employee
  ADD Address char(30);
```

（6）删除 Employee 表。

```
DROP TABLE Employee;
```

3. 设计性试验

在 stsys 数据库中分别创建一个 StudentInfo 表（学生信息表）和 ScoreInfo 表（成绩信息表），表结构分别如表 5.5 和表 5.6 所示。

表 5.5　StudentInfo 表的表结构

列　　名	数据类型	允许 null 值	是否主键	说　　明
StudentID	varchar2(6)		主键	学号
Name	varchar2(12)			姓名
Sex	varchar2(3)			性别
Birthday	date			出生日期
Speciality	Varchar2(18)	√		专业
Address	varchar2(30)	√		家庭地址

表 5.6　ScoreInfo 表的表结构

列　　名	数据类型	允许 null 值	是否主键	说　　明
StudentID	varchar2 (6)		主键	学号
CourseID	varchar2(4)		主键	课程号
Grade	Number	√		成绩

编写和调试创建表、修改表、删除表的代码,完成以下操作。

(1) 创建 StudentInfo 表。

(2) 创建 ScoreInfo 表。

(3) 将 StudentInfo 表的 Name 字段的数据类型改为 char (12)。

(4) 将 StudentInfo 表的 Address 字段删除。

(5) 在 StudentInfo 表中增加名为 Phone 的字段,数据类型为 char(20)。

(6) 删除 StudentInfo 表。

4. 观察与思考

(1) 在创建表的语句中,NOT NULL 的作用是什么?

(2) 一个表可以设置几个主键?

(3) 主键列能否修改为 NULL?

5.7　表数据的插入、修改和删除实验

1. 实验目的及要求

(1) 掌握表数据的插入、修改和删除操作。

(2) 具备编写和调试插入数据、修改数据和删除数据的代码的能力。

2. 验证性实验

TeacherInfo 表(教师信息表)的表结构如表 5.7 所示,CourseInfo 表(课程信息表)的表结构如表 5.8 所示,在 stsys 数据库中,分别创建 TeacherInfo 表和 CourseInfo 表。

表 5.7 TeacherInfo 表的表结构

列 名	数 据 类 型	允许 null 值	是否主键	说 明
TeacherID	varchar2(6)		主键	教师编号
TeacherName	varchar2(12)			姓名
TeacherSex	varchar2(3)			性别
TeacherBirthday	date			出生日期
School	varchar2(18)			学院
Address	varchar2(30)	√		地址

表 5.8 CourseInfo 表的表结构

列 名	数 据 类 型	允许 null 值	是否主键	说 明
CourseID	varchar2 (4)		主键	课程号
CourseName	varchar2 (24)			课程名
Credit	number	√		学分

TeacherInfo 表的样本数据,如表 5.9 所示。

表 5.9 TeacherInfo 表的样本数据

教师编号	姓名	性别	出生日期	学 院	地 址
100005	李慧强	男	1968-09-25	计算机学院	北京市海淀区
100024	刘 松	男	1976-02-17	计算机学院	北京市海淀区
400021	陈霞飞	女	1975-12-07	通信学院	上海市黄浦区
800004	刘泉明	男	1978-08-16	数学学院	广州市越秀区
120007	张 莉	女	1982-03-21	外国语学院	成都市锦江区

CourseInfo 表的样本数据,如表 5.10 所示。

表 5.10 CourseInfo 表的样本数据

课程号	课 程 名	学分
1004	数据库系统	4
1025	物联网技术	3
4002	数字电路	3
8001	高等数学	4
1201	英语	4

按照下列要求完成表数据的插入、修改和删除操作。

(1) 向 TeacherInfo 表插入样本数据。

```
INSERT INTO TeacherInfo values('100005','李慧强','男',TO_DATE('19680925','YYYYMMDD'),'计算机
学院','北京市海淀区');
```

```
INSERT INTO TeacherInfo values('100024','刘松','男',TO_DATE('19760217','YYYYMMDD'),'计算机学
院','北京市海淀区');
INSERT INTO TeacherInfo values('400021','陈霞飞','女',TO_DATE('19751207','YYYYMMDD'),'通信学
院','上海市黄浦区');
INSERT INTO TeacherInfo values('800004','刘泉明','男',TO_DATE('19780816','YYYYMMDD'),'数学学
院','广州市越秀区');
INSERT INTO TeacherInfo values('120007','张莉','女',TO_DATE('19820321','YYYYMMDD'),'外国语学
院','成都市锦江区');
```

（2）向 CourseInfo 表插入样本数据。

```
INSERT INTO CourseInfo VALUES('1004','数据库系统',4);
INSERT INTO CourseInfo VALUES('1025','物联网技术',3);
INSERT INTO CourseInfo VALUES('4002','数字电路',3);
INSERT INTO CourseInfo VALUES('8001','高等数学',4);
INSERT INTO CourseInfo VALUES('1201','英语',4,);
```

（3）更新教师编号为 120007 的记录，将出生日期改为"1983-09-17"。

```
UPDATE TeacherInfo
  SET TeacherBirthday = '1983 - 09 - 17'
  WHERE TeacherID = '120007';
```

（4）将性别为"男"的记录的家庭住址都改为"上海市浦东新区"。

```
UPDATE TeacherInfo
  SET address = '上海市浦东新区'
  WHERE TeacherSex = '男';
```

（5）删除教师编号为 400021 的记录。

```
DELETE FROM TeacherInfo
  WHERE TeacherID = '400021';
```

3. 设计性试验

Goods 表（商品表）的表结构如表 5.11 所示，在 stsys 数据库中，创建 Goods 表。

表 5.11　Goods 表的表结构

列　　名	数 据 类 型	允许 null 值	是否主键	说　　明
GoodsID	varchar2(4)		主键	商品号
GoodsName	varchar2(30)			商品名称
Classification	varchar2(24)			商品类型
UnitPrice	number			单价
StockQuantity	number			库存量

Goods 表的样本数据如表 5.12 所示。

表 5.12　Goods 表的样本数据

商品号	商品名称	商品类型	单价	库存量
1001	Microsoft Surface Pro 4	笔记本电脑	5488	12
1002	Apple iPad Pro	平板电脑	5888	12
3001	DELL PowerEdgeT130	服务器	6699	10
4001	EPSON L565	打印机	1899	8

编写和调试表数据的插入、修改和删除的代码,完成以下操作。

(1) 向 Goods 表插入样本数据。

采用三种不同的方法,将 Goods 表的样本数据插入 Goods 表中。

① 省略列名表,插入记录。

```
INSERT INTO Goods VALUES('1001','Microsoft Surface Pro 4','笔记本电脑',5488,12);
```

② 不省略列名表,插入记录。

```
INSERT INTO Goods(GoodsID, GoodsName, Classification, UnitPrice, StockQuantity)
  VALUES('1002','Apple iPad Pro','平板电脑',5888,12);
```

③ 同时插入多条记录。

```
INSERT INTO Goods VALUES('3001','DELL PowerEdgeT130','服务器',6699,10);
INSERT INTO Goods VALUES('4001','EPSON L565','打印机',1899,8);
```

(2) 将 Microsoft Surface Pro 4 的类型改为“笔记本平板电脑二合一”。

(3) 将 EPSON L565 的库存量改为 10。

(4) 删除商品类型为平板电脑的记录。

4. 观察与思考

DROP 语句与 DELETE 语句有何区别?

5.8　查　询　实　验

1. 实验目的及要求

(1) 理解 SELECT 语句的语法格式。

(2) 掌握 SELECT 语句的操作和使用方法。

(3) 具备编写和调试 SELECT 语句以进行数据库查询的能力。

2. 验证性实验

对 stsys 数据库的员工表 Employee 表和部门表 Department 上进行信息查询。Employee 表的样本数据如表 5.13 所示,其中,员工号、姓名、性别、出生日期、地址、工资、部门号的列名分别为 EmplID、EmplName、Sex、Birthday、Address、Wages、DeptID。

表 5.13　Employee 表的样本数据

员工号	姓名	性别	出生日期	地　　址	工资	部门号
E001	刘思远	男	1980-11-07	北京市海淀区	4100	D001
E002	何莉娟	女	1987-07-18	上海市浦东区	3300	D002
E003	杨　静	女	1984-02-25	上海市浦东区	3700	D003
E004	王贵成	男	1974-09-12	北京市海淀区	6800	D004
E005	孙　燕	女	1985-02-23	NULL	3600	D001
E006	周永杰	男	1979-10-28	成都市锦江区	4300	NULL

Department 表的样本数据如表 5.14 所示，其中，部门号、部门名称的列名分别为 DeptID、DeptName。

表 5.14　Department 表的样本数据

部门号	部门名称	部门号	部门名称
D001	销售部	D004	经理办
D002	人事部	D005	物资部
D003	财务部		

查询要求如下。

（1）使用两种方式，查询 Employee 表的所有记录。

① 使用列名表。

```
SELECT EmplID, EmplName, Sex, Birthday, Address, Wages, DeptID
  FROM Employee;
```

② 使用 * 。

```
SELECT *
  FROM Employee;
```

（2）查询 Employee 表有关员工号、姓名和地址的记录。

```
SELECT EmplID, EmplName, Address
  FROM Employee;
```

（3）从 Department 表查询部门号、部门名称的记录。

```
SELECT DeptID, DeptName
  FROM Department;
```

（4）通过两种方式查询 Goods 表中价格为 1500～4000 元的商品。

① 通过指定范围关键字。

```
SELECT *
  FROM Goods
```

```
WHERE UnitPrice BETWEEN 1500 AND 4000;
```

② 通过比较运算符。

```
SELECT *
  FROM Goods
  WHERE UnitPrice > = 1500 AND UnitPrice < = 4000;
```

（5）查询地址是北京的员工的姓名、出生日期和部门号。

```
SELECT EmplID, EmplName, DeptID
  FROM Employee
  WHERE address LIKE '北京%';
```

（6）查询各个部门的员工人数。

```
SELECT DeptID AS 部门号, COUNT(EmplID) AS 员工人数
  FROM Employee
  GROUP BY DeptID;
```

（7）查询每个部门的总工资和最高工资。

```
SELECT DeptID AS 部门号, SUM(Wages) AS 总工资, MAX(Wages) AS 最高工资
  FROM Employee
  GROUP BY DeptID;
```

（8）查询员工工资，按照工资从高到低的顺序排列。

```
SELECT *
  FROM Employee
  ORDER BY Wages DESC;
```

3. 设计性试验

对 stsys 数据库的学生信息表 StudentInfo 和成绩信息表 ScoreInfo 上进行信息查询。StudentInfo 表的样本数据如表 5.15 所示，其中，学号、姓名、性别、出生日期、专业、地址的列名分别为 StudentID、Name、Sex、Birthday、Speciality、Address。

表 5.15 StudentInfo 表的样本数据

学号	姓名	性别	出生日期	专 业	家 庭 地 址
181001	成志强	男	1998-08-17	计算机	北京市海淀区
181002	孙红梅	女	1997-11-23	计算机	成都市锦江区
181003	朱 丽	女	1998-02-19	计算机	北京市海淀区
184001	王智勇	男	1997-12-05	电子信息工程	NULL
184002	周潞潞	女	1998-02-24	电子信息工程	上海市浦东区
184004	郑永波	男	1997-09-19	电子信息工程	上海市浦东区

ScoreInfo 表的样本数据如表 5.16 所示，其中，学号、课程号、成绩的列名分别为 StudentID、CourseID、Grade。

表 5.16　ScoreInfo 表的样本数据

学号	课程号	成绩	学号	课程号	成绩
181001	1004	95	184001	8001	85
181002	1004	85	184002	8001	NULL
181003	1004	91	184004	8001	94
184001	4002	93	181001	1201	92
184002	4002	76	181002	1201	78
184004	4002	88	181003	1201	94
181001	8001	94	184001	1201	85
181002	8001	89	184002	1201	79
181003	8001	86	184004	1201	94

编写和调试查询语句的代码，完成以下操作。

（1）使用两种方式，查询 StudentInfo 表的所有记录。

① 使用列名表。

② 使用 * 。

（2）查询 ScoreInfo 表的所有记录。

（3）查询高等数学成绩低于 90 分的成绩信息。

（4）使用两种方式，查询地址为上海市浦东区和成都市锦江区学生的信息。

① 使用 IN 关键字。

② 使用 OR 关键字。

（5）使用两种方式，查询分数为 90 到 95 分的成绩信息。

① 使用 BETWEEN AND 关键字查询。

② 使用 AND 关键字和比较运算符。

（6）查询每个专业有多少人。

（7）查询高等数学的平均成绩、最高分和最低分。

（8）将英语成绩按从高到低排序。

4. 观察与思考

（1）LIKE 的通配符"％"和"_"有何不同？

（2）IS 能用"＝"来代替吗？

（3）"＝"与 IN 在什么情况下作用相同？

（4）空值的使用，可分为哪几种情况？

（5）聚集函数能否直接使用在 SELECT 子句、WHERE 子句、GROUP BY 子句、HAVING 子句之中？

（6）WHERE 子句与 HAVING 子句有何不同？

（7）COUNT（＊）、COUNT（列名）、COUNT（DISTINCT 列名）三者的区别是什么？

习　题　5

一、选择题

1. 以下语句执行出错的原因是_____。

SELECT sno AS 学号, AVG(grade) AS 平均分 FROM score GROUP BY 学号;

　　A. 不能对 grade(学分)计算平均值

　　B. 不能在 GROUP BY 子句中使用别名

　　C. GROUP BY 子句必须有分组内容

　　D. score 表没有 sno 列

2. 统计表中记录数,使用_____聚合函数。
　　A. SUM　　　　　　B. AVG　　　　　　C. COUNT　　　　　D. MAX

3. 在 SELECT 语句中使用_____关键字去掉结果集中的重复行。
　　A. ALL　　　　　　B. MERGE　　　　　C. UPDATE　　　　D. DISTINCT

4. 查询 course 表的记录数,使用_____语句。

　　A. SELECT COUNT(cno) FROM course

　　B. SELECT COUNT(tno) FROM course

　　C. SELECT MAX(credit) FROM course

　　D. SELECT AVG(credit) FROM course

二、填空题

1. 在 DDL 语句中,_____语句可以创建表、ALTER TABLE 语句可以修改表、DROP TABLE 语句可以删除表。

2. 在 DML 语句中,INSERT 语句可以在表中插入记录、_____语句可以在表中修改记录、DELETE 语句可以在表中删除记录。

3. SELECT 语句有 SELECT、FROM、_____、GROUP BY、HAVING、ORDER BY 6 个子句。

4. WHERE 子句可以接收_____子句输出的数据。

三、问答题

1. SQL 语言可分为哪几类?简述各类包含的语句。

2. SELECT 语句包含哪几个子句?简述各个子句的功能。

3. 什么是 LIKE 谓词?通配符有哪几种?各有何功能?

4. 什么是聚合函数?简述聚合函数的函数名称和功能。

5. 在一个 SELECT 语句中,当 WHERE 子句、GROUP BY 子句和 HAVING 子句同时出现在一个查询中时,SQL 的执行顺序如何?

四、应用题

1. 查询 score 表中学号为 121004,课程号为 1201 的学生成绩。

2. 列出 goods 表的商品名称、商品价格和打 7 折后的商品价格。

3. 查询 student 表中姓周的学生情况。

4. 查询通信专业的最高学分的学生的情况。

5. 查询 1004 课程的最高分、最低分及平均成绩。

6. 查询至少有 3 名学生选修且以 4 开头的课程号和平均分数。

7. 将计算机专业的学生按出生时间升序排列。

8. 查询各门课程最高分的课程号和分数,并按分数降序排列。

9. 查询选修课程 3 门以上且成绩在 85 分以上的学生的情况。

第6章

PL/SQL 高级查询

本章要点

- 连接查询
- 集合查询
- 子查询

在第 5 章中,介绍了 PL/SQL 查询语言基础,查询是从一个表中进行的单表查询,本章介绍 PL/SQL 高级查询,包括涉及多个表的连接查询、集合查询以及子查询等内容。

6.1 连 接 查 询

在关系数据库管理系统中,经常把一个实体的信息存储在一个表里,当查询相关数据时,通过连接运算就可以查询存放在多个表中不同实体的信息,把多个表按照一定的关系连接起来,在用户看来好像是查询一个表一样。连接是关系数据库模型的主要特征,也是区别于其他类型数据库管理系统的一个标志。

在 PL/SQL 中,连接查询有两大类表示形式:一类是使用连接谓词指定的连接;另一类是使用 JOIN 关键字指定的连接。

6.1.1 使用连接谓词指定的连接

在连接谓词表示形式中,连接条件由比较运算符在 WHERE 子句中给出,将这种表示形式称为连接谓词表示形式,连接谓词又称为连接条件。

语法格式:

[<表名 1.>] <列名 1> <比较运算符> [<表名 2.>] <列名 2>

说明:在连接谓词表示形式中,FROM 子句指定需要连接的多个表的表名,WHERE 子句指定连接条件,比较运算符有:<、<=、=、>、>=、!=、<>、! <、! >。

由于连接多个表存在公共列,为了区分是哪个表中的列,引入表名前缀指定连接列。例如,student. sno 表示 student 表的 sno 列,score. sno 表示 score 表的 sno 列。为了简化输入,SQL 允许在查询中使用表的别名,可在 FROM 子句中为表定义别名,然后在查询中引用。

经常用到的连接有等值连接、自然连接和自连接等,下面分别介绍。

1. 等值连接

表之间通过比较运算符"＝"连接起来，称为等值连接，举例如下。

【例 6.1】 查询学生的情况和选修课程的情况。

```
SELECT student. * , score. *
  FROM student, score
  WHERE student.sno = score.sno;
```

该语句采用等值连接。

查询结果：

SNO	SNAME	SSEX	SBIRTHDAY	SPECIALITY	SCLASS	TC	SNO	CNO	GRADE
181001	宋德成	男	1997－11－05	计算机	201805	52	181001	1004	94
181002	何静	女	1998－04－27	计算机	201805	50	181002	1004	86
181004	刘文韬	男	1998－05－13	计算机	201805	52	181004	1004	90
184001	李浩宇	男	1997－10－24	通信	201836	50	184001	4002	92
184002	谢丽君	女	1998－01－16	通信	201836	48	184002	4002	78
184003	陈春玉	女	1997－08－09	通信	201836	52	184003	4002	89
181001	宋德成	男	1997－11－05	计算机	201805	52	181001	8001	91
181002	何静	女	1998－04－27	计算机	201805	50	181002	8001	87
181004	刘文韬	男	1998－05－13	计算机	201805	52	181004	8001	85
184001	李浩宇	男	1997－10－24	通信	201836	50	184001	8001	86
184002	谢丽君	女	1998－01－16	通信	201836	48	184002	8001	
184003	陈春玉	女	1997－08－09	通信	201836	52	184003	8001	95
181001	宋德成	男	1997－11－05	计算机	201805	52	181001	1201	93
181002	何静	女	1998－04－27	计算机	201805	50	181002	1201	76
181004	刘文韬	男	1998－05－13	计算机	201805	52	181004	1201	92
184001	李浩宇	男	1997－10－24	通信	201836	50	184001	1201	82
184002	谢丽君	女	1998－01－16	通信	201836	48	184002	1201	75
184003	陈春玉	女	1997－08－09	通信	201836	52	184003	1201	91

2. 自然连接

如果在目标列中去除相同的字段名，称为自然连接，以下例题为自然连接。

【例 6.2】 对上例进行自然连接查询。

```
SELECT student. * , score.cno, score.grade
  FROM student, score
  WHERE student.sno = score.sno;
```

该语句采用自然连接。

查询结果：

SNO	SNAME	SSEX	SBIRTHDAY	SPECIALITY	SCLASS	TC	CNO	GRADE
181001	宋德成	男	1997－11－05	计算机	201805	52	1004	94
181002	何静	女	1998－04－27	计算机	201805	50	1004	86
181004	刘文韬	男	1998－05－13	计算机	201805	52	1004	90
184001	李浩宇	男	1997－10－24	通信	201836	50	4002	92

184002	谢丽君	女	1998－01－16	通信	201836	48	4002	78
184003	陈春玉	女	1997－08－09	通信	201836	52	4002	89
181001	宋德成	男	1997－11－05	计算机	201805	52	8001	91
181002	何静	女	1998－04－27	计算机	201805	50	8001	87
181004	刘文韬	男	1998－05－13	计算机	201805	52	8001	85
184001	李浩宇	男	1997－10－24	通信	201836	50	8001	86
184002	谢丽君	女	1998－01－16	通信	201836	48	8001	
184003	陈春玉	女	1997－08－09	通信	201836	52	8001	95
181001	宋德成	男	1997－11－05	计算机	201805	52	1201	93
181002	何静	女	1998－04－27	计算机	201805	50	1201	76
181004	刘文韬	男	1998－05－13	计算机	201805	52	1201	92
184001	李浩宇	男	1997－10－24	通信	201836	50	1201	82
184002	谢丽君	女	1998－01－16	通信	201836	48	1201	75
184003	陈春玉	女	1997－08－09	通信	201836	52	1201	91

【例 6.3】　查询选修了"数字电路"且成绩在 80 分以上的学生姓名。

```
SELECT a.sno, a.sname, b.cname, c.grade
  FROM student a, course b, score c
  WHERE a.sno = c.sno AND b.cno = c.cno AND b.cname = '数字电路' AND c.grade > = 80;
```

该语句实现了多表连接,并采用别名以缩写表名。

查询结果:

```
SNO          SNAME          CNAME          GRADE
───────      ──────────     ────────────   ───────
184001       李浩宇          数字电路         92
184003       陈春玉          数字电路         89
```

注意:连接谓词可用于多个表的连接,本例用于 3 个表的连接,其中为 student 表指定的别名是 a,为 course 表指定的别名是 b,为 score 表指定的别名是 c。

3. 自连接

将同一个表进行连接,称为自连接,举例如下。

【例 6.4】　查询选修了"1201"课程的成绩高于学号为"181002"的成绩的学生姓名。

```
SELECT a.cno, a.sno, a.grade
  FROM score a, score b
  WHERE a.cno = '1201' AND a.grade > b.grade AND b.sno = '181002' AND b.cno = '1201'
  ORDER BY a.grade DESC;
```

该语句实现了自连接,使用自连接需要为一个表指定两个别名。

查询结果:

```
CNO        SNO        GRADE
─────      ──────     ───────
1201       181001     93
1201       181004     92
1201       184003     91
1201       184001     82
```

6.1.2 使用 JOIN 关键字指定的连接

除了连接谓词表示形式外，PL/SQL 扩展了以 JOIN 关键字指定连接的表示方式，增强了表的连接运算能力。

语法格式：

```
<表名> <连接类型> <表名> ON <条件表达式>
| <表名> CROSS JOIN <表名>
| <连接表>
```

其中，<连接类型>的格式为：

```
<连接类型>::=
        [ INNER | { LEFT | RIGHT | FULL } [ OUTER ] CROSS JOIN
```

说明：

在以 JOIN 关键字指定连接的表示方式中，在 FROM 子句中用 JOIN 关键字指定连接的多个表的表名，用 ON 子句指定连接条件。

在连接类型中，INNER 表示内连接，OUTER 表示外连接，CROSS 表示交叉连接，这是 JOIN 关键字指定的连接的 3 种类型。

1. 内连接

内连接按照 ON 所指定的连接条件合并两个表，返回满足条件的行。

内连接是系统默认的，可省略 INNER 关键字。

【例 6.5】 查询学生的情况和选修课程的情况。

```
SELECT *
  FROM student INNER JOIN score ON student.sno = score.sno;
```

该语句采用内连接，查询结果与例 6.1 的查询结果相同。

【例 6.6】 查询选修了数据库系统课程且成绩在 84 分以上的学生情况。

```
SELECT a.sno, a.sname, c.cname, b.grade
  FROM student a JOIN score b ON a.sno = b.sno JOIN course c ON b.cno = c.cno
  WHERE c.cname = '数据库系统' AND b.grade >= 84;
```

该语句采用内连接，省略 INNER 关键字，使用了 WHERE 子句。

查询结果：

```
SNO        SNAME      CNAME           GRADE
-------    --------   -------------   ------
181001     宋德成     数据库系统          94
181002     何静       数据库系统          86
181004     刘文韬     数据库系统          90
```

注意：内连接可用于多个表的连接，本例用于 3 个表的连接，注意 FROM 子句中 JOIN 关键字与多个表连接的写法。

2. 外连接

在内连接的结果表中,只有满足连接条件的行才能作为结果输出。外连接的结果表不但包含满足连接条件的行,还包括相应表中的所有行。外连接有以下 3 种:

- 左外连接(LEFT OUTER JOIN):结果表中除了包括满足连接条件的行外,还包括左表的所有行;
- 右外连接(RIGHT OUTER JOIN):结果表中除了包括满足连接条件的行外,还包括右表的所有行;
- 完全外连接(FULL OUTER JOIN):结果表中除了包括满足连接条件的行外,还包括两个表的所有行。

【例 6.7】　采用左外连接查询教师任课情况。

```
SELECT tname, cno
  FROM teacher LEFT JOIN lecture ON (teacher.tno = lecture.tno);
```

该语句采用左外连接。

查询结果:

```
TNAME        CNO
--------     ------
李志远        1004
王俊宏        4002
孙航          8001
刘玲雨        1201
周莉群
```

【例 6.8】　采用右外连接查询教师任课情况。

```
SELECT tno, cname
  FROM lecture RIGHT JOIN course ON (course.cno = lecture.cno);
```

该语句采用右外连接。

查询结果:

```
TNO        CNAME
------     -----------
100002     数据库系统
400005     数字电路
800017     高等数学
120032     英语
           计算机网络
```

【例 6.9】　采用全外连接查询员工所属部门情况,员工表 Employee 和部门表 Department 参见第 5 章实验部分。

```
SELECT EmplName, DeptName
  FROM Employee FULL JOIN Department ON Employee.DeptID = Department.DeptID;
```

该语句采用全外连接。

查询结果：

```
EMPLNAME        DEPTNAME
----------      -------------------
刘思远           销售部
何莉娟           人事部
杨静             财务部
王贵成           经理办
孙燕             销售部
周永杰
                物资部
```

注意：外连接只能对两个表进行。

3. 交叉连接

【例 6.10】 采用交叉连接查询员工和部门所有可能组合。

```
SELECT EmplName, DeptName
  FROM Employee CROSS JOIN Department;
```

该语句采用交叉连接。

6.2 集 合 查 询

集合查询将两个或多个 SQL 语句的查询结果集合并起来，利用集合进行查询处理以完成特定的任务，使用四个集合操作符（Set Operator）UNION、UNION ALL、INTERSECT 和 MINUS，将两个或多个 SQL 查询语句结合成一个单独 SQL 查询语句。

集合操作符的功能如表 6.1 所示。

表 6.1 集合操作符的功能

操 作 符	说 明
UNION	并运算，返回两个结果集的所有行，不包括重复行
UNION ALL	并运算，返回两个结果集的所有行，包括重复行
INTERSECT	交运算，返回两个结果集中都有的行
MINUS	差运算，返回第一个结果集中有而在第二个结果集中没有的行

语法格式：

```
< SELECT 查询语句 1 >
{UNION │ UNION A LL │ INTERSECT │ MINUS}
< SELECT 查询语句 2 >
```

说明：

在集合查询中，需要遵循的规则为以下内容。

- 在构成复合查询的各个单独的查询中，列数和列的顺序必须匹配，数据类型必须兼容。
- 用户不允许在复合查询所包含的任何单独的查询中使用 ORDER BY 子句。

- 用户不允许在 BLOB、LONG 等大数据对象上使用集合操作符。
- 用户不允许在集合操作符 SELECT 列表中使用嵌套表或者数组集合。

6.2.1 使用 UNION 操作符

UNION 语句将第一个查询中的所有行与第二个查询的所有行相加, 消除重复行并且返回结果。

【例 6.11】 查询性别为女及选修了课程号为 4002 的学生。

```
SELECT sno, sname, ssex
  FROM student
  WHERE ssex = '女'
UNION
SELECT a.sno, a.sname, a.ssex
  FROM student a, score b
  WHERE a.sno = b.sno AND b.cno = '4002';
```

该语句采用 UNION 将两个查询的结果合并成一个结果集, 消除重复行。

查询结果:

```
SNO        SNAME      SSEX
-------    --------   -----
181002     何静        女
184001     李浩宇      男
184002     谢丽君      女
184003     陈春玉      女
```

6.2.2 使用 INTERSECT 操作符

INTERSECT 操作会获取两个查询, 对值进行汇总, 并且返回同时存在于两个结果集中的行。只由第一个查询、或者第二个查询返回的那些行不包含在结果集中。

【例 6.12】 查询既选修了课程号为 8001 又选修了课程号为 4002 的学生的学号、姓名、性别。

```
SELECT a.sno AS 学号, a.sname AS 姓名, a.ssex AS 性别
  FROM student a, score b
  WHERE a.sno = b.sno AND b.cno = '8001'
INTERSECT
SELECT a.sno AS 学号, a.sname AS 姓名, a.ssex AS 性别
  FROM student a, score b
  WHERE a.sno = b.sno AND b.cno = '4002';
```

该语句采用 INTERSECT 返回同时存在于两个结果集中的行。

查询结果:

```
学号       姓名     性别
-------    ------   -----
184001     李浩宇    男
```

```
184002    谢丽君    女
184003    陈春玉    女
```

6.2.3   使用 MINUS 操作符

MINUS 集合操作会返回所有从第一个查询中有但是第二个查询中没有的那些行。

【例 6.13】   查询既选修了课程号为 8001 又未选修课程号为 4002 的学生的学号、姓名、性别。

```
SELECT a. sno AS 学号, a. sname AS 姓名, a. ssex AS 性别
   FROM student a, score b
   WHERE a. sno = b. sno AND b. cno = '8001'
MINUS
SELECT a. sno AS 学号, a. sname AS 姓名, a. ssex AS 性别
   FROM student a, score b
   WHERE a. sno = b. sno AND b. cno = '4002';
```

该语句采用 MINUS 返回第一个查询中有而在第二个查询中没有的那些行。

查询结果：

```
学号       姓名      性别
------    ------    -----
181001    宋德成    男
181002    何静      女
181004    刘文韬    男
```

6.3   子　查　询

使用子查询，可以用一系列简单的查询构成复杂的查询，从而增强 SQL 语句的功能。

在 SQL 语言中，一个 SELECT-FROM-WHERE 语句称为一个查询块。在 WHERE 子句或 HAVING 子句所指定条件中，可以使用另一个查询块的查询的结果作为条件的一部分，这种将一个查询块嵌套在另一个查询块的子句指定条件中的查询称为嵌套查询。例如：

```
SELECT *
   FROM student
   WHERE sno IN
     (SELECT sno
       FROM score
       WHERE cno = '1004'
     );
```

在本例中，下层查询块"SELECT stno FROM score WHERE cno＝'1004'"的查询结果，作为上层查询块"SELECT ＊ FROM student WHERE stno IN"的查询条件，上层查询块称为父查询或外层查询，下层查询块称为子查询（Subquery）或内层查询，嵌套查询的处理过程是由内向外，即由子查询到父查询，子查询的结果作为父查询的查询条件。

PL/SQL 允许 SELECT 多层嵌套使用,即一个子查询可以嵌套其他子查询,以增强查询能力。

子查询通常与 IN、EXIST 谓词和比较运算符结合使用。

6.3.1 IN 子查询

在 IN 子查询中,使用 IN 谓词实现子查询和父查询的连接。

语法格式:

<表达式> [NOT] IN (<子查询>)

说明:

在 IN 子查询中,首先执行括号内的子查询,再执行父查询,子查询的结果作为父查询的查询条件。

当表达式与子查询的结果集中的某个值相等时,IN 谓词返回 TRUE,否则返回 FALSE;若使用了 NOT,则返回的值相反。

【例 6.14】 查询选修了课程号为 8001 的课程的学生情况。

```
SELECT *
FROM student
WHERE sno IN
  (SELECT sno
   FROM score
   WHERE cno = '8001'
   );
```

该语句采用 IN 子查询。

查询结果:

SNO	SNAME	SSEX	SBIRTHDAY	SPECIALITY	SCLASS	TC
181001	宋德成	男	1997 − 11 − 05	计算机	201805	52
181002	何静	女	1998 − 04 − 27	计算机	201805	50
181004	刘文韬	男	1998 − 05 − 13	计算机	201805	52
184001	李浩宇	男	1997 − 10 − 24	通信	201836	50
184002	谢丽君	女	1998 − 01 − 16	通信	201836	48
184003	陈春玉	女	1997 − 08 − 09	通信	201836	52

【例 6.15】 查询选修某课程的学生人数多于 4 人的教师姓名。

```
SELECT tname AS 教师姓名
  FROM teacher
  WHERE tno IN
    (SELECT tno
       FROM lecture
       WHERE cno IN
         (SELECT b.cno
            FROM course a, score b
```

```
        WHERE a. cno = b. cno
        GROUP BY b. cno
        HAVING COUNT(b.cno)> 4
    )
);
```

该语句采用 IN 子查询,在子查询中使用了谓词连接、GROUP BY 子句、HAVING 子句。

查询结果:

```
教师姓名
---------
孙航
刘玲雨
```

注意:使用 IN 子查询时,子查询返回的结果和父查询引用列的值在逻辑上应具有可比较性。

6.3.2 比较子查询

比较子查询是指父查询与子查询之间用比较运算符进行关联。

语法格式:

<表达式> { < | <= | = | > | >= | != | <> } { ALL | SOME | ANY } (<子查询>)

说明:

关键字 ALL、SOME 和 ANY 用于对比较运算的限制,ALL 指定表达式要与子查询结果集中每个值都进行比较,当表达式与子查询结果集中每个值都满足比较关系时,才返回 TRUE,否则返回 FALSE;SOME 和 ANY 指定表达式只要与子查询结果集中某个值满足比较关系时,就返回 TRUE,否则返回 FALSE。

【例 6.16】 查询比所有通信专业学生年龄都小的学生。

```
SELECT *
  FROM student
  WHERE sbirthday > ALL
    (SELECT sbirthday
      FROM student
      WHERE speciality = '通信'
    );
```

该语句采用比较子查询。

查询结果:

SNO	SNAME	SSEX	SBIRTHDAY	SPECIALITY	SCLASS	TC
181002	何静	女	1998 - 04 - 27	计算机	201805	50
181004	刘文韬	男	1998 - 05 - 13	计算机	201805	52

6.3.3　EXISTS 子查询

在 EXISTS 子查询中,EXISTS 谓词只用于测试子查询是否返回行,若子查询返回一个或多个行,则 EXISTS 返回 TRUE,否则返回 FALSE;如果为 NOT EXISTS,其返回值与 EXIST 相反。

语法格式:

[NOT] EXISTS (＜子查询＞)

说明:

在 EXISTS 子查询中,父查询的 SELECT 语句返回的每一行数据都要由子查询来评价,如果 EXISTS 谓词指定条件为 TRUE,查询结果就包含该行,否则该行被丢弃。

【例 6.17】　查询选修 1004 课程的学生姓名。

```
SELECT sname AS 姓名
  FROM student
  WHERE EXISTS
    (SELECT *
      FROM score
      WHERE score.sno = student.sno AND cno = '1004'
    );
```

该语句采用 EXISTS 子查询。

查询结果:

```
姓名
-------
宋德成
何静
刘文韬
```

注意:由于 EXISTS 谓词的返回值取决于子查询是否返回行,不取决于返回行的内容,因此子查询输出列表无关紧要,可以使用 * 来代替。

提示:子查询和连接往往都要涉及两个表或多个表,其区别是连接可以合并两个表或多个表的数据,而带子查询的 SELECT 语句的结果只能来自一个表。

6.4　小　　结

本章主要介绍了以下内容。

(1) 连接查询可以查询存放在多个表中不同实体的信息,把多个表按照一定的关系连接起来,在用户看来好像是查询一个表一样。连接查询有两大类表示形式:一类是使用连接谓词指定的连接;另一类是使用 JOIN 关键字指定的连接。

在使用连接谓词指定的连接中,连接条件由比较运算符在 WHERE 子句中给出。

在使用 JOIN 关键字指定的连接中,在 FROM 子句中用 JOIN 关键字指定连接的多个表的表名,用 ON 子句指定连接条件。JOIN 关键字指定的连接类型有 3 种: 内连接 (INNER JOIN)、外连接(OUTER JOIN)、交叉连接(CROSS JOIN)。

外连接有以下 3 种: 左外连接(LEFT OUTER JOIN)、右外连接(RIGHT OUTER JOIN)、完全外连接(FULL OUTER JOIN)。

(2) 集合查询将两个或多个 SQL 语句的查询结果集合并起来,利用集合进行查询处理以完成特定的任务,使用四个集合操作符(Set Operator) UNION、UNION ALL、INTERSECT 和 MINUS,将两个或多个 SQL 查询语句结合成一个单独 SQL 查询语句。

(3) 将一个查询块嵌套在另一个查询块的子句指定条件中的查询称为嵌套查询,在嵌套查询中,上层查询块称为父查询或外层查询,下层查询块称为子查询(Subquery)或内层查询。

子查询通常包括 IN 子查询、比较子查询和 EXIST 子查询。

6.5　高级查询实验

1. 实验目的及要求

(1) 理解连接查询、集合查询以及子查询等高级查询的语法格式。
(2) 掌握连接查询、集合查询以及子查询语句的操作和使用方法。
(3) 具备编写和调试连接查询、集合查询以及子查询语句以进行数据库查询的能力。

2. 验证性实验

对 stsys 数据库的员工表 Employee 表和部门表 Department 上进行信息查询,查询要求如下内容。

(1) 采用自然连接查询员工及其所属的部门的情况。

```
SELECT Employee. * , Department. DeptName
  FROM Employee, Department
  WHERE Employee. DeptID = Department. DeptID;
```

该语句采用连接谓词进行连接。

(2) 分别采用左外连接、右外连接和全外连接查询员工所属的部门。

① 左外连接。

```
SELECT EmplName, DeptName
  FROM Employee LEFT JOIN Department ON Employee. DeptID = Department. DeptID;
```

② 右外连接。

```
SELECT EmplName, DeptName
  FROM Employee RIGHT JOIN Department ON Employee. DeptID = Department. DeptID;
```

③ 全外连接。

```
SELECT EmplName, DeptName
  FROM Employee FULL JOIN Department ON Employee. DeptID = Department. DeptID;
```

以上采用 JOIN 关键字进行左外连接、右外连接和全外连接。

（3）查询销售部和人事部员工名单。

```
SELECT EmplID, EmplName, DeptName
FROM Employee a, Department b
WHERE a.DeptID = b.DeptID AND DeptName = '销售部'
UNION
SELECT EmplID, EmplName, DeptName
FROM Employee a, Department b
WHERE a.DeptID = b.DeptID AND DeptName = '人事部';
```

该语句采用集合操作符 UNION 进行并运算以实现集合查询。

（4）分别采用 IN 子查询和比较子查询人事部和财务部的员工信息。

① IN 子查询。

```
SELECT *
FROM Employee
WHERE DeptID IN
  ( SELECT DeptID
    FROM Department
    WHERE DeptName = '财务部' OR DeptName = '经理办'
  );
```

该语句采用 IN 子查询。

② 比较子查询。

```
SELECT *
FROM Employee
WHERE DeptID = ANY
  ( SELECT DeptID
    FROM Department
    WHERE DeptName IN ('财务部', '经理办')
  );
```

该语句采用比较子查询，其中，关键字 ANY 用于对比较运算符"="进行限制。

（5）列出比所有 D001 部门员工年龄都小的员工和出生日期。

```
SELECT EmplID AS 员工号, EmplName AS 姓名, Birthday AS 出生日期
FROM Employee
WHERE Birthday > ALL
  ( SELECT Birthday
    FROM Employee
    WHERE DeptID = 'D001'
  );
```

该语句采用比较子查询，其中，关键字 ANY 用于对比较运算符">"进行限制。

（6）查询销售部的员工姓名。

```
SELECT EmplName AS 姓名
FROM Employee
WHERE EXISTS
  ( SELECT *
```

```
    FROM Department
    WHERE Employee.DeptID = Department.DeptID AND DeptID = 'D001'
);
```

该语句采用 EXISTS 子查询。

3. 设计性试验

对 stsys 数据库的学生信息表 StudentInfo 和成绩信息表 ScoreInfo 进行信息查询，编写和调试查询语句的代码，完成以下操作。

（1）查询选修数据库系统课程的学生的姓名、性别和成绩。

（2）查询选修 8001 课程且为计算机专业学生的姓名及成绩，查出的成绩按降序排列。

（3）查询地址为上海市浦东区的学生的姓名、专业、课程名和成绩。

（4）查询既选修了英语又选修了数据库系统的学生的学号、姓名、出生日期和专业；查询既选修了英语又未选修数据库系统的学生的学号、姓名、出生日期和专业。

（5）查询学号为 181001，课程名为"高等数学"的学生成绩。

（6）查询未选修数字电路课程的学生情况。

（7）查询在计算机专业任课的教师情况。

（8）查询课程号 8001 的成绩高于课程号 4002 成绩的学生。

（9）查询所有任课教师的姓名和学院。

4. 观察与思考

（1）使用连接谓词指定的连接和使用 JOIN 关键字指定的连接，在用法上有什么不同？

（2）内连接与外连接有何区别？

（3）举例说明 IN 子查询、比较子查询和 EXIST 子查询的用法。

（4）关键字 ALL、SOME 和 ANY 对比较运算有何限制？

习　题　6

一、选择题

1. 需要将 student 表所有行连接 score 表所有行，应创建_____。

 A. 内连接   B. 外连接

 C. 交叉连接   D. 自然连接

2. 下列选项中，可以用于多行运算的是_____。

 A. =   B. IN   C. <>   D. LIKE

3. 使用_____关键字进行子查询时，只注重子查询是否返回行，如果子查询返回一个或多个行，则返回真，否则为假。

 A. EXISTS   B. ANY   C. ALL   D. IN

4. 使用交叉连接查询两个表，一个表有 6 条记录，另一个表有 9 条记录，如果未使用子句，查询结果有_____条记录。

 A. 15   B. 3   C. 9   D. 54

二、填空题

1. SELECT 语句的 WHERE 子句可以使用子查询，_____的结果作为父查询的条件。

2. 使用 IN 操作符实现指定匹配查询时，使用_____操作符实现任意匹配查询，使用 ALL 操作符实现全部匹配查询。

3. JOIN 关键字指定的连接类型有 INNER JOIN、OUTER JOIN、CROSS JOIN 3 种，外连接有 LEFT OUTER JOIN、RIGHT OUTER JOIN、_____3 种。

4. 集合运算符 UNION 实现了集合的并运算，集合运算符_____实现了集合的交运算、集合运算符 MINUS 实现了集合的差运算。

三、问答题

1. 什么是连接谓词？其连接条件是怎样给出的？

2. 在使用 JOIN 关键字指定的连接中，怎样指定连接的多个表的表名？怎样指定连接条件？

3. 内连接、外连接有什么区别？左外连接、右外连接和全外连接有什么区别？

4. 什么是集合查询？简述其使用的集合操作符及其功能。

5. 什么是子查询？IN 子查询、比较子查询、EXIST 子查询各有何功能？

四、应用题

1. 查找选修了"英语"的学生姓名及成绩。

2. 查询选修了"高等数学"且成绩在 80 分以上的学生情况。

3. 查询选修某课程的平均成绩高于 85 分的教师姓名。

4. 查询既选学过'1201'号课程，又选学过'1004'号课程的学生姓名、性别、总学分；查询既选学过'1201'号课程，又未选学'1004'号课程的学生姓名、性别、总学分。

5. 查询每个专业最高分的课程名和分数。

6. 查询通信专业的最高分。

7. 查询数据库系统课程的任课教师。

8. 查询成绩高于平均分的成绩记录。

第 7 章

视图

本章要点

- 创建视图和查询视图
- 修改视图定义和删除视图
- 更新视图

视图通过 SELECT 查询语句定义,用于方便用户的查询和处理、增加安全性和便于数据共享。

视图(View)通过 SELECT 查询语句定义,它是从一个或多个表(或视图)导出的,用来导出视图的表称为基表(Base Table),导出的视图称为虚表。在数据库中,只存储视图的定义,不存放视图对应的数据,这些数据仍然存放在原来的基表中。

视图可以由一个基表中选取的某些行和列组成,也可以由多个表中满足一定条件的数据组成,视图就像是基表的窗口,它反映了一个或多个基表的局部数据。

视图有以下优点。

(1) 方便用户的查询和处理,简化数据操作。

(2) 简化用户的权限管理,增加安全性。

(3) 便于数据共享。

(4) 屏蔽数据库的复杂性。

(5) 可以重新组织数据。

7.1 创 建 视 图

使用视图前,必须首先创建视图,本节介绍使用 PL/SQL 语句创建视图和使用图形界面方式创建视图。

7.1.1 使用 PL/SQL 语句创建视图

PL/SQL 语句创建视图的语句是 CREATE OR REPLACE VIEW 语句。

语法格式:

```
CREATE [ OR REPLACE ] [FORCE │ NOFORCE] VIEW [<用户方案名>.]<视图名> [ ( <列名> [ ,...n ] ) ]
  AS
  < SELECT 查询语句>
```

[WITH CHECK OPTION[CONSTRAINT <约束名>]]
[WITH READ ONLY]

说明：

- OR REPLACE：在创建视图时，如果存在同名视图，则要重新创建。
- 用户方案名：默认为当前账号。
- 列名：可以自定义视图中包含的列，若使用源表或视图中相同的列名，可不必给出列名。
- SELECT 查询语句：定义视图的 SELECT 语句，可查询多个表或视图。
- WITH CHECK OPTION：指出在视图上进行的修改都要符合 SELECT 语句所指定的限制条件。
- CONSTRAINT：约束名称。
- WITH READ ONLY：规定在视图中，不能执行插入、删除、修改等操作，只能检索数据。

【例 7.1】　使用 CREATE VIEW 语句，在 stsys 数据库中创建 vwStudentScore 视图，包括学号、姓名、性别、专业、课程号、成绩，且专业为计算机。

创建 vwStudentScore 视图语句如下：

```
CREATE OR REPLACE VIEW vwStudentScore
  AS
  SELECT a. sno, a. sname, a. ssex, a. speciality, b. cno, b. grade
    FROM student a, score b
    WHERE a. sno = b. sno AND a. speciality = '计算机'
    WITH CHECK OPTION;
```

7.1.2　使用图形界面方式创建视图

下面举例说明使用图形界面方式创建视图。

【例 7.2】　使用图形界面方式，在 stsys 数据库中创建 vwStudentCourseScore 视图，包括学号、姓名、性别、课程名、成绩，按学号升序排列，且专业为计算机。

操作步骤如下。

（1）启动 SQL Developer，在"连接"节点下打开数据库连接 sys_stsys，右击"视图"节点，在弹出的快捷菜单中选择"新建视图"命令，屏幕出现"创建 视图"对话框，在"名称"框中输入"vwStudentCourseScore"，在"SQL 查询"选项卡中，输入如下的 SQL 查询语句：

```
SELECT a. sno, a. sname, a. ssex, a. speciality, b. cname, c. grade
  FROM student a, course b, score c
  WHERE a. sno = c. sno AND b. cno = c. cno AND a. speciality = '计算机'
  ORDER BY a. sno
```

输入 SQL 查询语句后的"创建 视图"对话框如图 7.1 所示。

（2）单击"确定"按钮，完成视图 vwStudentCourseScore 的创建。

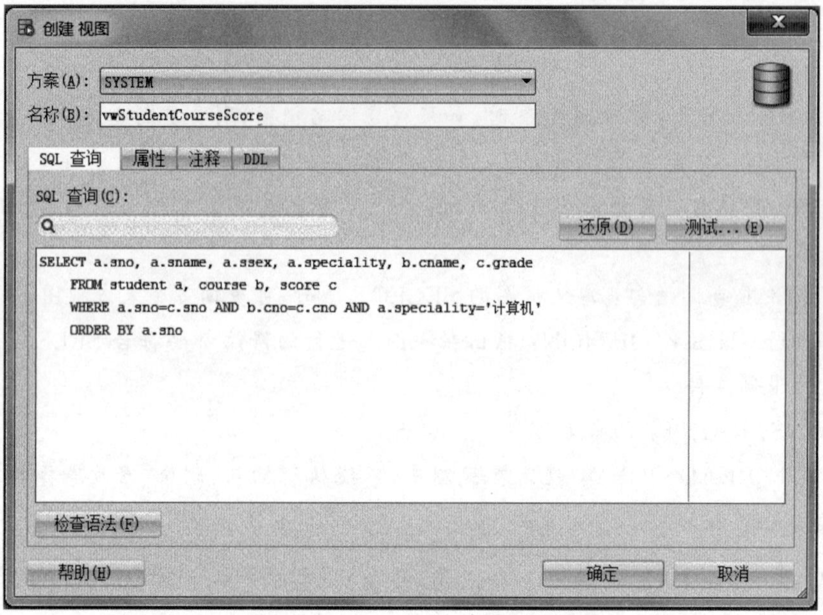

图 7.1　"创建 视图"对话框

7.2　查 询 视 图

使用 SELECT 语句对视图进行查询与使用 SELECT 语句对表进行查询类似，但可简化用户的程序设计，方便用户，通过指定列限制用户访问，提高安全性。

【例 7.3】　分别查询 vwStudentScore 视图、vwStudentCourseScore 视图。

使用 SELECT 语句对 vwStudentScore 视图进行查询：

```
SELECT *
  FROM vwStudentScore;
```

查询结果：

SNO	SNAME	SSEX	SPECIALITY	CNO	GRADE
181001	宋德成	男	计算机	1004	94
181002	何静	女	计算机	1004	86
181004	刘文韬	男	计算机	1004	90
181001	宋德成	男	计算机	8001	91
181002	何静	女	计算机	8001	87
181004	刘文韬	男	计算机	8001	85
181001	宋德成	男	计算机	1201	93
181002	何静	女	计算机	1201	76
181004	刘文韬	男	计算机	1201	92

使用 SELECT 语句对 vwStudentCourseScore 视图进行查询：

```
SELECT *
  FROM vwStudentCourseScore;
```

查询结果：

SNO	SNAME	SSEX	SPECIALITY	CNAME	GRADE
181001	宋德成	男	计算机	高等数学	91
181001	宋德成	男	计算机	数据库系统	94
181001	宋德成	男	计算机	英语	93
181002	何静	女	计算机	数据库系统	86
181002	何静	女	计算机	高等数学	87
181002	何静	女	计算机	英语	76
181004	刘文韬	男	计算机	数据库系统	90
181004	刘文韬	男	计算机	高等数学	85
181004	刘文韬	男	计算机	英语	92

【例 7.4】 查询计算机专业学生的学号、姓名、性别、课程名。

查询计算机专业学生的学号、姓名、性别、课程名，不使用视图直接使用 SELECT 语句需要连接 student、course 两个表，较为复杂，此处使用视图则十分简捷方便。

使用 SELECT 语句对 vwStudentCourseScore 视图进行查询：

```
SELECT sno, sname, ssex, cname
  FROM vwStudentCourseScore;
```

查询结果：

SNO	SNAME	SSEX	CNAME
181001	宋德成	男	数据库系统
181001	宋德成	男	高等数学
181001	宋德成	男	英语
181002	何静	女	数据库系统
181002	何静	女	高等数学
181002	何静	女	英语
181004	刘文韬	男	数据库系统
181004	刘文韬	男	高等数学
181004	刘文韬	男	英语

7.3 修改视图定义

可以使用 PL/SQL 语句和图形界面方式修改视图的定义。

7.3.1 使用 PL/SQL 语句修改视图定义

PL/SQL 的 ALTER VIEW 语句，不是用于修改视图的定义，只是用于重新编译和验证视图。PL/SQL 没有单独的修改视图语句，修改视图定义的语句就是创建视图的语句。

下面举例说明使用创建视图的语句修改视图定义。

【例 7.5】 将例 7.1 定义的 vwStudentScore 视图进行修改,取消专业为计算机的要求。

```
CREATE OR REPLACE VIEW vwStudentScore
  AS
  SELECT a. sno, a. sname, a. ssex, a. speciality, b. cno, b. grade
    FROM student a, score b
    WHERE a. sno = b. sno
    WITH CHECK OPTION;
```

使用 SELECT 语句对修改后的 vwStudentScore 视图进行查询,可看出修改后的 vwStudentScore 视图已取消专业为计算机的要求。

```
SELECT *
  FROM vwStudentScore;
```

查询结果:

SNO	SNAME	SSEX	SPECIALITY	CNO	GRADE
181001	宋德成	男	计算机	1004	94
181002	何静	女	计算机	1004	86
181004	刘文韬	男	计算机	1004	90
184001	李浩宇	男	通信	4002	92
184002	谢丽君	女	通信	4002	78
184003	陈春玉	女	通信	4002	89
181001	宋德成	男	计算机	8001	91
181002	何静	女	计算机	8001	87
181004	刘文韬	男	计算机	8001	85
184001	李浩宇	男	通信	8001	86
184002	谢丽君	女	通信	8001	
184003	陈春玉	女	通信	8001	95
181001	宋德成	男	计算机	1201	93
181002	何静	女	计算机	1201	76
181004	刘文韬	男	计算机	1201	92
184001	李浩宇	男	通信	1201	82
184002	谢丽君	女	通信	1201	75
184003	陈春玉	女	通信	1201	91

7.3.2   使用图形界面方式修改视图定义

使用图形界面方式修改视图定义举例如下。

【例 7.6】 使用图形界面方式修改例 7.2 创建的视图 vwStudentCourseScore,以降序显示学号。

操作步骤如下。

(1) 启动 SQL Developer,展开 sys_stsys 连接,展开视图,选择"vwStudentCourseScoret",右击,在弹出的快捷菜单中选择"编辑"命令,弹出"编辑 视图"对话框,可以修改视图定义,其操作和创建视图类似,如图 7.2 所示。

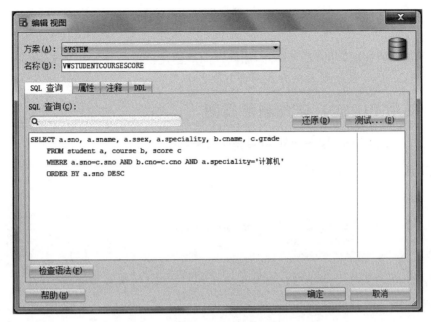

图 7.2 修改前的"编辑 视图"对话框

（2）在图 7.2 的"SQL 查询"选项卡中，将 SQL 查询语句修改为：

```
SELECT a.sno, a.sname, a.ssex, a.speciality, b.cname, c.grade
   FROM student a, course b, score c
   WHERE a.sno = c.sno AND b.cno = c.cno AND a.speciality = '计算机'
   ORDER BY a.sno DESC
```

（3）单击"确定"按钮，完成 vwStudentCourseScore 视图定义的修改。

（4）使用 SELECT 语句查询 vwStudentCourseScore。

```
SELECT *
   FROM vwStudentCourseScore;
```

查询结果：

SNO	SNAME	SSEX	SPECIALITY	CNAME	GRADE
181004	刘文韬	男	计算机	英语	92
181004	刘文韬	男	计算机	高等数学	85
181004	刘文韬	男	计算机	数据库系统	90
181002	何静	女	计算机	数据库系统	86
181002	何静	女	计算机	高等数学	87
181002	何静	女	计算机	英语	76
181001	宋德成	男	计算机	英语	93
181001	宋德成	男	计算机	数据库系统	94
181001	宋德成	男	计算机	高等数学	91

7.4 删除视图

如果不再需要视图,可以进行删除,删除视图对创建该视图的基表没有任何影响。删除视图有 PL/SQL 语句和图形界面方式两种方法。

7.4.1 使用 PL/SQL 语句删除视图

使用 PL/SQL 的 DROP VIEW 语句删除视图。

语法格式:

```
DROP VIEW <视图名>
```

【**例 7.7**】 将视图 vwStudentCourseScore 删除。

```
DROP VIEW vwStudentCourseScore;
```

注意:删除视图时,应将由该视图导出的其他视图删去。删除基表时,应将由该表导出的其他视图删去。

7.4.2 使用图形界面方式删除视图

【**例 7.8**】 删除视图 vwStudentScore。

启动 SQL Developer,展开"sys_stsys"连接,展开"视图",选择需要删除的视图,选择 vwStudentScore,右击,在弹出的快捷菜单中选择"删除"命令,在弹出的"删除"对话框中单击"应用"按钮即可。

7.5 更 新 视 图

更新视图指通过视图进行插入、删除、修改数据,由于视图是不存储数据的虚表,对视图的更新最终转化为对基表的更新。

7.5.1 可更新视图

通过更新视图数据可更新基表数据,但只有满足可更新条件的视图才能更新。

可更新视图满足以下条件:

- 创建视图没有包含只读属性;
- 没有使用连接函数、集合运算函数和组函数;
- 创建视图的 SELECT 语句中没有聚合函数且没有 GROUP BY、ONNECT BY、START WITH 子句及 DISTINCT 关键字;
- 创建视图的 SELECT 语句中不包含从基表列通过计算所得的列。

【**例 7.9**】 在 stsys 数据库中,以 student 为基表,创建专业为通信的可更新视图 vwCommSpecialityStudent。

创建视图 vwCommSpecialityStudent 语句如下:

```
CREATE OR REPLACE VIEW vwCommSpecialityStudent
  AS
  SELECT *
    FROM student
    WHERE speciality = '通信';
```

使用 SELECT 语句查询 vwCommSpecialityStudent 视图：

```
SELECT *
  FROM vwCommSpecialityStudent
```

查询结果：

SNO	SNAME	SSEX	SBIRTHDAY	SPECIALITY	SCLASS	TC
184001	李浩宇	男	1997 - 10 - 24	通信	201836	50
184002	谢丽君	女	1998 - 01 - 16	通信	201836	48
184003	陈春玉	女	1997 - 08 - 09	通信	201836	52

7.5.2 插入数据

使用 INSERT 语句通过视图向基表插入数据。

【例 7.10】 向 vwCommSpecialityStudent 视图中插入一条记录：('184006','吴维明', '男','1998-03-14','通信','201836',50)。

```
INSERT INTO vwCommSpecialityStudent VALUES ('184006','吴维明','男','1998 - 03 - 14','通信', '201836',50);
```

使用 SELECT 语句查询 vwCommSpecialityStudent 视图的基表 student：

```
SELECT *
  FROM student;
```

上述语句对基表 student 进行查询,该表已添加记录('184006','吴维明','男','1998-03-14','通信','201836',50)。

查询结果：

SNO	SNAME	SSEX	SBIRTHDAY	SPECIALITY	SCLASS	TC
181001	宋德成	男	1997 - 11 - 05	计算机	201805	52
181002	何静	女	1998 - 04 - 27	计算机	201805	50
181004	刘文韬	男	1998 - 05 - 13	计算机	201805	52
184001	李浩宇	男	1997 - 10 - 24	通信	201836	50
184002	谢丽君	女	1998 - 01 - 16	通信	201836	48
184003	陈春玉	女	1997 - 08 - 09	通信	201836	52
184006	吴维明	男	1998 - 03 - 14	通信	201836	50

注意：当视图依赖的基表有多个表时,不能向该视图插入数据。

7.5.3 修改数据

使用 UPDATE 语句通过视图修改基表数据。

【例 7.11】 将 vwCommSpecialityStudent 视图中学号为 184006 的学生的总学分增加 2 分。

```
UPDATE vwCommSpecialityStudent SET tc = tc + 2
    WHERE sno = '184006';
```

使用 SELECT 语句查询 vwCommSpecialityStudent 视图的基表 student：

```
SELECT *
    FROM student;
```

上述语句对基表 student 进行查询，该表已将学号为 184006 的学生的总学分增加了 2 分。

查询结果：

SNO	SNAME	SSEX	SBIRTHDAY	SPECIALITY	SCLASS	TC
181001	宋德成	男	1997 − 11 − 05	计算机	201805	52
181002	何静	女	1998 − 04 − 27	计算机	201805	50
181004	刘文韬	男	1998 − 05 − 13	计算机	201805	52
184001	李浩宇	男	1997 − 10 − 24	通信	201836	50
184002	谢丽君	女	1998 − 01 − 16	通信	201836	48
184003	陈春玉	女	1997 − 08 − 09	通信	201836	52
184006	吴维明	男	1998 − 03 − 14	通信	201836	52

注意：当视图依赖的基表有多个表时，一次修改视图只能修改一个基表的数据。

7.5.4 删除数据

使用 DELETE 语句通过视图向基表删除数据。

【例 7.12】 删除 vwCommSpecialityStudent 视图中学号为 184006 的记录。

```
DELETE FROM vwCommSpecialityStudent
    WHERE sno = '184006';
```

使用 SELECT 语句查询 vwCommSpecialityStudent 视图的基表 student：

```
SELECT *
    FROM student;
```

上述语句对基表 student 进行查询，该表已删除记录('184006','吴维明','男','1998-03-14','通信','201836',52)。

查询结果：

SNO	SNAME	SSEX	SBIRTHDAY	SPECIALITY	SCLASS	TC
181001	宋德成	男	1997 − 11 − 05	计算机	201805	52
181002	何静	女	1998 − 04 − 27	计算机	201805	50
181004	刘文韬	男	1998 − 05 − 13	计算机	201805	52
184001	李浩宇	男	1997 − 10 − 24	通信	201836	50
184002	谢丽君	女	1998 − 01 − 16	通信	201836	48
184003	陈春玉	女	1997 − 08 − 09	通信	201836	52

注意：当视图依赖的基表有多个表时，不能对该视图删除数据。

7.6　小　　结

本章主要介绍了以下内容。

（1）视图（View）通过 SELECT 查询语句定义，它是从一个或多个表（或视图）导出的，用来导出视图的表称为基表（Base Table），导出的视图称为虚表。在数据库中，只存储视图的定义，不存放视图对应的数据，这些数据仍然存放在原来的基表中。

视图的优点是：方便用户操作，增加安全性，便于数据共享，屏蔽数据库的复杂性，可以重新组织数据。

（2）创建视图可以使用图形界面和 PL/SQL 语句两种方式。

（3）使用 SELECT 语句对视图进行查询与使用 SELECT 语句对表进行查询类似，但可简化用户的程序设计，方便用户，通过指定列限制用户访问，提高安全性。

（4）更新视图指通过视图进行插入、删除、修改数据，由于视图是不存储数据的虚表，对视图的更新最终转化为对基表的更新，只有满足可更新条件的视图才能更新。

（5）可以使用图形界面方式和 PL/SQL 语句两种方式修改视图的定义。

（6）删除视图有图形界面方式和 PL/SQL 语句两种方式。

7.7　视　图　实　验

1. 实验目的及要求

（1）理解视图的概念。

（2）掌握创建、修改、删除视图的方法，掌握通过视图进行插入、删除、修改数据的方法。

（3）具备编写和调试创建、修改、删除视图语句和更新视图语句的能力。

2. 验证性实验

对于员工表 Employee 表和部门表 Department：

（1）创建视图 vwEmplDept，包括员工号、姓名、性别、出生日期、地址、工资、部门号、部门名称；

```
CREATE OR REPLACE VIEW vwEmplDept
    AS
    SELECT EmplID, EmplName, Sex, Birthday, Address, Wages, a.DeptID, DeptName
        FROM Employee a, Department b
        WHERE a.DeptID = b.DeptID
        WITH CHECK OPTION;
```

（2）查看视图 vwEmplDept 的所有记录；

```
SELECT *
    FROM vwEmplDept;
```

(3) 查看销售部员工的员工号、姓名、性别和工资；

```
SELECT EmplID, EmplName, Sex, Wages
  FROM vwEmplDept
  WHERE DeptName = '销售部';
```

(4) 更新视图，将 E005 号员工的地址改为"公司宿舍"；

```
UPDATE vwEmplDept SET Address = '公司宿舍'
  WHERE EmplID = 'E005';
```

(5) 对视图 vwEmplDept 进行修改，指定部门名为销售部；

```
CREATE OR REPLACE VIEW vwEmplDept
  AS
  SELECT EmplID, EmplName, Sex, Birthday, Address, Wages, a.DeptID, DeptName
    FROM Employee a, Department b
    WHERE a.DeptID = b.DeptID AND DeptName = '销售部'
    WITH CHECK OPTION;
```

(6) 删除 vwEmplDept 视图。

```
DROP INDEX vwEmplDept;
```

3. 设计性试验

对于学生信息表 StudentInfo 和成绩信息表 ScoreInfo：

(1) 创建视图 vwStudentInfoScoreInfo，包括学号、姓名、性别、出生日期、专业、家庭地址、课程号、成绩；

(2) 查看视图 vwStudentInfoScoreInfo 的所有记录；

(3) 查看计算机专业学生的学号、姓名、性别、地址；

(4) 向 vwStudentInfoScoreInfo 视图插入一条记录：('184007','刘丽萍','女','1998-05-18','电子信息工程','北京市海淀区')；

(5) 对视图 vwStudentInfoScoreInfo 进行修改，指定专业为计算机；

(6) 删除 vwStudentInfoScoreInfo 视图。

4. 观察与思考

(1) 在视图中插入的数据能进入基表吗？

(2) 修改基表的数据会自动映射到相应的视图中吗？

(3) 哪些视图中的数据不可以进行插入、修改、删除操作？

习 题 7

一、选择题

1. 下面语句中，_____用于创建视图。

    A. ALTER VIEW   B. DROP VIEW

    C. CREATE TABLE   D. CREATE VIEW

2. 视图存放在_____。

    A. 数据库的表中　　　　　　　　B. FROM 列表的第一个表中

    C. 数据字典中　　　　　　　　　D. FROM 列表的第二个表中

3. 以下关于视图的描述中,错误的是_____。

    A. 视图中保存有数据

    B. 视图通过 SELECT 查询语句定义

    C. 可以通过视图操作数据库中表的数据

    D. 通过视图操作的数据仍然保存在表中

4. 下列选项中,不正确的是_____。

    A. 视图的基表可以是表或视图

    B. 视图占用实际的存储空间

    C. 创建视图必须通过 SELECT 查询语句

    D. 利用视图可以将数据永久地保存

二、填空题

1. 视图的优点是方便用户操作、_____。

2. 视图的数据存放在_____中。

3. 可更新视图指_____的视图。

4. 视图存放在_____中。

三、问答题

1. 什么是视图? 简述视图的优点。

2. 简述表与视图的区别和联系。

3. 什么是可更新视图? 可更新视图需要满足哪些条件?

四、应用题

1. 创建一个视图 vwClassStudentCourseScore,包含学号、姓名、性别、班级、课程号、课程名、成绩等列,班级为 201236,并查询视图的所有记录。

2. 创建一个视图 vwCourseScore,包含学生学号、课程名、成绩等列,然后查询该视图的所有记录。

3. 创建一个视图 vwAvgGradeStudentScore,包含学生学号、姓名、平均分等列,按平均分降序排列,再查询该视图的所有记录。

第 8 章

索引和序列

本章要点

- 索引概述
- 创建、修改和删除索引
- 序列概述
- 创建、使用、修改和删除序列

索引是与表关联的存储在磁盘上的单独结构,用于快速访问数据。序列是一种数据库对象,用来自动产生一组唯一的序号。

8.1 索 引 概 述

索引与书中的目录类似,就像先找到书的目录章节的页数,然后根据页数找到正文中的章节一样,索引也先找到符合条件的行,再根据 RowID(类似于书中的页码)直接找到数据库行所对应个的物理地址,从而找到数据库行。

在关系数据库中,每一行都有一个行唯一标识 RowID,RowID 包括行所在条件、在文件中的块数和块中的行号。在 Oracle 中,索引(Index)是对数据库表中一个或多个列的值进行排序的数据库结构,用于快速查找该表的一行数据,索引包含索引条目,每一个索引条目都有一个键值和一个 RowID,键值由表中的一列或多列生成。

1. 索引的分类

(1) 按存储方法分类,索引可分为 B＊树索引和位图索引两类。

- B＊树索引。

B＊树索引用由底向上的顺序来对表中的列数据进行排序,B＊树索引不但存储了相应列的数据,还存储了 ROWID。索引以树形结构的形式来存储这些值,在检索时,Oracle 将先检索列数据。B＊树索引的存储结构类似图书的索引结构,有分支和叶两种类型的存储数据块,分支块相当于图书的大目录,叶块相当于索引到的具体的书页。

B＊树索引是 Oracle 中默认的、最常用的索引,也称标准索引。B＊树索引可以是唯一索引或非唯一索引,单列索引或复合索引。

- 位图索引。

位图索引(Bitmap Index)并不重复存取索引列的值,每一个值被看作一个键,相应行的 ID 置为一个位(BIT)。位图索引适合于仅有几个固定值的列,如学生表中的性别列,性别只有男和女两个固定值。位图索引主要用来节省空间,减少 ORACLE 对数据块的访问。

（2）按功能和索引对象分类,索引可分为以下六种类型。

- 唯一索引和非唯一索引。

唯一索引是索引值不能重复的索引,非唯一索引是索引列值可以重复的索引。默认情况下,Oracle 创建的索引是非唯一索引。在表中定义 PRIMARY KEY 或 UNIQUE 约束时,Oracle 会自动在相应的约束列上建立唯一索引。

- 单列索引和复合索引。

单列索引是基于单个列创建的索引,复合索引是基于两列或多列所创建的索引。

- 逆序索引。

保持索引列按顺序排列,但是颠倒已索引的每列的字节。

- 基于函数的索引。

索引中的一列或多列是一个函数或表达式,索引根据函数或表达式计算索引列的值。

2. 建立索引的原则

（1）索引的作用和代价。

建立索引的作用如下:

- 提高查询速度;
- 保证列值的唯一性;
- 查询优化依靠索引起作用;
- 提高 ORDER BY、GROUP BY 执行速度。

使用索引可以提高系统的性能,加快数据检索的速度,但是使用索引是要付出一定代价的。

- 索引需要占用数据表以外的物理存储空间。例如,建立一个聚集索引需要大约 1.2 倍于数据大小的空间。
- 创建和维护索引要花费一定的时间。
- 当对表进行更新操作时,索引需要被重建,这样就降低了数据的维护速度。

（2）建立索引的一般原则。

- 根据列的特征合理创建索引。

主键列和唯一键列自动建立索引,外键列可以建立索引,在经常查询的字段上最好建立索引,至于那些查询中很少涉及的列、重复值比较多的列不要建立索引。

- 根据表的大小来创建索引。

如果经常需要查询的数据不超过 10% 到 15% 的话,由于此时建立索引的开销可能要比性能的改善大得多,那就没有必要建立索引。

- 限制表中索引的数量。

通常来说,表的索引越多,其查询的速度也就越快,但表的更新速度则会降低。这主要是因为在更新记录的同时需要更新相关的索引信息导致。为此,在表中创建多少索引合适,就需要在这个更新速度与查询速度之间取得一个均衡点。

- 在表中插入数据后创建索引。

8.2 创建、修改和删除索引

8.2.1 创建索引

创建索引,可用图形界面方式或 PL/SQL 语句两种方式进行。

1. 使用 PL/SQL 语句创建索引

在使用 SQL 命令创建索引时,必须满足以下条件之一:

- 索引的表或簇必须在自己的模式中;
- 必须在要索引的表上具有 INDEX 权限;
- 必须具有 CREATE ANY INDEX 权限。

语法格式:

```
CREATE [UNIQUE │ BITMAP] INDEX                    /＊索引类型＊/
    [<用户方案名>.]<索引名>
  ON  <表名>(<列名>│<列名表达式> [ASC │ DESC] [,…n])
[LOGGING │ NOLOGGING]                             /＊指定是否创建相应的日志记录＊/
[COMPUTE STATISTICS]                              /＊生成统计信息＊/
[COMPAESS │ NOCOMPRESS]                           /＊对复合索引进行压缩＊/
[TABLESPACE <表空间名>]                            /＊索引所属表空间＊/
[SORT │ NOSORT]                                   /＊指定是否对表进行排序＊/
[REVERSE]
```

说明:

- UNIQUE:指定所基于的列(或多列)值必须唯一,默认的索引是非唯一的;
- BITMAP:指定创建位图索引;
- <用户方案名>.:包含索引的方案;
- ON:在指定表的列中创建索引;
- <列名表达式>:用指定表的列、常数、SQL 函数和自定义函数的表达式创建基于函数的索引;
- [LOGGING │ NOLOGGING]:LOGGING 选项指规定创建索引时,创建相应的日志。NO LOGGING 选项在创建索引时不产生重做日志信息,默认为 LOGGING。

【例 8.1】 在 stsys 数据库中 score 表的 grade 列上,创建一个索引 ixGrade。

```
CREATE INDEX ixGrade ON score(grade);
```

【例 8.2】 在 stsys 数据库中 student 表的 sname 列和 tc 列,创建一个复合索引 ixNameTc。

```
CREATE INDEX ixNameTc ON student(sname,tc);
```

2. 使用图形界面方式创建索引

使用图形界面方式创建升序索引举例如下。

【例 8.3】　使用图形界面方式,在 stsys 数据库 student 表的 sbirthday 列,创建一个升序索引 ixBirthday。

操作步骤如下。

(1) 启动 SQL Developer,在"连接"节点下打开数据库连接 sys_stsys,右击"索引"节点,在弹出的快捷菜单中选择"新建索引"命令,出现"创建 索引"窗口,在"名称"文本框中输入索引名称,这里输入"ixBirthday",在"表"下拉列表框中单击下拉按钮,在弹出的下拉菜单中选择"STUDENT",选择"索引类型"为"不唯一",在"表达式"列表框中单击"+"按钮可添加列,单击"×"按钮可删除列,这里选择 SBIRTHDAY 列,顺序默认为升序,如图 8.1 所示。

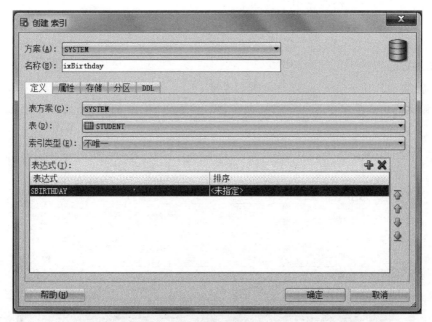

图 8.1　"创建 索引"窗口

(2) 单击"确定"按钮,完成创建索引工作。

8.2.2　修改索引

修改索引的方法有两种:使用图形界面方式和使用系统存储过程及 PL/SQL 语句。

1. 使用 PL/SQL 语句修改索引

使用 ALTER INDEX 语句修改索引必须在操作者自己的模式中,或者操作者拥有 ALTER ANY INDEX 系统权限。

语法格式:

```
ALTER INDEX [<用户方案名>.]<索引名>
[LOGGING | NOLOGGING]
[TABLESPACE <表空间名>]
[SORT | NOSORT]
[REVERSE]
```

[RENAME TO <新索引名>]

说明：

RENAME TO 子句用于修改索引的名称，其余选项与 CREATE INDEX 语句相同。

【例 8.4】 修改例 8.1 创建的索引 ixGrade。

```
ALTER INDEX ixGrade
   RENAME TO ixGradeScore;
```

2. 使用图形界面方式修改索引

使用图形界面方式修改索引举例如下。

【例 8.5】 使用图形界面方式，将 student 表上建立的索引 ixBirthday 修改为 ixBirthdayStudent。

操作步骤如下。

（1）启动 SQL Developer，打开数据库连接 sys_stsys，展开"索引"节点，右击 ixBirthday 索引，在弹出的快捷菜单中选择"编辑"命令，弹出"编辑 索引"对话框，如图 8.2 所示。

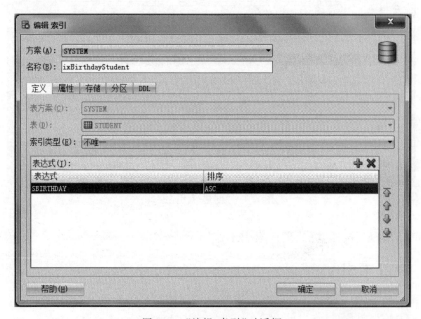

图 8.2 "编辑 索引"对话框

（2）在"名称"文本框中，将"ixBirthday"修改为"ixBirthdayStudent"。

（3）单击"确定"按钮，完成修改索引属性工作。

8.2.3 删除索引

索引的删除有两种方式：图形界面方式和 PL/SQL 语句。

1. 使用 PL/SQL 语句删除索引

使用 PL/SQL 语句中的 DROP INDEX 语句删除索引。

语法格式：

```
DROP INDEX
{ index_name ON  table_or_view_name [ ,...n ]
  | table_or_view_name.index_name [ ,...n ]
}
```

【例 8.6】 删除已建索引 ixGradeScore。

```
DROP INDEX ixGradeScore;
```

2. 使用图形界面方式删除索引

使用图形界面方式删除索引举例如下。

启动 SQL Developer，在"连接"节点下打开数据库连接 sys_stsys，展开"表"节点，右击 student 表，在弹出的快捷菜单中选择"索引"→"删除"命令，屏幕出现"删除对象"窗口，单击 "删除索引"框下拉箭头，在弹出的下拉菜单中选择"ixBirthdayStudent"，单击"应用"按钮， 完成索引删除工作。

8.3 序 列 概 述

序列(sequence)是一种数据库对象，定义在数据字典中，用来自动产生一组唯一的序 号。序列是一种共享式的对象，多个用户可以共同使用序列中的序号。

一般序列所生成的整数通常可以用来填充数字类型的主键列，这样当向表中插入数据 时，主键列就使用了序列中的序号，从而保证主键的列值不会重复。用这种方法替代在应用 程序中产生主键值的方法，可以获得更可靠的主键值。

序列的类型可分为以下两种。

(1) 升序。序列值由初始值向最大值递增，此为创建序列的默认设置。

(2) 降序。序列值由初始值向最小值递减。

8.4 创建、使用、修改和删除序列

序列的创建、使用、修改和删除介绍如下。

8.4.1 创建序列

使用 CREATE SEQUENCE 语句创建序列。

语法格式：

```
CREATE SEQUENCE [用户方案名.] <序列名>           /* 将要创建的序列名称 */
    [INCREMENT BY <数字值>]                    /* 递增或递减值 */
    [START WITH <数字值>]                      /* 初始值 */
    [MAXVALUE <数字值> | NOMAXVALUE]           /* 最大值 */
    [MINVALUE <数字值> | NOMINVALUE]           /* 最小值 */
    [CYCLE | NOCYCLE]                         /* 是否循环 */
    [CACHE <数字值> | NOCACHE]                 /* 高速缓冲区设置 */
```

[ORDER｜NOORDER]　　　　　　　　　　　　/＊序列号是序列否,按照顺序生成＊/

说明：

- INCREMENT BY：指定该序列每次增加的整数增量。指定为正值则创建升序序列，负值则创建降序序列。
- START WITH：序列的起始值。如果不指定该值，对升序序列使用该序列默认的最小值，对降序序列使用该序列默认的最大值。
- MAXVALUE：序列可允许的最大值。如果指定为 NOMAXVALUE，则对升序序列使用默认值 1.0E27，对降序序序列使用默认值−1。
- MINVALUE：序列可允许的最小值。如果指定为 NOMINVALUE，则对升序序列使用默认值 1，对降序序列使用默认值−1.0E26。
- CYCLE：指定该序列即使已经达到最大值或最小值也继续生成整数。当升序序列达到最大值时，下一个生成的值是最小值。当降序序列达到最小值时，下一个生成的值是最大值。如果指定为 NOCYCLE，则序列在达到最大值或最小值之后停止生成任何值。
- CACHE：指定要保留在内存中整数的个数。默认要缓存的整数为 20 个，可以缓存的整数最少为两个。

【例 8.7】　创建一个升序序列 seqCustomer。

```
CREATE SEQUENCE seqCustomer
  INCREMENT BY 1
  START WITH 100001
  MAXVALUE 999999
  NOCYCLE
  NOCACHE
  ORDER;
```

8.4.2　使用序列

在使用序列前，先介绍序列中的两个伪列 nextval 和 currval。

（1）nextval：用于获取序列的下一个序号值。

语法格式：

< sequence_name >.nextval

在使用序列为表中的字段自动生成序列号时，使用此伪列。

（2）currval：用于获取序列的当前序号值。

语法格式：

< sequence_name >.currval

在使用一次 nextval 之后才能使用此伪列。

【例 8.8】　向 customer 表添加记录时，使用创建的序列 seqCustomer 为表中的主键 customerID 自动赋值。

创建 customer 表语句如下。

```
CREATE TABLE customer
(
customerID number(6) NOT NULL PRIMARY KEY,
cname char(12) NOT NULL,
address char(60) NULL
);
```

向 customer 表插入两条记录，添加记录时使用序列 seqCustomer 为表中的主键 customerID 自动赋值。

```
INSERT INTO customer
    VALUES (seqCustomer.nextval,'李星宇','公司集体宿舍');
INSERT INTO customer
    VALUES (seqCustomer.nextval,'徐培杰','公司集体宿舍');
```

查询该表添加的记录。

```
SELECT * FROM customer;
```

查询结果：

```
CUSTOMERID     CNAME       ADDRESS
-----------    --------    ----------------
100001         李星宇       公司集体宿舍
100002         徐培杰       公司集体宿舍
```

8.4.3　修改序列

使用 ALTER SEQUENCE 语句修改序列。

语法格式：

```
ALTER SEQUENCE [用户方案名.] <序列名>
    [INCREMENT BY <数字值>]                    /* 递增或递减值 */
    [MAXVALUE <数字值> | NOMAXVALUE]          /* 最大值 */
    [MINVALUE <数字值> | NOMINVALUE]          /* 最小值 */
    [CYCLE | NOCYCLE]                        /* 是否循环 */
    [CACHE <数字值> | NOCACHE]                /* 高速缓冲区设置 */
    [ORDER | NOORDER]                        /* 序列号是序列否,按照顺序生成 */
```

各个选项的含义参见 CREATE SEQUENCE 语句。

【例 8.9】 修改序列 seqCustomer。

```
ALTER SEQUENCE seqCustomer
    INCREMENT BY 2;
```

8.4.4　删除序列

删除序列使用 DROP SEQUENCE 语句。

语法格式:

DROP SEQUENCE <序列名>

【例 8.10】 删除序列 seqCustomer。

DROP SEQUENCE seqCustomer;

8.5 小 结

本章主要介绍了以下内容。

(1) 在 Oracle 中,索引(Index)是对数据库表中一个或多个列的值进行排序的数据库结构,用于快速查找该表的一行数据,索引包含索引条目,每一个索引条目都有一个键值和一个 RowID,键值由表中的一列或多列生成。

(2) 创建、修改和删除索引,可用 SQL Developer 或 PL/SQL 语句两种方式进行。

创建索引使用 CREATE INDEX 语句,修改索引使用 ALTER INDEX 语句,删除索引使用 DROP INDEX 语句。

(3) 序列(sequence)是一种数据库对象,定义在数据字典中,用来自动产生一组唯一的序号。序列是一种共享式的对象,多个用户可以共同使用序列中的序号。一般序列所生成的整数通常可以用来填充数字类型的主键列,这样当向表中插入数据时,主键列就使用了序列中的序号,从而保证主键的列值不会重复。

(4) 创建序列使用 CREATE SEQUENCE 语句,修改序列使用 ALTER SEQUENCE 语句,删除序列使用 DROP SEQUENCE 语句。

8.6 索 引 实 验

1. 实验目的及要求

(1) 理解索引的概念。

(2) 掌握创建、修改、删除索引的方法。

(3) 具备编写和调试创建、修改、删除索引语句的能力。

2. 验证性实验

在学生信息表 StudentInfo 中:

(1) 在 Name 列上,创建一个索引 ixName。

CREATE INDEX ixName ON StudentInfo(Name);

(2) 在 Name 列和 Address 列,创建一个复合索引 ixNameAddress。

CREATE INDEX ixNameAddress ON studentInfo(Name, Address);

(3) 删除已建索引 ixName。

DROP INDEX ixName ON StudentInfo;

3．设计性试验

在员工表 Employee 中：

(1) 在 EmplName 列上，创建一个索引 ix EmplName；

(2) 在 EmplName 列和 Wages 列，创建一个复合索引 ixEmplNameWages；

(3) 删除已建索引 ix EmplName。

4．观察与思考

(1) 索引有何作用？

(2) 使用索引有何代价？

(3) 数据库中索引被破坏后会产生什么结果？

习　题　8

一、选择题

1．为 student 表的 3 个列 sno、sname、ssex 分别建立索引，应选择_____。

    A．都创建 B 树索引

    B．分别创建 B 树索引、位图索引、B 树索引

    C．都创建位图索引

    D．分别创建 B 树索引、位图索引、位图索引

2．下列选项中，不是 ROWID 的作用的是_____。

    A．标识各条记录   B．保持记录的物理地址

    C．保持记录的头信息   D．快速查询指定的记录

3．要为 teacher 表的 tno 列（主键列）生成唯一连续的整数，应选择_____。

    A．序列   B．视图   C．索引   D．同义词

二、填空题

1．索引用于_____。

2．序列定义在_____中。

3．使用序列可以用其中的伪列来获取相应的序列值，nextval 用于获取序列的下一个序列值，_____用于获取序列的当前序列值。

三、问答题

1．什么是索引？简述索引的作用和使用代价。

2．什么是序列？序列有何作用？

四、应用题

1．写出在 course 表上 credit 列建立索引的语句。

2．写出在 teacher 表上 tname 列和 tbirthday 建立索引的语句。

3．向 employee 表添加记录时，使用创建的序列 seqEmployee 为表中的主键 eid 自动赋值。

第 9 章

数据完整性

本章要点

- 数据完整性概述
- 域完整性
- 实体完整性
- 参照完整性

数据完整性指数据库中数据的正确性、一致性和有效性。数据完整性是衡量数据库质量的标准之一。本章介绍数据完整性的分类,域完整性、实体完整性、参照完整性等内容。

9.1 数据完整性概述

数据完整性规则通过约束来实现,约束是在表上强制执行的一些数据校验规则,在插入、修改或者删除数据时必须符合在相关字段上设置的这些规则,否则报错。

Oracle 使用完整性约束机制以防止无效的数据进入数据库的基表,如果一个 DML 语句执行结果破坏完整性约束,就会回滚语句并返回一个错误。通过完整性约束实现数据完整性规则有以下优点。

- 完整性规则定义在表上,存储在数据字典中,应用程序的任何数据都必须遵守表的完整性约束。
- 当定义或修改完整性约束时,不需要额外编程。
- 用户可指定完整性约束是启用或禁用。
- 当由完整性约束所实施的事务规则改变时,只需改变完整性约束的定义,所有应用自动地遵守所修改的约束。

数据完整性一般包括域完整性、实体完整性、参照完整性,用户定义完整性,下面分别进行介绍。

1. 域完整性

域完整性指列数据输入的有效性,又称列完整性,通过 CHECK 约束、DEFALUT 约束、NOT NULL 约束、数据类型和规则等实现域完整性。

CHECK 约束通过显示输入到列中的值来实现域完整性,例如:对于 stsys 数据库 score 表,grade 规定为 0～100 分,可用 CHECK 约束表示。

2. 实体完整性

实体完整性要求表中有一个主键,其值不能为空且能唯一地标识对应的记录,又称为行完整性,通过 PRIMARY KEY 约束、UNIQUE 约束、索引或 IDENTITY 属性等实现数据的实体完整性。

例如,对于 stsys 数据库中 student 表,sno 列作为主键,每一个学生的 sno 列能唯一地标识该学生对应的行记录信息,通过 sno 列建立主键约束实现 student 表的实体完整性。

3. 参照完整性

参照完整性保证主表中的数据与从表中数据的一致性,又称为引用完整性,参照完整性确保键值在所有表中一致,通过定义主键(PRIMARY KEY)与外键(FOREIGN KEY)之间的对应关系实现参照完整性。

- 主键(PRIMARY KEY):表中能唯一标识每个数据行的一个或多个列。
- 外键(FOREIGN KEY):一个表中的一个或多个列的组合是另一个表的主键。

例如,将 student 表作为主表,表中的 sno 列作为主键,score 表作为从表,表中的 sno 列作为外键,从而建立主表与从表之间的联系实现参照完整性,student 表和 score 表的对应关系如表 9.1 和表 9.2 所示。

主键　　　　　　　表9.1　student表(主表)

sno	sname	ssex	sbirthday	specialist	sclass	tc
181001	宋德成	男	1997-11-05	计算机	201805	52
181002	何静	女	1998-04-27	计算机	201805	50
181004	刘文韬	男	1998-05-13	计算机	201805	52

外键　　　表9.2　score表(从表)

sno	cno	grade
181001	1004	94
181001	8001	91
181001	1201	93
181002	1004	86
181002	8001	87
181002	1201	76
181004	1004	90
181004	8001	85
181004	1201	92

如果定义了两个表之间的参照完整性,则要求:

- 从表不能引用不存在的键值;
- 如果主表中的键值更改了,那么在整个数据库中,对从表中该键值的所有引用要进行一致的更改;

- 如果要删除主表中的某一记录,应先删除从表中与该记录匹配的相关记录。

总括起来,Oracle 数据库中的数据完整性包括域完整性、实体完整性、参照完整性,和实现上述完整性的约束,其中:

- CHECK 约束,检查约束,实现域完整性;
- NOT NULL 约束,非空约束,实现域完整性;
- PRIMARY KEY 约束,主键约束,实现实体完整性;
- UNIQUE KEY 约束,唯一性约束,实现实体完整性;
- FOREIGN KEY 约束,外键约束,实现参照完整性。

9.2 域完整性

域完整性通过 CHECK 约束实现,CHECK 约束对输入列或整个表中的值设置检查条件,以限制输入值,保证数据库的数据完整性,下面介绍通过 CHECK 约束实现域完整性。

9.2.1 使用 SQL Developer 实现域完整性

1. 使用 SQL Developer 创建 CHECK 约束

使用 SQL Developer 创建 CHECK 约束举例如下。

【例 9.1】 使用 SQL Developer,在 stsys 数据库 student 表的 ssex 列,创建一个性别为男或女的 CHECK 约束 CK_ssex。

操作步骤如下。

(1) 启动 SQL Developer,在"连接"节点下打开数据库连接 sys_stsys,展开"表"节点,选中表 student,右击,在弹出的快捷菜单中选择"约束条件"→"添加检查"命令,弹出如图 9.1 所示的"添加检查"对话框,在"约束条件名称"栏输入约束名称"CK_ssex",在"检查条件"栏输入相应的 CHECK 约束表达式为"ssex in('男','女')"。

图 9.1 "添加检查"对话框

（2）单击"应用"按钮,完成"CHECK 约束"的创建。

2. 使用 SQL Developer 修改或删除 CHECK 约束

使用 SQL Developer 修改或删除 CHECK 约束举例如下:

【例 9.2】　使用 SQL Developer,修改或删除创建的 CHECK 约束 CK_ssex。

操作步骤如下。

（1）启动 SQL Developer,在"连接"节点下打开数据库连接 sys_stsys,展开"表"节点,
选中表 student,右击,在弹出的快捷菜单中选择"编辑"命令,弹出"编辑 表"对话框,如
图 9.2 所示。

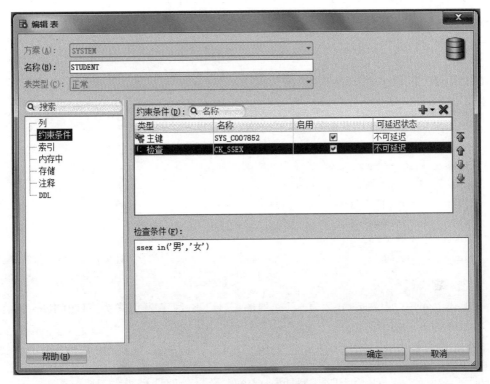

图 9.2　"编辑 表"对话框

（2）在左边的"搜索"窗口中,选择"约束条件",右上部出现"约束条件"窗口,在该窗口
的"类型"栏,选中"检查"约束。若在右上方选择"+"按钮,可以添加一个检查约束;单击
"×"按钮,可以删除一个检查约束。在选择一个检查约束后,可在"名称"栏中修改名称,在
右下部"检查条件"窗口,可修改相应的检查约束表达式。

（3）单击"确定"按钮,完成上述"CHECK 约束"的添加、删除或修改。

9.2.2　使用 PL/SQL 语句实现域完整性

1. 使用 PL/SQL 语句在创建表时创建 CHECK 约束

使用 PL/SQL 语句在创建表时创建 CHECK 约束有作为列的约束或作为表的约束两

种方式。

语法格式：

```
CREATE TABLE <表名>
( <列名> <数据类型> [DEFAULT <默认值>] [NOT NULL │ NULL]
    [CONSTRAINT < CHECK 约束名>] CHECK(< CHECK 约束表达式>)        / * 定义为列的约束 * /
    [,...n]
    [CONSTRAINT < CHECK 约束名>] CHECK(< CHECK 约束表达式>)        / * 定义为表的约束 * /
)
```

其中，CONSTRAINT 关键字为 CHECK 约束定义名称，CHECK 约束表达式为逻辑表达式。

注意： 如果在指定的一个约束中，涉及多个列，该约束必须定义为表的约束。

【例 9.3】 在 stsys 数据库中创建表 goods2，包含以下域完整性定义。

```
CREATE TABLE goods2
(
    gid char(6) NOT NULL PRIMARY KEY,                   / * 商品号 * /
    gname char(20) NOT NULL,                            / * 商品名 * /
    gclass char(6) NOT NULL,                            / * 类型 * /
    price number NOT NULL CHECK(price < = 8000),        / * 价格 * /
    tradeprice number NOT NULL,                         / * 批发价格 * /
    stockqt number NOT NULL,                            / * 库存量 * /
    orderqt number NULL                                 / * 订货尚未到货商品数量 * /
);
```

在上述语句中，定义 goods2 表 price 列的 CHECK 约束表达式为 CHECK(price < = 8000)，即价格小于或等于 8000。

【例 9.4】 在表 goods2 中，插入记录 1005，DELL Inspiron 15R，10，9899，6930，14，7。

```
INSERT INTO goods2 VALUES('1005','DELL Inspiron 15R','10',9899,6930,14,7);
```

在 goods2 表 price 列，由于插入记录中的价格大于 8000，违反 CHECK 约束，系统报错，拒绝插入。

2. 使用 PL/SQL 语句在修改表时创建 CHECK 约束

语法格式：

```
ALTER TABLE <表名>
    ADD( CONSTRAINT < CHECK 约束名> CHECK(< CHECK 约束表达式>))
```

【例 9.5】 通过修改 goods2 表，增加批发价格列的 CHECK 约束。

```
ALTER TABLE goods2
    ADD CONSTRAINT CK_tradeprice CHECK(tradeprice < = 6000);
```

3. 使用 PL/SQL 语句删除 CHECK 约束

语法格式：

```
ALTER TABLE <表名>
   DROP CONSTRAINT <CHECK 约束名>
```

【例 9.6】　删除 stsc 数据库的 goods2 表批发价格列的 CHECK 约束。

```
ALTER TABLE goods2
   DROP CONSTRAINT CK_tradeprice;
```

9.3　实体完整性

实体完整性通过 PRIMARY KEY 约束、UNIQUE 约束等实现。

通过 PRIMARY KEY 约束定义主键，一个表只能有一个 PRIMARY KEY 约束，且 PRIMARY KEY 约束不能取空值，Oracle 为主键自动创建唯一性索引，实现数据的唯一性。

通过 UNIQUE 约束定义唯一性约束，为了保证一个表非主键列不输入重复值，应在该列定义 UNIQUE 约束。在创建 UNIQUE 约束时，会自动产生索引。

PRIMARY KEY 约束与 UNIQUE 约束主要区别如下。

- 一个表只能创建一个 PRIMARY KEY 约束，但可创建多个 UNIQUE 约束。
- PRIMARY KEY 约束的列值不允许为 NULL，UNIQUE 约束的列值可取 NULL。

PRIMARY KEY 约束与 UNIQUE 约束都不允许对应列存在重复值。

9.3.1　使用 SQL Developer 实现实体完整性

1. 使用 SQL Developer 创建和删除 PRIMARY KEY 约束

使用 SQL Developer 创建和删除 PRIMARY KEY 约束请参看第 6 章相关操作步骤。

2. 使用 SQL Developer 创建和删除 UNIQUE 约束

使用 SQL Developer 创建与删除 UNIQUE 约束举例如下。

【例 9.7】　使用 SQL Developer，在 course 表的课程名列创建和删除 UNIQUE 约束。

操作步骤如下。

（1）启动 SQL Developer，展开"表"节点，选中表 course，右击，在弹出的快捷菜单中选择"编辑"命令，出现"编辑 表"对话框，单击"约束条件"选项，如图 9.3 所示。

（2）单击"+"按钮，在弹出的菜单中选择"新建唯一约束条件"，在该对话框的"类型"栏中，选中"唯一"约束，在下部"可用列"列表框选择要添加到 UNIQUE 约束的列，这里选择 cname 列，然后单击"＞"按钮，将其添加到"所选列"中，如图 9.4 所示。

（3）单击"确定"按钮，完成创建 UNIQUE 约束。

如果要删除 UNIQUE 约束，打开如图 9.4 所示的"编辑 表"对话框，在"类型"栏中选中"唯一"约束，单击"×"按钮，再单击"确定"按钮即可。

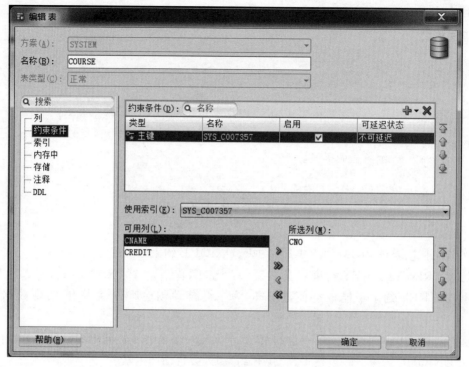

图 9.3　单击"约束条件"选项

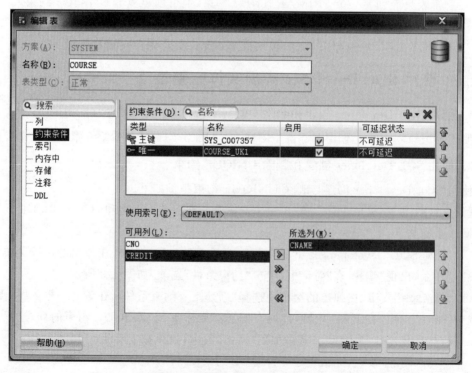

图 9.4　新建和删除唯一性约束

9.3.2 使用 PL/SQL 语句实现实体完整性

1. 使用 PL/SQL 语句在创建表时创建 PRIMARY KEY 约束、UNIQUE 约束

语法格式：

```
CREATE TABLE <表名>                                    /* 指定表名 */
  (<列名> <数据类型> [NULL |NOT NULL]                    /* 定义字段 */
    {[CONSTRAINT <约束名>]                              /* 定义约束名 */
    PRIMARY KEY | UNIQUE   }                           /* 定义约束类型 */
    [,...n]
  [, [CONSTRAINT <约束名>] {PRIMARY KEY | UNIQUE}(<列名>,[,...n]) ]
      /* 在所有列定义完毕后定义约束名和约束类型 */
]
)
```

说明：

- PRIMARY KEY | UNIQUE：定义约束类型，PRIMARY KEY 为主键，UNIQUE 为唯一键；
- 可以在某一列后面定义 PRIMARY KEY 约束和 UNIQUE 约束，也可以在所有列定义完毕后定义 PRIMARY KEY 约束和 UNIQUE 约束，但要提供要定义约束的列或列的组合。

【例 9.8】 对 stsys 数据库中 goods3 表的商品号列创建 PRIMARY KEY 约束，对商品名称列创建 UNIQUE 约束。

```
CREATE TABLE goods3
(
  gid char(6) NOT NULL CONSTRAINT PK_gid PRIMARY KEY,
  gname char(20) NOT NULL CONSTRAINT UK_gname UNIQUE,
  gclass char(6) NOT NULL,
  price number NOT NULL CONSTRAINT CK_price CHECK(price <= 8000),
  tradeprice number NOT NULL,
  stockqt number NOT NULL,
  orderqt number NULL
);
```

2. 使用 PL/SQL 语句在修改表时创建 PRIMARY KEY 约束或 UNIQUE 约束

语法格式：

```
ALTER TABLE <表名>
  ADD([CONSTRAINT <约束名>] {PRIMARY KEY | UNIQUE} (<列名>[,...n]))
```

说明：

ADD CONSTRAINT 对指定表增加一个约束，约束类型为 PRIMARY KEY 约束或 UNIQUE 约束。

【例 9.9】　在 stsys 数据库中首先创建 goods4 表后，通过修改表，对商品号列创建 PRIMARY KEY 约束，对商品名称列创建 UNIQUE 约束。

创建 goods4 表语句如下：

```
CREATE TABLE goods4
(
  gid char(6) NOT NULL,
  gname char(20) NOT NULL,
  gclass char(6) NOT NULL,
  price number NOT NULL,
  tradeprice number NOT NULL,
  stockqt number NOT NULL,
  orderqt number NULL
);
```

通过修改表，对商品号列创建 PRIMARY KEY 约束，对商品名称列创建 UNIQUE 约束的语句如下：

```
ALTER TABLE goods4
  ADD (CONSTRAINT PK_goodsgid PRIMARY KEY (gid));
ALTER TABLE goods4
  ADD (CONSTRAINT UK_goodsgname UNIQUE (gname));
```

3. 使用 PL/SQL 语句删除 PRIMARY KEY 约束、UNIQUE 约束

语法格式：

```
ALTER TABLE <表名>
  DROP CONSTRAINT <约束名>[,...n];
```

【例 9.10】　删除上例创建的 PRIMARY KEY 约束、UNIQUE 约束。

```
ALTER TABLE goods4
  DROP CONSTRAINT PK_goodsgid;
ALTER TABLE goods4
  DROP CONSTRAINT UK_goodsgname;
```

9.4　参照完整性

表的一列或几列的组合的值在表中唯一地指定一行记录，选择这样的一列或多列的组合作为主键可实现表的实体完整性，通过定义 PRIMARY KEY 约束来创建主键。

外键约束定义了表与表之间的关系，通过将一个表中一列或多列添加到另一个表中，创建两个表之间的连接，这个列就成为第二个表的外键，通过定义 FOREIGN KEY 约束来创建外键。

使用 PRIMARY KEY 约束或 UNIQUE 约束来定义主表主键或唯一键，FOREIGN KEY 约束来定义从表外键，可实现主表与从表之间的参照完整性。

定义表间参照关系的步骤是先定义主表主键（或唯一键），再定义从表外键。

9.4.1　使用 SQL Developer 实现参照完整性

使用 SQL Developer 创建和删除表间参照关系举例如下。

【例 9.11】　使用 SQL Developer,在 stsys 数据库中建立 student 表和 score 表的参照关系,再删除表间参照关系。

操作步骤如下。

(1) 按照前面介绍的方法定义主表主键,此处已定义 student 表的 sno 列为主键。

(2) 启动 SQL Developer,在"连接"节点下打开数据库连接 sys_stsys,展开"表"节点,选中表 score,右击,在弹出的快捷菜单中选择"编辑"命令,出现"编辑 表"对话框,单击"约束条件"选项。

(3) 单击"＋"按钮,在弹出的菜单中选择"新建外键约束条件",在该对话框的"类型"栏中,选中"外键"约束,在右下部"引用的约束条件"中,在"表"栏中输入引用表的名称,这里是"student",在"约束条件"栏中输入约束条件名称,单击下拉列表箭头按钮即可选择,这里是"SYS_C007852",此时,"关联"窗口的"本地列"显示 SNO(从表外键),"引用列"显示 SNO(主表主键),如图 9.5 所示。

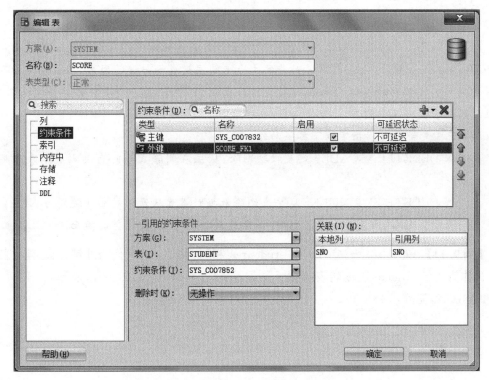

图 9.5　"编辑 表"对话框"外键"选项

(4) 单击"确定"按钮,完成表间参照关系的创建。

(5) 在图 9.5 所示的界面中,选择需要删除的外键,这里是"score_FK1",单击"删除"按钮,单击"确定"按钮,即可删除选择的外键。

9.4.2　使用 PL/SQL 语句实现参照完整性

1. 使用 PL/SQL 语句创建表间参照关系

创建主键（PRMARY KEY 约束）及唯一键（UNIQUE 约束）的方法在前面已作介绍，这里介绍通过 PL/SQL 语句创建外键的方法。

语法格式：

```
CREATE TABLE <从表名>
(    <列定义> [ CONSTRAINT <约束名> ] REFERENCES <主表名>[ ( <列名> [ ,…n ] ) ]
    [ ,…n]
[ [ CONSTRAINT <约束名> ] [ FOREIGN KEY ( <列名> [,…n ] ) [<参照表达式>]]
)
```

其中：

```
<参照表达式>∷＝
    REFERENCES <主表名>[ ( <列名> [ ,…n ] ) ]
    [ ON DELETE { CASCADE ｜ SET NULL } ]
```

说明：

（1）可以定义列的外键约束和表的外键约束。定义列的外键约束在列定义的后面使用 REFERENCES 关键字定义外键，其对应的主表名的主键或唯一键的列名，在主表名后面的括号中指定。定义表的外键约束在列定义的后面使用 FOREIGN KEY 关键字定义外键，并在后面包含要定义的列。

（2）定义外键时可以指定以下参照动作：

- ON DELETECASCADE：定义级联删除，从主表删除数据时自动删除从表中匹配的行；
- ON DELETE SET NULL：从主表删除数据时设置从表中对应外键列为 NULL。

如果未指定动作，当删除主表数据时，如果违反外键约束，操作会被禁止。

【例 9.12】　创建 stu 表，字段名与 student 表相同，其中 sno 列作为外键，与已建立的以 sno 列作为主键 student 表创建表间参照关系，并插入两条记录：181001，宋德成，1997-11-05 和 181002，何静，1998-04-27。

```
CREATE TABLE stu
(
    sno char(6) NOT NULL REFERENCES student(sno),
    sname char(8) NOT NULL,
    sbirthday date NULL
);

INSERT INTO stu VALUES('181001','宋德成',TO_DATE('19971105','YYYYMMDD'));
INSERT INTO stu VALUES('181002','何静',TO_DATE('19980427','YYYYMMDD'));
```

提示：建立 student 表和 stu 表的表间参照关系后，在 stu 表中输入数据，要求 stu 表中所有的学生学号都必须出现在 student 表中，否则数据不能提交。

【例 9.13】　在 stu 表中，插入 1 条 student 表中不存在学号的记录：181005，刘茜，1997-04-11；在 student 表中，删除 1 条 stu 表中已存在学号的记录：181001，宋德成，1997-11-05。

```
INSERT INTO stu VALUES('181005','刘茜',TO_DATE('19970411','YYYYMMDD'));
```

在 stu 表中插入的 1 条记录，其学号在 student 表中不存在，违反 FOREIGN KEY 约束，系统报错，拒绝插入。

```
DELETE FROM student
   WHERE sno = '181001';
```

在 student 表中删除 1 条记录，其学号在 stu 表中已存在，违反 FOREIGN KEY 约束，系统报错，拒绝删除。

【例 9.14】　创建 sco 表，字段名与 score 表相同，以学号、课程号组合作为外键，与已建立的以学号、课程号组合作为主键的 score 表创建表间参照关系，并且当删除 score 表中的记录时同时删除 sco 表中与主键对应的记录。

创建 sco 表，定义外键和级联删除，其语句如下。

```
CREATE TABLE sco
(
   sno char(6)NOT NULL,
   cno char(4)NOT NULL,
   grade int NULL,
   CONSTRAINT FK_sco FOREIGN KEY(sno,cno) REFERENCES score (sno,cno)
      ON DELETE CASCADE
);
```

在从表 sco 插入与主表 score 同样的 18 条记录。

由于在建立 score 表和 sco 表的表间参照关系时定义了级联删除，当删除 score 表 cno 为 1004 的记录时自动删除 stu 表中匹配行。

```
DELETE FROM score
   WHERE cno = '1004';
```

对主表执行结果进行查询，可以看出，主表已删除 cno 为 1004 的 3 条记录，剩下 15 条记录。

```
SELECT *
   FROM score;
```

查询结果：

```
SNO           CNO        GRADE
-----------   --------   ------------
184001        4002       92
184002        4002       78
```

```
184003          4002          89
181001          8001          91
181002          8001          87
181004          8001          85
184001          8001          86
184002          8001
184003          8001          95
...
```

选定了 15 行

对从表执行结果进行查询,此时从表已自动删除 cno 为 1004 的 3 条记录,剩下 15 条记录,实现了级联删除。

```
SELECT *
  FROM sco;
```

查询结果:

```
SNO              CNO          GRADE
-----------      --------     ------------

184001          4002          92
184002          4002          78
184003          4002          89
181001          8001          91
181002          8001          87
181004          8001          85
184001          8001          86
184002          8001
184003          8001          95
...
```

选定了 15 行

提示: 本例在建立 score 表和 sco 表的表间参照关系中,由于使用了 ON DELETE CASCADE 语句,当删除 score 表记录时,自动删除 stu 表中匹配行。

【例 9.15】 修改 stsys 数据库中 score 表的定义,将它的"课程号"列定义为外键,假设 course 表的"课程号"列已定义为主键。

```
ALTER TABLE score
  ADD CONSTRAINT FK_score_course FOREIGN KEY(cno)
  REFERENCES course(cno);
```

2. 使用 PL/SQL 语句删除表间参照关系

语法格式:

```
ALTER TABLE <表名>
  DROP CONSTRAINT <约束名>[,...n];
```

【例 9.16】 删除以上对 score 课程号列定义的 FK_score_course 外键约束。

```
ALTER TABLE score
  DROP CONSTRAINT FK_score_course;
```

9.5 小 结

本章主要介绍了以下内容。

（1）数据完整性指数据库中的数据的正确性、一致性和有效性，数据完整性是衡量数据库质量的标准之一。数据完整性规则通过约束来实现，约束是在表上强制执行的一些数据校验规则，在插入、修改或者删除数据时必须符合在相关字段上设置的这些规则，否则报错。

Oracle 数据库中的数据完整性包括域完整性、实体完整性、参照完整性，和实现上述完整性的约束，其中：

- CHECK 约束，检查约束，实现域完整性；
- NOT NULL 约束，非空约束，实现域完整性；
- PRIMARY KEY 约束，主键约束，实现实体完整性；
- UNIQUE 约束，唯一性约束，实现实体完整性；
- FOREIGN KEY 约束，外键约束，实现参照完整性。

（2）域完整性指列数据输入的有效性，又称列完整性。

域完整性可通过 CHECK 约束实现，可用 SQL Developer 或 PL/SQL 语句两种方式创建、修改和删除 CHECK 约束。

（3）实体完整性要求表中有一个主键，其值不能为空且能唯一地标识对应的记录，又称为行完整性。

实体完整性可通过 PRIMARY KEY 约束、UNIQUE 约束等实现，可用 SQL Developer 或 PL/SQL 语句两种方式创建、修改和删除 PRIMARY KEY 约束、UNIQUE 约束。

（4）参照完整性保证主表中的数据与从表中数据的一致性，又称为引用完整性，参照完整性确保键值在所有表中一致。

参照完整性通过定义主键（PRIMARY KEY）与外键（FOREIGN KEY）之间的对应关系实现，可用 SQL Developer 或 PL/SQL 语句两种方式创建、修改和删除 PRIMARY KEY 约束、FOREIGN KEY 约束。

9.6 数据完整性实验

1. 实验目的及要求

（1）理解域完整性、实体完整性、参照完整性的概念。

（2）掌握通过完整性约束实现数据完整性的方法和操作。

（3）具备编写 CHECK 约束、NOT NULL 约束、PRIMARY KEY 约束、UNIQUE 约束、FOREIGN KEY 约束的代码实现数据完整性的能力。

（4）掌握完整性约束的作用。

2. 验证性实验

dept 表（部门表）的表结构如表 9.3 所示，workers 表（员工表）的表结构如表 9.4 所示。

表 9.3　dept 表的表结构

列　　名	数 据 类 型	允许 null 值	是否主键	说　　明
dp_id	varchar(4)		主键	部门号
dp_name	varchar(30)			部门名称
dp_functions	varchar(30)			部门职能

表 9.4　workers 表的表结构

列　　名	数 据 类 型	允许 null 值	是否主键	说　　明
id	varchar(4)		主键	员工号
name	varchar(12)			姓名
sex	varchar(3)			性别
birthday	date			出生日期
address	varchar(30)	√		地址
dp_id	varchar(4)	√		部门号

dept 表的样本数据如表 9.5 所示，workers 表的样本数据如表 9.6 所示。

表 9.5　dept 表的样本数据

部门号	部门名称	部门职能
D001	销售部	产品销售
D002	人事部	人事管理
D003	财务部	财务管理
D004	经理办	经理业务
D005	物资部	物资管理

表 9.6　workers 表的样本数据

员工号	姓名	性别	出 生 日 期	地　　址	部门号
E001	刘思远	男	1980-11-07	北京市海淀区	D001
E002	何莉娟	女	1987-07-18	上海市浦东区	D002
E003	杨　静	女	1984-02-25	上海市浦东区	D003
E004	王贵成	男	1974-09-12	北京市海淀区	D004

按照下列要求进行完整性实验。

（1）在 stsys 数据库中，创建 dept 表，在 dp_id 列设置 PRIMARY KEY 约束，插入样本数据。

```
CREATE TABLE dept
(
    dp_id varchar2(4) NOT NULL PRIMARY KEY,
```

```
   dp_name varchar2(30) NOT NULL,
   dp_functions varchar2(30) NOT NULL
);
```

```
INSERT INTO dept VALUES('D001','销售部','产品销售');
INSERT INTO dept VALUES('D002','人事部','人事管理');
INSERT INTO dept VALUES('D003','财务部','财务管理');
INSERT INTO dept VALUES('D004','经理办','经理业务');
INSERT INTO dept VALUES('D005','物资部','物资管理');
```

（2）在 stsys 数据库中，创建 workers 表，插入样本数据。

```
CREATE TABLE workers
(
   id varchar(4) NOT NULL,
   name varchar(12) NOT NULL,
   sex varchar(3) NOT NULL,
   birthday date NOT NULL,
   address varchar(30) NULL,
   dp_id varchar(4)NOT NULL
);
```

```
INSERT INTO workers VALUES('E001','刘思远','男',TO_DATE('19801107','YYYYMMDD'),'北京市海淀区',
'D001');
INSERT INTO workers VALUES('E002','何莉娟','女',TO_DATE('19870718','YYYYMMDD'),'上海市浦东区',
'D002');
INSERT INTO workers VALUES('E003','杨静','女',TO_DATE('19840225','YYYYMMDD'),'上海市浦东区',
'D003');
INSERT INTO workers VALUES('E004','王贵成','男',TO_DATE('19740912','YYYYMMDD'),'北京市海淀区',
'D004');
```

（3）修改 workers 表，在 id 列设置 PRIMARY KEY 约束，在 name 列设置 UNIQUE 约束，在 sex 列设置 CHECK 约束，在 dp_id 列设置 FOREIGN KEY 约束。

```
ALTER TABLE workers
   ADD (CONSTRAINT PK_id PRIMARY KEY(id));
ALTER TABLE workers
   ADD (CONSTRAINT UK_name UNIQUE (name));
ALTER TABLE workers
   ADD (CONSTRAINT CK_sex CHECK(sex = '男' OR sex = '女'));
ALTER TABLE workers
  ADD CONSTRAINT FK_dp_id
    FOREIGN KEY(dp_id) REFERENCES dept(dp_id);
```

设置 FOREIGN KEY 约束后，其删除规则默认为：NO ACCTION，即拒绝执行。

（4）在从表 workers 中插入一条主表 dept 中部门号不存在的记录：E008，李智翔，男，1985-12-05，上海市浦东区，D007。

```
INSERT INTO workers VALUES('E008','李智翔','男',TO_DATE('19851205','YYYYMMDD'),'上海市浦东区',
'D007');
```

由于主表 dept 中不存在的部门号 D007，违反完整性约束条件，系统执行时出错，拒绝插入。

（5）在主表 dept 中删除一条从表 workers 中已存在部门号 D004 的记录。

```
DELETE FROM dept
  WHERE dp_id = 'D004';
```

由于从表 workers 中已存在部门号 D004,违反完整性约束条件,系统执行时出错,拒绝删除。

（6）对于 workers 表,删除 dp_id 列的 FOREIGN KEY 约束,然后在该列重新设置具有级联删除 FOREIGN KEY 约束,验证级联删除。

```
ALTER TABLE workers
  DROP CONSTRAINT FK_dp_id;

ALTER TABLE workers
  ADD CONSTRAINT FK_dp_id
    FOREIGN KEY(dp_id) REFERENCES dept(dp_id) ON DELETE CASCADE;
```

重新设置 FOREIGN KEY 约束后,其删除规则为：CASCADE,即级联删除。

验证级联删除代码如下：

```
DELETE FROM dept
  WHERE dp_id = 'D004';
```

运行结果:

主表 dept 中部门号为 D004 的记录已删除,从表 workers 中部门号为 D004 的记录已被级联删除。

（7）在 workers 中,删除 name 列的 UNIQUE 约束,删除 sex 列的 CHECK 约束,删除 dp_id 列的 FOREIGN KEY 约束,删除 id 列的 PRIMARY KEY 约束。

```
ALTER TABLE workers
  DROP CONSTRAINT UK_name;
ALTER TABLE workers
  DROP CONSTRAINT CK_sex;
ALTER TABLE workers
  DROP CONSTRAINT FK_dp_id;
ALTER TABLE workers
  DROP CONSTRAINT PK_id;
```

3. 设计性实验

st 表(学生表)的表结构如表 9.7 所示,sc 表(成绩表)的表结构如表 9.8 所示。

表 9.7 st 表的表结构

列　　名	数 据 类 型	允许 null 值	是否主键	说　　明
sno	varchar(10)		主键	学生号
name	varchar(20)			姓名
age	int			年龄
sex	varchar(3)			性别

表 9.8　sc 表的表结构

列　　名	数 据 类 型	允许 null 值	是否主键	说　　明
sno	varchar(10)		主键	学生号
cno	varchar(8)		主键	课程号
grade	int			分数

st 表的样本数据如表 9.9 所示，sc 表的样本数据如表 9.10 所示。

表 9.9　st 表的样本数据

学生号	姓名	年龄	性别
181001	成志强	20	男
181002	孙红梅	21	女
181003	朱　丽	21	女

表 9.10　sc 表的样本数据

学生号	课程号	分数
181001	1004	95
181002	1004	85
181003	1004	91
181001	1201	92
181002	1201	78
181003	1201	94
181001	8001	94
181002	8001	89
181003	8001	86

按照下列要求进行完整性实验。

（1）创建 st 表，在 sno 列设置 PRIMARY KEY 约束，在 name 列设置 UNIQUE 约束，在 age 列设置 CHECK 约束，该列的值设为 16～25 之间，插入样本数据。

（2）创建 sc 表，插入样本数据。

（3）修改 sc 表，在 sno 列和 cno 列设置 PRIMARY KEY 约束，在 sno 列设置 FOREIGN KEY 约束。

（4）在从表 sc 中插入一条主表 st 中学号不存在的记录：181007，1004，92。

（5）在主表 st 中删除一条从表 sc 中已存在学号 181003 的记录。

（6）对于 sc 表，删除 sno 列的 FOREIGN KEY 约束，然后在该列重新设置具有级联删除的 FOREIGN KEY 约束，验证级联删除。

（7）在 sc 表中删除 sno 列的 FOREIGN KEY 约束，删除 sno 列和 cno 列的 PRIMARY KEY 约束。

4. 观察与思考

（1）一个表可以设置几个 PRIMARY KEY 约束，几个 UNIQUE 约束？

（2）UNIQUE 约束的列可取 NULL 值吗？

（3）如果主表无数据，从表的数据能输入吗？

（4）如果未指定动作，当删除主表数据时，如果违反完整性约束，操作能否被禁止？

（5）定义外键时有哪些参照动作？

（6）能否先创建从表，再创建主表？

（7）能否先删除主表，再删除从表？

（8）FOREIGN KEY 约束设置应注意哪些问题？

习 题 9

一、选择题

1. 唯一性约束与主键约束的区别是_____。

   A. 唯一性约束的字段可以为空值

   B. 唯一性约束的字段不可以为空值

   C. 唯一性约束的字段的值可以不是唯一的

   D. 唯一性约束的字段的值不可以有重复值

2. 使字段不接受空值的约束是_____。

   A. IS EMPTY   B. IS NULL   C. NULL   D. NOT NULL

3. 使字段的输入值小于 100 的约束是_____。

   A. CHECK   B. PRIMARY KYE

   C. UNIQUE KEY   D. FOREIGN KEY

4. 保证一个表非主键列不输入重复值的约束是_____。

   A. CHECK   B. PRIMARY KYE

   C. UNIQUE   D. FOREIGN KEY

二、填空题

1. 数据完整性一般包括域完整性、实体完整性、_____和用户定义完整性。

2. 完整性约束有_____约束、NOT NULL 约束、PRIMARY KEY 约束、UNIQUE 约束、FOREIGN KEY 约束。

3. 实体完整性可通过 PRIMARY KEY、_____实现。

4. 参照完整性通过 PRIMARY KEY 和_____之间的对应关系实现。

三、问答题

1. 什么是数据完整性？Oracle 有哪几种数据完整性类型？

2. 什么是主键约束？什么是唯一性约束？二者有什么区别？

3. 什么是外键约束？

4. 怎样定义 CHECK 约束和 DEFALUT 约束？

四、上机实验题

1. 在 score 表的 grade 列添加 CHECK 约束，限制 grade 列的值在 0 到 100 之间。

2. 删除 student 表的 sno 列的 PRIMARY KEY 约束，然后在该列添加 PRIMARY KEY 约束。

3. 在 score 表的 sno 列添加 FOREIGN KEY 约束，与 student 表中主键列创建表间参照关系。

第 10 章

PL/SQL 程序设计

本章要点

- PL/SQL 编程
- PL/SQL 字符集
- 数据类型
- 标识符、常量、变量
- 运算符和表达式
- PL/SQL 基本结构和控制语句

PL/SQL(Procedural Language/SQL)是 Oracle 对标准 SQL 的扩展,是一种过程化语言和 SQL 语言的结合。PL/SQL 与 C、C++、Java 类似,可以实现比较复杂的业务逻辑,如逻辑判断、分支、循环以及异常处理等。它既具有查询功能,又允许将 DML 语言、DDL 语言和查询语句包含在块结构和代码过程语言中,从而使 PL/SQL 成为一种功能强大的事务处理语言。

10.1　PL/SQL 编程

PL/SQL 是面向过程语言和 SQL 语言的结合,PL/SQL 在 SQL 语言中扩充了面向过程语言的程序结构,例如,数据类型和变量,分支、循环等程序控制结构,过程和函数等。

PL/SQL 具有以下优点。

(1) 模块化。能够使一组 SQL 语句的功能更具模块化,便于维护。

(2) 可移植性。PL/SQL 块可以被命名和存储在 ORACLE 服务器中,能被其他的 PL/SQL 程序或 SQL 命令调用,具有很好的可移植性。

(3) 安全性。可以使用 ORACLE 数据工具来管理存储在服务器中的 PL/SQL 程序的安全性,可以对程序中的错误进行自动处理。

(4) 便利性。集成在数据库中,调用更加方便快捷。

(5) 高性能。PL/SQL 是一种高性能的基于事务处理的语言,能运行在 ORACLE 环境中,支持所有的数据处理命令,不占用额外的传输资源,降低了网络拥挤。

10.2　PL/SQL 字符集

PL/SQL 字符集包括用户能从键盘上输入的字符和其他字符。在使用 PL/SQL 进行程序设计时,可以使用的有效字符包括以下 3 类。

(1) 所有的大写和小写英文字母。

(2) 数字 0~9。

(3) 符号( )、＋、－、＊、/、＜、＞、＝、!、~、;、:、@、%、,、"、#、^、&、_、{、}、?、[、]。

PL/SQL 为支持编程,还使用其他一些符号,表 10.1 列出了编程常用的部分符号。

表 10.1　部分常用符号

符　号	意　义	样　例
( )	列表分隔	('Edward', 'Jane')
;	语句结束	Procedure_name(arg1,arg2);
.	项分离(在例子中分离 area 与 table_name)	Select * from ares. table_name
'	字符串界定符	If var1＝ 'x＋1'
:=	赋值	x:＝x＋1
||	并置	Full_name:＝ 'Jane'||' '||'Eyre'
——	单行注释符	——Success!
/＊和＊/	多行注释起始符和终止符	/＊Continue loop.＊/

10.3　数　据　类　型

数据类型已在 4.1.2 节作了介绍,这里仅介绍编程中常用数据类型和数据类型转换。

10.3.1　常用数据类型

1. VARCHAR 类型

VARCHAR 与 VARCHAR2 的含义完全相同,均为可变长度的字符数据类型。

语法格式:

```
variable_name VARCHAR (n);
```

其中长度值 n 是该变量的最大长度且必须是正整数,例如:

```
v_cname VARCHAR (20);
```

可以在定义变量时同时进行初始化,例如:

```
v_cname VARCHAR (20):= 'Computer Network';
```

2. NUMBER 类型

NUMBER 数据类型可用来表示所有的数值类型。

语法格式:

```
variable_name NUMBER(precision,scale);
```

其中,precision 表示总的位数;scale 表示小数的位数,scale 默认表示小数位为 0。如果实际数据超出设定精度则出现错误。

例如:

```
v_num NUMBER(10,2);
```

3. DATE 类型

DATE 数据类型用来存放日期时间类型数据,用 7 字节分别描述年、月、日、时、分、秒。

语法格式:

```
variable_name DATE;
```

4. BOOLEAN 类型

逻辑型(布尔型)变量的值为 TRUE(真)或 FALSE(假),BOOLEAN 类型是 PL/SQL 特有的数据类型,表中的列不能采用该数据类型,一般用于 PL/SQL 的流程控制结构中。

10.3.2 数据类型转换

在 PL/SQL 中,常见的数据类型之间的转换函数如下。

(1) TO_CHAR:将 NUMBER 和 DATE 类型转换成 VARCHAR2 类型。

(2) TO_DATE:将 CHAR 转换成 DATE 类型。

(3) TO_NUMBER:将 CHAR 转换成 NUMBER 类型。

另外,PL/SQL 还会自动地转换各种类型,如下例所示。

【例 10.1】 数据类型自动转换和使用转换函数。

```
DECLARE
  st_num CHAR(6);
BEGIN
  SELECT MAX(sno) INTO st_num FROM student;
END;
```

MAX(sno)是一个 NUMBER 类型,而 st_num 是一个 CHAR 类型,PL/SQL 会自动将数值类型转换成数字类型。

使用转换函数增强程序的可读性是一个良好的习惯,使用转换函数 TO_CHAR 将 NUMBER 类型转换成 CHAR 类型的语句如下:

```
DECLARE
  st_num CHAR (6);
BEGIN
  SELECT TO_CHAR(MAX(sno)) INTO st_num FROM student;
END;
```

10.4　标识符、常量、变量

10.4.1　标识符

标识符是用户自己定义的符号串,用于命名常量、变量、游标、子程序和包等。标识符必须遵守 PL/SQL 标识符命名规则,内容如下。

- 标识符必须由字母开头;
- 标识符可以包含字母、数字、下画线、$、#;
- 标识符长度不能超过 30 个字符;
- 标识符不能是 PL/SQL 的关键字;
- 标识符不区分大小写。

10.4.2　常量

常量(Constant)的值在定义时被指定,不能改变,常量的使用格式取决于值的数据类型。

语法格式:

<常量名> CONSTANT <数据类型>: = <值>;

其中,CONSTANT 表示定义常量。

例如,定义一个整型常量 num,其值为 80;定义一个字符串常量 str,其值为 World。

```
num CONSTANT NUMBER(2): = 80;
str CONSTANT CHAR: = 'World';
```

10.4.3　变量

变量(Variable)和常量都用于存储数据,但变量的值可以根据程序运行的需要随时改变,而常量的值在程序运行中是不能改变的。

数据在数据库与 PL/SQL 程序之间是通过变量传递的,每个变量都有一个特定的类型。

PL/SQL 变量可以与数据库列具有同样的类型,另外,PL/SQL 还支持用户自定义的数据类型,例如,记录类型、表类型等。

1. 变量的声明

变量使用前,首先要声明变量。

语法格式:

<变量名> <数据类型> [<(宽度): = <初始值>];

例如,定义一个变量 name,VARCHAR2 类型,最大长度为 10,初始值为 Smith。

```
name VARCHAR2(10) : = 'Smith';
```

变量名必须是一个合法的标识符,变量命名规则如下:

- 变量必须以字母(A~Z)开头;
- 其后跟可选的一个或多个字母、数字或特殊字符 $、#或_;
- 变量长度不超过 30 个字符;
- 变量名中不能有空格。

2. 变量的属性

变量的属性有名称和数据类型,变量名用于标识该变量,数据类型用于确定该变量存放值的格式和允许的运算,%用做属性提示符。

(1) %TYPE。

%TYPE 属性提供了变量和数据库列的数据类型,在声明一个包含数据库值的变量时非常有用。例如,在表 student 中包含 sno 列,为了声明一个变量 stuno 与 sno 列具有相同的数据类型,声明时可使用点和%TYPE 属性,其格式如下。

语法格式:

```
stuno student. sno % TYPE;
```

使用%TYPE 声明有以下两个优点:

- 不必知道数据库列确切的数据类型;
- 数据库列的数据类型定义有改变,变量的数据类型在运行时自动进行相应修改。

(2) %ROWTYPE。

%ROWTYPE 属性声明描述表的行数据的记录。

例如,定义一个与表 student 结构类型一致的记录变量 stu。

```
stu student % ROWTYPE;
```

3. 变量的作用域

变量的作用域是指可以访问该变量的程序部分。对于 PL/SQL 变量来说,其作用域就是从变量的声明到语句块的结束。当变量超出了作用域时,PL/SQL 解析程序就会自动释放该变量的存储空间。

10.5　运算符和表达式

运算符是一种符号,用来指定在一个或多个表达式中执行的操作,在 PL/SQL 中常用的运算符有:算术运算符、关系运算符和逻辑运算符。表达式是由数字、常量、变量和运算符组成的式子,表达式的结果是一个值。

10.5.1　算术运算符

算术运算符在两个表达式间执行数学运算,这两个表达式可以是任何数字数据类型,算术运算符如表 10.2 所示。

表 10.2　算术运算符

运算符	说　明	运算符	说　明
+	实现两个数字或表达式相加	/	实现两个数字或表达式相除
−	实现两个数字或表达式相减	**	实现数字的乘方
*	实现两个数字或表达式相乘		

【例 10.2】 求学生年龄。

```
SELECT EXTRACT(YEAR FROM SYSDATE) − EXTRACT(YEAR FROM sbirthday) AS 年龄
  FROM student;
```

该语句在 SELECT 子句中采用了两个表达式相减的算术运算符。

运行结果：

```
    年龄
----------
    22
    21
    21
    22
    21
    22
```

10.5.2　关系运算符

关系运算符用于测试两个表达式的值是否相同，它的运算结果返回 TRUE、FALSE 或 UNKNOWN 之一，Oracle 关系运算符如表 10.3 和表 10.4 所示。

表 10.3　关系运算符 1

运算符	说　明	运算符	说　明
=	相等	<=	小于或等于
>	大于	!=	不等于
<	小于	<>	不等于
>=	大于或等于		

表 10.4　关系运算符 2

运　算　符	说　明
ALL	如果每个操作数值都为 TRUE，运算结果为 TRUE
ANY	在一系列操作数中只要有一个为 TRUE，运算结果为 TRUE
BETWEEN	如果操作数在指定的范围内，运算结果为 TRUE
EXISTS	如果子查询包含一些行，运算结果为 TRUE
IN	如果操作数值等于表达式列表中的一个，运算结果为 TRUE
LIKE	如果操作数与一种模式相匹配，运算结果为 TRUE
SOME	如果在一系列操作数中，有些值为 TRUE，运算结果为 TRUE

10.5.3 逻辑运算符

逻辑运算符用于对某个条件进行测试，运算结果为 TRUE 或 FALSE，逻辑运算符如表 10.5 所示。

表 10.5 逻辑运算符

运 算 符	说 明
AND	如果两个表达式都为 TRUE，运算结果为 TRUE
OR	如果两个表达式有一个为 TRUE，运算结果为 TRUE
NOT	取相反的逻辑值

10.5.4 表达式

在 Oracle 12c 中，表达式可分为赋值表达式、数值表达式、关系表达式和逻辑表达式。

1. 赋值表达式

赋值表达式是由赋值符号":="连接起来的表达式。

语法格式：

<变量>:= <表达式>;

赋值表达式举例如下：

var_number:= 200;

2. 数值表达式

数值表达式是由数值类型的变量、常量、函数或表达式由算术运算符连接而成。数值表达式举例如下：

6 * (var_number + 2) − 5

3. 关系表达式

关系表达式是由关系运算符连接起来的表达式。关系表达式举例如下：

var_number < 500

4. 逻辑表达式

逻辑表达式是由逻辑运算符连接起来的表达式。逻辑表达式举例如下：

(var_number >= 150) AND (var_number <= 500)

10.6 PL/SQL 基本结构和控制语句

PL/SQL 的基本逻辑结构包括顺序结构、条件结构和循环结构。PL/SQL 主要通过条件语句和循环语句来控制程序执行的逻辑顺序,这被称为控制结构,控制结构是程序设计语言的核心。控制语句通过对程序流程的组织和控制,提高编程语言的处理能力,满足程序设计的需要,PL/SQL 提供的控制语句如表 10.6 所示。

表 10.6 PL/SQL 控制语句

序号	流程控制语句	说　　明
1	IF-THEN	IF 后条件表达式为 TRUE,则执行 THEN 后的语句
2	IF-THEN-ELSE	IF 后条件表达式为 TRUE,则执行 THEN 后的语句;否则执行 ELSE 后的语句
3	IF-THEN-ELSIF-THEN-ELSE	IF-THEN-ELSE 语句嵌套
4	LOOP-EXIT-END	在 LOOP 和 END LOOP 中,IF 后条件表达式为 TRUE,执行 EXIT 退出循环;否则继续循环
5	LOOP-EXIT-WHEN-END	在 LOOP 和 END LOOP 中,WHEN 后条件表达式为 TRUE,执行 EXIT 退出循环;否则继续循环
6	WHILE-LOOP-END	WHILE 后条件表达式为 TRUE,继续循环;否则退出循环
7	FOR-IN-LOOP-END	FOR 后循环变量的值小于终值,继续循环;否则退出循环
8	CASE	通过多分支结构作出选择
9	GOTO	将流程转移到标号指定的位置

10.6.1 PL/SQL 程序块

PL/SQL 是一种结构化程序设计语言,PL/SQL 程序块(Block)是程序中最基本的结构。一个 PL/SQL 程序块可以划分为 3 个部分:声明部分、执行部分和异常处理部分。声明部分由 DECLARE 关键字开始,包含变量和常量的数据类型和初始值。由关键字 BEGIN 开始的执行部分,放有所有可执行语句。异常处理部分由 EXCEPTION 关键字开始,处理异常和错误,这一部分是可选的。程序块最终由关键字 END 结束。

语法格式:

```
[ DECLARE ]
-- 声明部分
BEGIN
-- 执行部分
[ EXCEPTION ]
-- 异常处理部分
END
```

1. 简单的 PL/SQL 程序

简单的 PL/SQL 程序举例如下。

【例 10.3】 计算 8 和 9 的乘积。

```
SET SERVEROUTPUT ON;
DECLARE
  m NUMBER: = 8;
BEGIN
  m: = m * 9;
  DBMS_OUTPUT.PUT_LINE('乘积为: '||TO_CHAR(m));
END;
```

该语句采用 PL/SQL 程序块计算 8 和 9 的乘积。

运行结果：

乘积为：72

语句 SET SERVEROUTPUT ON 的功能是打开 Oracle 自带的输出方法 DBMS_OUTPUT，ON 为打开，OFF 为关闭。打开 SET SERVEROUTPUT ON 后，可用 DBMS_OUTPUT 方法输出信息。

也可采用图形界面方式打开输出缓冲，在 SQL Developer 中选择"DBMS 输出"选项卡，单击"启用 DBMS 输出"按钮打开输出缓冲，选中语句后单击"执行语句"按钮执行 PL/SQL 语句，在"DBMS 输出"选项卡窗口查看输出结果，如图 10.1 所示。

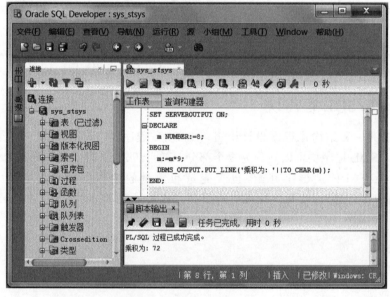

图 10.1 执行 PL/SQL 语句

注意：DBMS_OUTPUT.PUT_LINE 方法，表示输出一个字符串并换行。如果不换行，可以使用 DBMS_OUTPUT.PUT 方法。

2. 将 SQL 语言查询结果存入变量

PL/SQL 不是普通的程序语言，而是面向过程语言和 SQL 语言的结合，可使用

SELECT-INTO 语句将 SQL 语言查询结果存入变量。

语法格式：

```
SELECT <列名列表> INTO <变量列表>
  FROM <表名>
  WHERE <条件表达式>;
```

注意：在 SELECT-INTO 语句中，对于简单变量，该语句运行结果必须并且只能返回一行，如果返回多行或没有返回任何结果，则报错。

下面举例说明使用 SELECT-INTO 语句将 SQL 语言查询结果存入变量。

【例 10.4】 将学生数存入变量 v_count，将学号为 184003 学生姓名和性别分别存入变量 v_name 和 v_sex。

```
DECLARE
  v_count NUMBER;
  v_name student.sname % TYPE;
  v_sex student.ssex % TYPE;
BEGIN
  SELECT COUNT( * ) INTO v_count            /* 一次存入一个变量 */
    FROM student;
  SELECT sname,ssex INTO v_name,v_sex       /* 一次存入两个变量 */
    FROM student
    WHERE sno = '184003';
  DBMS_OUTPUT.PUT_LINE('学生数为：' || v_count);
  DBMS_OUTPUT.PUT_LINE('184003 学生姓名为：' || v_name);
  DBMS_OUTPUT.PUT_LINE('184003 学生性别为：' || v_sex);
END;
```

该语句在 PL/SQL 程序块执行部分，一次采用 SELECT-INTO 语句将 SQL 语言查询结果存入一个变量，另一次采用 SELECT-INTO 语句将 SQL 语言查询结果存入两个变量。

运行结果：

```
学生数为：6
184003 学生姓名为：陈春玉
184003 学生性别为：女
```

注意：在 PL/SQL 程序块中，不允许 SELECT 语句单独运行，系统会认为缺少 INTO 子句报错。

10.6.2　条件结构

条件结构用于条件判断，有以下 3 种结构。

1. IF-THEN 结构

语法格式：

```
IF <条件表达式> THEN                        /* 条件表达式 */
  <PL/SQL 语句>;                           /* 条件表达式为真时执行 */
```

```
END IF;
```

这个结构用于测试一个简单条件。如果条件表达式为 TRUE,则执行语句块中的操作。IF-THEN 语句的流程图如图 10.2 所示。

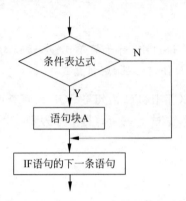

图 10.2　IF-THEN 语句的流程图

IF-THEN 语句可以嵌套使用。

【例 10.5】　查询总学分大于和等于 50 分的学生人数。

```
DECLARE
  p_no NUMBER (2);
BEGIN
  SELECT COUNT( * ) INTO p_no
    FROM student
    WHERE tc > = 50;
  IF p_no <> 0 THEN
    DBMS_OUTPUT.PUT_LINE ('总学分> = 50 的人数为: '|| TO_CHAR(p_no));
  END IF;
END;
```

该语句采用了 IF-THEN 结构,输出总学分大于和等于 50 分的学生人数。

运行结果:

总学分> = 50 的人数为: 5

说明:执行语句前需要使用 SET SERVEROUTPUT ON 打开输出缓冲。

2. IF-THEN-ELSE 结构

语法格式:

```
IF <条件表达式> THEN                        / * 条件表达式 * /
  < PL/SQL 语句>;                          / * 条件表达式为真时执行 * /
ELSE
  < PL/SQL 语句>;                          / * 条件表达式为假时执行 * /
END IF;
```

当条件表达式为 TRUE 时,执行 THEN 后的语句块中的操作;当条件表达式为

FALSE 时,执行 ELSE 后的语句块中的操作。

IF-THEN-ELSE 语句的流程图如图 10.3 所示。

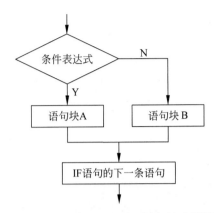

图 10.3 IF-THEN-ELSE 语句的流程图

IF-THEN-ELSE 语句也可以嵌套使用。

【例 10.6】 如果"高等数学"课程的平均成绩大于 80 分,则显示"高等数学平均成绩高于 80",否则显示"高等数学平均成绩低于 80"。

```
DECLARE
  g_avg NUMBER(4,2);
BEGIN
  SELECT AVG(grade) INTO g_avg
    FROM student a, course b, score c
    WHERE a.sno = c.sno
      AND b.cno = c.cno
      AND b.cname = '高等数学';
  IF g_avg > 80 THEN
    DBMS_OUTPUT.PUT_LINE ('高等数学平均成绩高于80');
  ELSE
    DBMS_OUTPUT.PUT_LINE ('高等数学平均成绩低于80');
  END IF;
END;
```

该语句采用了 IF-THEN-ELSE 结构,在 THEN 和 ELSE 后面分别使用了 PL/SQL 语句。

运行结果:

高等数学平均成绩高于 80

3. IF-THEN-ELSIF-THEN-ELSE 结构

语法格式:

```
IF <条件表达式 1> THEN
  <PL/SQL 语句 1>;
ELSIF <条件表达式 2> THEN
```

```
  <PL/SQL 语句 2 >;
ELSE
  <PL/SQL 语句 3 >;
END IF;
```

注意：ELSIF 不能写成 ELSEIF 或 ELSE IF。

当 IF 后的条件表达式 1 为 TRUE 时，执行 THEN 后的语句；否则判断 ELSIF 后的条件表达式 2，当其为 TRUE 时，执行第 2 个 THEN 后的语句；否则执行 ELSE 后的语句。

IF-THEN-ELSIF-THEN-ELSE 语句的流程图如图 10.4 所示。

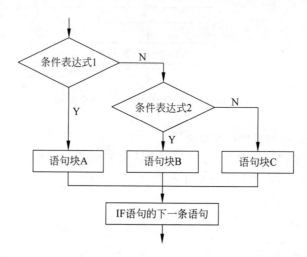

图 10.4　IF-THEN-ELSIF-THEN-ELSE 语句的流程图

10.6.3　CASE 语句

CASE 语句描述了多分支语句结构，使逻辑结构变得更为简单和有效，它包括简单 CASE 语句和搜索 CASE 语句。

1. 简单 CASE 语句

简单 CASE 语句设定一个变量的值，然后顺序比较 WHEN 关键字后给定值，如果遇到第 1 个相等的给定值，则执行 THEN 关键字后的赋值语句，并结束 CASE 语句。

语法格式：

```
CASE <变量名>
  WHEN <值 1 > THEN <语句 1 >
  WHEN <值 2 > THEN <语句 2 >
   ⋮
  WHEN <值 n > THEN <语句 n >
  [ELSE <语句>]
END CASE;
```

简单 CASE 语句举例如下。

【例 10.7】　将教师职称转变为职称类型。

```
DECLARE
  t_title CHAR(12);
  t_op VARCHAR2(8);
BEGIN
  SELECT title INTO t_title
    FROM teacher
    WHERE tname = '李志远';
  CASE t_title
    WHEN '教授' THEN t_op: = '高级职称';
    WHEN '副教授' THEN t_op: = '高级职称';
    WHEN '讲师' THEN t_op: = '中级职称';
    WHEN '助教' THEN t_op: = '初级职称';
    ELSE t_op: = 'Nothing';
  END CASE;
DBMS_OUTPUT.PUT_LINE('李志远的职称是：'||t_op);
END;
```

该语句采用简单 CASE 语句，将教师职称转变为职称类型。

运行结果：

李志远的职称是：高级职称

2. 搜索 CASE 语句

搜索 CASE 语句在 WHEN 关键字后设置布尔表达式，选择第一个为 TRUE 的布尔表达式，执行 THEN 关键字后的语句，并结束 CASE 语句。

语法格式：

```
CASE
  WHEN <布尔表达式 1 > THEN <语句 1 >
  WHEN <布尔表达式 2 > THEN <语句 2 >
    ⋮
  WHEN <布尔表达式 n > THEN <语句 n >
  [ELSE <语句>]
END CASE;
```

搜索 CASE 语句举例如下。

【例 10.8】　将学生成绩转变为成绩等级。

```
DECLARE
  v_grade NUMBER;
  v_result VARCHAR2(16);
BEGIN
  SELECT AVG(grade) INTO v_grade
    FROM score
    WHERE sno = '184001';
  CASE
    WHEN v_grade > = 90 AND v_grade < = 100 THEN v_result: = '优秀';
```

```
    WHEN v_grade > = 80 AND v_grade < 90 THEN v_result: = '良好';
    WHEN v_grade > = 70 AND v_grade < 80 THEN v_result: = '中等';
    WHEN v_grade > = 60 AND v_grade < 70 THEN v_result: = '及格';
    WHEN v_grade > = 0 AND v_grade < 60 THEN v_result: = '不及格';
    ELSE v_result: =  'Nothing';
  END CASE;
DBMS_OUTPUT.PUT_LINE('学号为 184001 的平均成绩: '||v_result);
END;
```

该语句采用搜索 CASE 语句,将学生成绩转变为成绩等级。

运行结果:

学号为 184001 的平均成绩: 优秀

10.6.4 循环结构

循环结构的功能是重复执行循环体中的语句,直至满足退出条件退出循环,下面分别介绍 LOOP-EXIT-END 循环、LOOP-EXIT-WHEN-END 循环、WHILE-LOOP-END 循环和 FOR-IN-LOOP-END 循环。

1. LOOP-EXIT-END 循环

语法格式:

```
LOOP
  <循环体>                              /*执行循环体*/
  IF <条件表达式> THEN                  /*测试条件表达式是否符合退出条件*/
    EXIT;                               /*满足退出条件,退出循环*/
  END IF;
END LOOP;
```

说明:

<循环体>中包含需要重复执行的语句,IF 后条件表达式值为 TRUE,执行 EXIT 退出循环;否则继续循环,直到满足条件表达式的条件退出循环。

LOOP-EXIT-END 循环的流程图如图 10.5 所示。

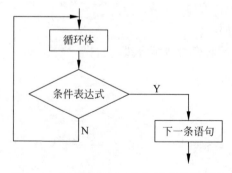

图 10.5　LOOP-EXIT-END 循环的流程图

【例 10.9】 计算 1～100 的整数和。

```
DECLARE
  v_n NUMBER: = 1;
  v_s NUMBER: = 0;
BEGIN
  LOOP
    v_s: = v_s + v_n;
    v_n: = v_n + 1;
    IF v_n > 100 THEN
      EXIT;
    END IF;
  END LOOP;
  DBMS_OUTPUT.PUT_LINE('1～100 的和为: '||v_s);
END;
```

该语句采用 LOOP-EXIT-END 循环,计算 1～100 的整数和。

运行结果:

1～100 的和为: 5050

2. LOOP-EXIT-WHEN-END 循环

语法格式:

```
LOOP
  <循环体>                          /＊执行循环体＊/
  EXIT WHEN <条件表达式>            /＊测试是否符合退出条件＊/
END LOOP;
```

此结构与前一个循环结构比较,除退出条件检测为 EXIT WHEN <条件表达式>外,与前一个循环结构基本类似。

【例 10.10】 计算 1～100 的整数和。

```
DECLARE
  v_n NUMBER: = 1;
  v_s NUMBER: = 0;
BEGIN
  LOOP
    v_s: = v_s + v_n;
    v_n: = v_n + 1;
    EXIT WHEN v_n = 101;
  END LOOP;
  DBMS_OUTPUT.PUT_LINE('1～100 的和为: '||v_s);
END;
```

该语句采用 LOOP-EXIT-WHEN-END 循环,计算 1～100 的整数和。

运行结果:

1～100 的和为: 5050

3. WHILE-LOOP-END 循环

语法格式：

```
WHILE <条件表达式>                    /* 测试是否符合循环条件 */
  LOOP
    <循环体>                         /* 执行循环体 */
  END LOOP;
```

说明：

首先在 WHILE 部分测试是否符合循环条件，当条件表达式值为 TRUE 时，执行循环体；否则，退出循环体，执行下一条语句。

这种循环结构与前两种的不同，它先测试条件，然后执行循环体，前两种是先执行了一次循环体，再测试条件，这样，至少执行一次循环体内的语句。

WHILE-LOOP-END 循环的流程图如图 10.6 所示。

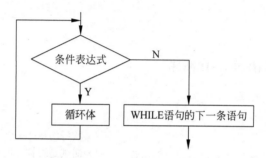

图 10.6　WHILE-LOOP-END 循环的流程图

【例 10.11】 计算 1～100 的奇数和。

```
DECLARE
  v_n NUMBER: = 1;
  v_s NUMBER: = 0;
BEGIN
  WHILE v_n < = 100
    LOOP
      IF MOD(v_n, 2)<> 0 THEN
        v_s: = v_s + v_n;
      END IF;
      v_n: = v_n + 1;
    END LOOP;
  DBMS_OUTPUT.PUT_LINE('1～100 的奇数和为：'||v_s);
END;
```

该语句采用 WHILE-LOOP-END 循环，计算 1～100 的奇数和。

运行结果：

```
1～100 的奇数和为：2500
```

4. FOR-IN-LOOP-END 循环

语法格式：

```
FOR <循环变量名> IN <变量初值>..<变量终值>          /* 定义跟踪循环的变量 */
  LOOP
    <循环体>                                    /* 执行循环体 */
  END LOOP;
```

说明：

FOR 关键字后指定一个循环变量，IN 确定循环变量的初值和终值，初值和终值之间是两个点".."。如果循环变量的值小于终值，执行循环体中语句，否则退出循环。每循环一次，循环变量自动增加一个步长的值，直至循环变量的值超过终值，退出循环，执行下循环体后的语句。

【例 10.12】　计算 10 的阶乘。

```
DECLARE
  v_n NUMBER;
  v_s NUMBER: = 1;
BEGIN
  FOR v_n IN 1..10
    LOOP
      v_s: = v_s * v_n;
    END LOOP;
  DBMS_OUTPUT.PUT_LINE('10!= '||v_s);
END;
```

该语句采用 FOR-IN-LOOP-END 循环，计算 10 的阶乘。

运行结果：

```
10!= 3628800
```

10.6.5　GOTO 语句

GOTO 语句用于实现无条件的跳转，将执行流程转移到标号指定的位置，其语法格式如下。

语法格式：

```
GOTO   <标号>
```

GOTO 关键字后面的语句标号必须符合标识符规则。

标号的定义形式如下：

```
<<标号>> 语句
```

【例 10.13】　计算 1～100 的整数和。

```
DECLARE
  v_n NUMBER: = 1;
```

```
    v_s NUMBER: = 0;
BEGIN
   <<ls>>
   v_s: = v_s + v_n;
   v_n: = v_n + 1;
   IF v_n < = 100 THEN
      GOTO ls;
   END IF;
   DBMS_OUTPUT.PUT_LINE('1~100 的整数和为: '|| v_s);
END;
```

该语句采用 GOTO 语句，计算 1~100 的整数和。

运行结果：

1~100 的整数和为：5050

注意：由于 GOTO 跳转对于代码的理解和维护都会带来很大的困难，因此尽量不要使用 GOTO 语句。

10.6.6　异常

异常是在 Oracle 数据库中运行时出现的错误，使语句不能正常运行，并可能造成更大的错误甚至整个系统崩溃。PL/SQL 提供了异常（Exception）这一处理错误情况的方法。在 PL/SQL 代码部分执行过程中，无论何时发生错误，PL/SQL 控制程序都会自动转向执行异常处理部分。

1. 预定义异常

预定义异常是 PL/SQL 已经预先定义好名称异常，例如出现被 0 除，PL/SQL 就会产生一个预定义的 ZERO_DIVIDE 异常，PL/SQL 常见标准异常如表 10.7 所示。

表 10.7　PL/SQL 常见标准异常

异　　　常	说　　　明
NO_DATA_FOUND	如果一个 SELECT 语句试图基于其条件检索数据，此异常表示不存在满足条件的数据行
TOO_MANY_ROWS	检测到有多行数据存在
ZERO_DIVIDE	试图被零除
DUP_VAL_ON_INDEX	如果某索引中已有某键列值，若还要在该索引中创建该键码值的索引项时，出现此异常
VALUE_ERROR	指定目标域的长度小于待放入其中的数据的长度
CASE_NOT_FOUND	在 CASE 语句中发现不匹配的 WHEN 语句

异常处理代码在 EXCEPTION 部分实现，当遇到预先定义的错误时，错误被相应的 WHEN-THEN 语句捕捉，THEN 后的语句代码将执行，对错误进行处理。

【例 10.14】 处理 ZERO_DIVIDE 异常。

```
DECLARE
  v_zero NUMBER: - 0;
  v_result NUMBER;
BEGIN
  v_result: = 100/v_zero;              /*100 除以 v_zero,即 100/0,产生除数为零异常*/
  EXCEPTION                            /*异常处理部分*/
    WHEN ZERO_DIVIDE THEN
      DBMS_OUTPUT.PUT_LINE('除数为 0 异常');
END;
```

该语句通过 WHEN-THEN 语句对标准异常 ZERO_DIVIDE 进行处理。

运行结果：

除数为 0 异常

2. 用户定义异常

用户可以通过自定义异常来处理错误的发生,调用异常处理需要使用 RAISE 语句。

语法格式：

```
EXCEPTION
  WHEN exception_name THEN
    sequence_of_statements1;
  WHEN THEN
    sequence_of_statements2;
  [WHEN OTHERS THEN
    sequence_of_statements3;]
END;
```

每个异常处理都由 WHEN-THEN 语句和其后的代码执行。

【例 10.15】 对超出允许的学生数进行异常处理。

```
DECLARE
  e_overnum EXCEPTION;                 /*定义异常处理变量*/
  v_num NUMBER;
  max_num NUMBER: = 5;                 /*定义最大允许学生数变量*/
BEGIN
  SELECT COUNT( * ) INTO v_num
  FROM student;
  IF max_num < v_num THEN
    RAISE e_overnum;                   /*使用 RAISE 语句抛出用户定义异常*/
  END IF;
  EXCEPTION                            /*异常处理部分*/
    WHEN e_overnum THEN
      DBMS_OUTPUT.PUT_LINE('现在学生数是: '||v_num||' 而最大允许数是: '||max_num );
END;
```

该语句使用 RAISE 语句抛出用户定义异常,对超出允许的学生数进行异常处理。

运行结果：

现在学生数是：6　而最大允许数是：5

10.7　小　　结

本章主要介绍了以下内容。

（1）PL/SQL 是面向过程语言和 SQL 语言的结合，PL/SQL 在 SQL 语言中扩充了面向过程语言的程序结构，例如数据类型和变量，分支、循环等程序控制结构，过程和函数等。

（2）PL/SQL 常用数据类型有：VARCHAR 类型、NUMBER 类型、DATE 类型和 BOOLEAN 类型。

（3）PL/SQL 变量可以与数据库列具有同样的类型，另外，PL/SQL 还支持用户自定义的数据类型。例如，记录类型、表类型等。

（4）在 PL/SQL 中常用的运算符有：算术运算符、关系运算符和逻辑运算符。

（5）PL/SQL 程序块是程序中最基本的结构。一个 PL/SQL 程序块可以划分为 3 个部分：声明部分、执行部分和异常处理部分。

（6）条件结构有 3 种：IF-THEN 结构、IF-THEN-ELSE 结构和 IF-THEN-ELSIF-THEN-ELSE 结构。

（7）CASE 语句描述了多分支语句结构，它包括简单 CASE 语句和搜索 CASE 语句。

（8）循环结构有：LOOP-EXIT-END 循环、LOOP-EXIT-WHEN-END 循环、WHILE-LOOP-END 循环和 FOR-IN-LOOP-END 循环。

（9）PL/SQL 提供了异常这一处理错误情况的方法，异常有：预定义异常和用户自定义异常。

10.8　PL/SQL 编程实验

1. 实验目的及要求

（1）理解 PL/SQL 编程的概念和基本结构。

（2）掌握 PL/SQL 控制语句的操作和使用方法。

（3）具备设计、编写和调试分支语句、循环语句和异常处理语句以解决应用问题的能力。

2. 验证性实验

使用分支语句、循环语句和异常处理语句解决以下应用问题。

（1）使用 IF-THEN-ELSIF-THEN-ELSE 结构将教师职称转变为职称类型。

题目分析：

将教师职称和职称类型设为两个变量，用于各个分支的条件表达式和语句块中。

编写程序：

```
DECLARE
```

```
  t_title CHAR(12);
  t_type VARCHAR2(8);
BEGIN
  SELECT title INTO L_Litle
    FROM teacher
    WHERE tname = '李志远';
  IF t_title = '教授' THEN
    t_type: = '高级职称';
  ELSIF t_title = '副教授' THEN
      t_type: = '高级职称';
  ELSIF t_title = '讲师' THEN
        t_type: = '中级职称';
  ELSIF t_title = '助教' THEN
        t_type: = '初级职称';
  ELSE
      t_type: = 'Nothing';
  END IF;
DBMS_OUTPUT.PUT_LINE('李志远的职称是: '||t_type);
END;
```

程序分析：

将多种教师职称对应的职称类型问题，使用 IF-THEN-ELSIF-THEN-ELSE 结构的多分支语句进行处理。

运行结果：

李志远的职称是：高级职称

（2）计算 $1!+2!+3!+\cdots+10!$ 的值。

题目分析：

使用循环，首先累乘计算各个阶乘项，再累加求和。

编写程序：

```
DECLARE
  v_i NUMBER;
  v_m NUMBER: = 1;
  v_s NUMBER: = 0;
BEGIN
  FOR v_i IN 1..10
    LOOP
      v_m: = v_m * v_i;               /* 求 v_m 阶乘 */
      v_s: = v_s + v_m;               /* 将各项累加 */
    END LOOP;
    DBMS_OUTPUT.PUT_LINE('1! + 2! + 3! + ... + 10!= '||v_s);
END;
```

程序分析：

该语句采用 FOR-IN-LOOP-END 循环，共循环 10 次，每次循环，先用 v_m 计算阶乘，再用 v_s 计算各项累加。

运行结果：

1! + 2! + 3! + ... + 10!= 4037913

（3）打印输出"下三角"形状九九乘法表。

题目分析：

采用二重循环输出九九乘法表，外循环用于限定内循环次数和该乘法表换行，内循环输出当前行的各个乘积等式项。

编写程序：

```
DECLARE
  v_i NUMBER: = 1;                      /*设置被乘数*/
  v_j NUMBER: = 1;                      /*设置乘数*/
BEGIN
  WHILE v_i<=9                          /*外循环9次*/
    LOOP
      v_j: = 1;
      WHILE v_j<=v_i                    /*内循环输出当前行的各个乘积等式项*/
        LOOP
          DBMS_OUTPUT.PUT(v_i||'*'||v_j||'='||v_i*v_j||'');
                                        /*输出当前行的各个乘积等式项时,留1个空字符间距*/
          v_j: = v_j+1;
        END LOOP;
      DBMS_OUTPUT.PUT_LINE('');         /*内循环结束后,换行,共换9行*/
      v_i: = v_i+1;
    END LOOP;
END;
```

程序分析：

该语句采用二重循环输出"下三角"形状九九乘法表，外循环使用条件表达式 v_i<=9 循环 9 次，限定内循环次数，并使用 DBMS_OUTPUT.PUT_LINE('')语句待每次内循环结束后换行。内循环使用条件表达式 v_j<=v_i 限定输出乘积等式项的个数，内循环输出当前行的各个乘积等式项时，留有 1 个空字符间距。

运行结果：

```
1 * 1 = 1
2 * 1 = 2  2 * 2 = 4
3 * 1 = 3  3 * 2 = 6   3 * 3 = 9
4 * 1 = 4  4 * 2 = 8   4 * 3 = 12  4 * 4 = 16
5 * 1 = 5  5 * 2 = 10  5 * 3 = 15  5 * 4 = 20  5 * 5 = 25
6 * 1 = 6  6 * 2 = 12  6 * 3 = 18  6 * 4 = 24  6 * 5 = 30  6 * 6 = 36
7 * 1 = 7  7 * 2 = 14  7 * 3 = 21  7 * 4 = 28  7 * 5 = 35  7 * 6 = 42  7 * 7 = 49
8 * 1 = 8  8 * 2 = 16  8 * 3 = 24  8 * 4 = 32  8 * 5 = 40  8 * 6 = 48  8 * 7 = 56  8 * 8 = 64
9 * 1 = 9  9 * 2 = 18  9 * 3 = 27  9 * 4 = 36  9 * 5 = 45  9 * 6 = 54  9 * 7 = 63  9 * 8 = 72  9 * 9 = 81
```

（4）指定学号和课程号查询学生成绩时，有成绩为负数或超过 100 分、返回多行记录、没有满足条件的记录和情况不明等错误发生，试编写程序对以上异常情况进行处理。

题目分析：

对题目中 4 项错误，使用 RAISE 语句抛出用户定义异常后，分别进行异常处理。

编写程序：

```
DECLARE
  s_grade EXCEPTION;                    /* 定义异常处理变量 */
  v_gd NUMBER;                          /* 定义学生成绩变量 */
BEGIN
  SELECT grade INTO v_gd
  FROM score
  WHERE sno = '121002' AND cno = '4006';
  IF v_gd < 0 OR v_gd > 100 THEN
    RAISE s_grade;                      /* 使用 RAISE 语句抛出用户定义异常 */
  END IF;
  DBMS_OUTPUT.PUT('学号为 121002 的学生选修课程号为 4006 课程的成绩：'||v_gd);
  EXCEPTION                             /* 异常处理部分 */
    WHEN s_grade THEN
      DBMS_OUTPUT.PUT_LINE('成绩为负数或超过 100 分！');
    WHEN TOO_MANY_ROWS THEN
      DBMS_OUTPUT.PUT_LINE('对应记录过多！');
    WHEN NO_DATA_FOUND THEN
      DBMS_OUTPUT.PUT_LINE('没有对应记录！');
    WHEN OTHERS THEN
      DBMS_OUTPUT.PUT_LINE('错误情况不明！');
END;
```

程序分析：

该语句对查询中出现的错误，采用 RAISE 语句抛出用户定义异常。当成绩为负数或超过 100 分时，异常处理为屏幕输出"成绩为负数或超过 100 分！"；当返回多行记录时，异常处理为屏幕输出"对应记录过多！"；当没有满足条件的记录时，异常处理为屏幕输出"没有对应记录！"；当情况不明时，异常处理为屏幕输出"错误情况不明！"。在本例查询条件中，由于 score 表的 cno 列值无"4006"，抛出异常后的异常处理为屏幕输出"没有对应记录！"。

运行结果：

没有对应记录！

3. 设计性试验

设计、编写和调试分支语句、循环语句和异常处理语句以解决下列应用问题。

（1）使用 IF-THEN-ELSIF-THEN-ELSE 结构将课程号转变为课程名。

（2）计算 1～100 的奇数和、偶数和。

（3）打印输出"上三角"形状和"矩形"形状的九九乘法表。

（4）由教师表编号的前两位查询教师姓名时，有以下情况发生。

① 返回 1 行数据，符合查询要求。

② 返回 0 行数据，跳转到异常处理。

③ 返回多行数据，跳转到异常处理。

试编写程序对以上情况进行处理。

4．观察与思考

（1）一个 PL/SQL 程序块可以划分哪几个部分？

（2）SELECT-INTO 语句有何功能？该语句的运行结果能够返回多行吗？

（3）比较 LOOP-EXIT-END 循环和 LOOP-EXIT-WHEN-END 循环的异同，比较 WHILE-LOOP-END 循环和 FOR-IN-LOOP-END 循环的异同。

习　题　10

一、选择题

1．下面属于 Oracle PL/SQL 的数据类型是_____。

    A. DATE   B. TIME

    C. DATETIME   D. SMALLDATETIME

2．在循环体中，退出循环的关键字是_____。

    A. BREAK   B. EXIT   C. UNLOAD   D. GO

3．执行以下 PL/SQL 语句：

```
DECLARE
  v_low NUMBER: = 4;
  v_high NUMBER: = 4;
BEGIN
  FOR i IN v_low..v_high LOOP
  END LOOP;
END;
```

执行完后循环次数是_____。

    A. 0 次   B. 1 次   C. 4 次   D. 8 次

4．执行以下 PL/SQL 语句：

```
DECLARE
  v_value NUMBER: = 250;
  v_newvalue NUMBER;
BEGIN
  IF v_value > 100 THEN
    v_newvalue: = v_value * 2;
  END IF;
  IF v_value > 200 THEN
    v_newvalue: = v_value * 3;
  END IF;
  IF v_value > 300 THEN
    v_newvalue: = v_value * 4;
  END IF;
  DBMS_OUTPUT.PUT_LINE(v_newvalue);
END;
```

执行结果 v_newvalue 的值是_____。

　　A. 250　　　　　　B. 500　　　　　C. 750　　　　　D. 1000

5. 执行以下语句后,v_x 的值是_____。

```
DECLARE
  v_x NUMBER: = 0;
BEGIN
  FOR i IN 1..15 LOOP
    v_x: = 1;
  END LOOP;
END;
```

　　A. 0　　　　　　　B. 1　　　　　　C. 15　　　　　D. NULL

二、填空题

1. _____数据类型用来存放日期时间类型数据。

2. _____语句可将 SQL 语言查询结果存入变量。

3. 异常处理代码在_____部分实现。

三、问答题

1. PL/SQL 常用数据类型有哪些?

2. PL/SQL 控制语句有哪些? 各有何功能?

3. 条件结构有哪几种? 其功能有何不同?

4. 循环结构有哪几种? 各有何特点?

5. 比较简单 CASE 语句和搜索 CASE 语句的相同点和不同点。

6. 什么是异常? 当遇到预先定义的错误时,怎样对错误进行处理?

四、应用题

1. 计算 1~100 中偶数的和。

2. 编写一个程序,输出孙航老师所讲课程的平均分。

3. 打印 1~100 中各个整数的平方,并且每 10 个打印一行。

第 11 章

函数和游标

本章要点

- 系统内置函数
- 用户定义函数
- 游标

Oracle 中的函数是具有特定的功能并能返回处理结果的 PL/SQL 块,它包括系统内置函数和用户定义函数两种类型,游标用于处理结果集的每一条记录。

11.1　系统内置函数

Oracle 提供了丰富的系统内置函数,常用的系统内置函数有数学函数、字符串函数、日期函数和统计函数。

11.1.1　数学函数

数学函数用于对数字表达式进行数学运算并返回运算结果,常用的数学函数如表 11.1 所示。

表 11.1　数学函数表

函　　数	描　　述
Abs(<数值>)	返回参数数值的绝对值
Ceil(<数值>)	返回大于或等于参数数值的最接近的整数
Cos(<数值>)	返回参数数值的余弦值
Floor(<数值>)	返回等于或小于参数的最大的整数
Mod(<被除数>,<除数>)	返回两数相除的余数。如果除数等于 0,则返回被除数
Power(<数值>,n)	返回指定数值的 n 次幂
Round(<数值>,n)	结果近似到数值小数点右侧的 n 位
Sign(<数值>)	返回一个数值,指出参数数值是正还是负。如果大于 0,返回 1;如果小于 0,返回−1;如果等于 0,则返回 0
Sqrt(<数值>)	返回参数数值的平方根
Trunc(<数值>,n)	返回舍入到指定的 n 位的参数数值。如果 n 为正,就截取到小数点右侧的该数值处;如果 n 为负,就截取到小数点左侧的该数值处;如果没有指定 n 就假定为 0,截取到小数点处

下面举例说明 ROUND 函数的使用。

语法格式：

ROUND(<数值>,n)

求一个数值的近似值，四舍五入到小数点右侧的 n 位。

【例 11.1】 使用 ROUND 函数求近似值。

（1）求一个数值的近似值，四舍五入到小数点右侧的 2 位。

SELECT ROUND(7.3826,2) FROM dual;

运行结果：

该语句采用了 ROUND 函数求 7.3826 的近似值，四舍五入到小数点右侧的 2 位。

```
ROUND(7.3826,2)
-------------
         7.38
```

（2）求一个数值的近似值，四舍五入到小数点右侧的 3 位。

SELECT ROUND(7.3826,3) FROM dual;

该语句采用了 ROUND 函数求 7.3826 的近似值，四舍五入到小数点右侧的 3 位。

运行结果：

```
ROUND(7.3826,3)
-------------
        7.383
```

注意：Oracle 数据库中的 dual 表是一个虚拟表，它有一行一列，可用这个表来选择系统变量或求一个表达式的值，而不能向这个表插入数据。

11.1.2　字符串函数

字符串函数用于对字符串进行处理，常用的字符串函数如表 11.2 所示。

表 11.2　常用的字符串函数

函　　数	描　　述
Length(<值>)	返回字符串、数字或表达式的长度
Lower(<字符串>)	把给定字符串中的字符变成小写
Upper(<字符串>)	把给定字符串中的字符变成大写
Lpad(<字符串>,<长度>[,<填充字符串>])	在字符串左侧使用指定的填充字符串填充该字符串直到达到指定的长度，若未指定填充字符串，则默认为空格
Rpad(<字符串>,<长度>[,<填充字符串>])	在字符串右侧使用指定的填充字符串填充该字符串直到达到指定的长度，若未指定填充字符串，则默认为空格
Ltrim(<字符串>,[,<匹配字符串>])	从字符串左侧删除匹配字符串中出现的任何字符，直到匹配字符串中没有字符为止

函　　数	描　　述
Rtrim(<字符串>,[,<匹配字符串>])	从字符串右侧删除匹配字符串中出现的任何字符,直到匹配字符串中没有字符为止
<字符串 1>‖<字符串 2>	合并两个字符串
Initcap(<字符串>)	将每个字符串的首字母大写
Instr(<源字符串>,<目标字符串>[,<起始位置>[,<匹配次数>]])	判断目标字符串是否存在于源字符串,并根据匹配次数显示目标字符串的位置,返回数值
Replace(<源字符串>,<目标字符串>,<替代字符串>)	在源字符串中查找目标字符串,并用替代字符串来替换所有的目标字符串
Soundex(<字符串>)	查找与字符串发音相似的单词,该单词的首字母要与字符串的首字母相同
Substr(<字符串>,<截取开始位置>,<截取长度>)	从字符串中截取从指定开始位置起的指定长度的字符

1. LPAD 函数

LPAD 函数用于返回字符串中从左边开始指定个数的字符,它的语法格式如下。

语法格式:

```
LPAD(<字符串>,<长度>[,<填充字符串>])
```

【例 11.2】 返回学院名最左边的两个字符。

```
SELECT DISTINCT LPAD(school,4)
  FROM teacher;
```

该语句采用了 LPAD 函数求学院名最左边的两个字符。

运行结果:

```
LPAD
----
计算
数学
外国
通信
```

2. LENGTH 函数

LENGTH 函数用于返回参数值的长度,返回值为整数。参数值可以是字符串、数字或者表达式。

语法格式:

```
LENGTH(<值>)
```

【例 11.3】 查询字符串“计算机网络”的长度。

```
SELECT LENGTH('计算机网络') FROM dual;
```

该语句采用了 LENGTH 函数求"计算机网络"的长度。

运行结果：

```
LENGTH('计算机网络')
----------------
               5
```

3. REPLACE 函数

REPLACE 函数用第三个字符串表达式替换第一个字符串表达式中包含的第二个字符串表达式，并返回替换后的表达式。

语法格式：

```
Replace(<源字符串>,<目标字符串>,<替代字符串>)
```

【例 11.4】 将"数据库原理"中的"原理"替换为"技术"。

```
SELECT REPLACE('数据库原理','原理','技术') FROM dual;
```

该语句采用了 REPLACE 函数实现字符串的替换。

运行结果：

```
REPLACE
--------
数据库技术
```

4. SUBSTR 函数

SUBSTR 函数用于返回截取的字符串。

语法格式：

```
SUBSTR (<字符串>,<截取开始位置>,<截取长度>)
```

【例 11.5】 在一列中返回学生表中的姓，在另一列中返回表中学生的名。

```
SELECT SUBSTR(sname,1,1) AS 姓, SUBSTR(sname,2,LENGTH(sname) - 1) AS 名
  FROM student
  ORDER BY sno;
```

该语句采用了 SUBSTR 函数分别求"姓名"字符串中的子串"姓"和子串"名"，

运行结果：

```
姓    名
---  -----
宋    德成
何    静
刘    文韬
李    浩宇
谢    丽君
陈    春玉
```

11.1.3 日期函数

日期函数用于处理 DATE 和 TIMSTAMP 日期数据类型,常用的日期函数如表 11.3 所示。

表 11.3 常用的日期函数

函 数	描 述
Add_months(<日期值>,<月份数>)	把一些月份加到日期上,并返回结果
Last_day(<日期值>)	返回指定日期所在月份的最后一天
Months_between(<日期值 1>,<日期值 2>)	返回日期值 1 减去日期值 2 得到的月数
New_time(<当前日期>,<当前时区>,<指定时区>)	根据当前日期和当前时区,返回在指定时区中的日期。其中当前时区和指定时区的值为时区的三个字母缩写
Next_day(<日期值>, 'day')	给出指定日期后的 day 所在的日期;day 是全拼的星期名称
Round(<日期值>, 'format')	把日期值四舍五入到由 format 指定的格式
To_char(<日期值>, 'format')	将日期型数据转换成以 format 指定形式的字符型数据
To_date(<字符串>, 'format')	将字符串转换成以 format 指定形式的日期型数据型返回
Trunc(<日期值>, 'format')	把任何日期的时间设置为 00:00:00
Sysdate	返回当前系统日期

1. SYSDATE 函数

SYSDATE 函数用于返回当前系统日期。

【例 11.6】 利用 SYSDATE 显示当前系统日期,并计算教师李志远从出生日期起到现在为止的天数。

(1) 显示当前系统日期。

```
SELECT SYSDATE
  FROM dual;
```

该语句采用了 SYSDATE 函数显示当前系统日期。

运行结果:

```
SYSDATE
----------
2019 - 03 - 27
```

(2) 计算教师李志远从出生日期起到现在为止的天数。

```
SELECT SYSDATE - tbirthday
  FROM teacher
  WHERE tname = '李志远';
```

该语句采用了两个日期相减,得到两个日期之间相差的天数。

运行结果：

```
   SYSDATE – TBIRTHDAY
----------------------
          1.8E + 04
```

注意：日期可以减去另一个日期，得到两个日期之间相差的天数，但日期不能加另外一个日期。日期可以加减一个数字得到一个新的日期，但日期不支持乘除运算。

2．MONTHS_BETWEEN 函数

MONTHS_BETWEEN 函数用于取得两个日期之间相差的月份。

语法格式：

MONTHS_BETWEEN(<日期值 1>,<日期值 2>)

返回日期值 1 减去日期值 2 得到的月份。

【例 11.7】 计算教师李志远从出生日期起到现在为止的月份数。

```
SELECT MONTHS_BETWEEN(SYSDATE,tbirthday)
  FROM teacher
  WHERE tname = '李志远';
```

该语句通过 MONTHS_BETWEEN 函数获取当前系统日期和出生日期之间的月份数。

运行结果：

```
   MONTHS_BETWEEN(SYSDATE,TBIRTHDAY)
-----------------------------------
                 5.9E + 02
```

11.1.4　统计函数

统计函数用于处理数值型数据，常用的统计函数如表 11.4 所示。

表 11.4　常用的统计函数

函　　　数	描　　　述
Avg([distinct]<列名>)	计算列名中所有值的平均值，若使用 distinct 选项则只使用不同的非空数值
Count([distinct]<值表达式>)	统计选择行的数目，并忽略参数值中的空值。若使用 distinct 选项则只统计不同的非空数值，参数值可以是字段名也可以是表达式
Max(< value >)	从选定的 value 中选取数值/字符的最大值，忽略空值
Min(< value >)	从选定的 value 中选取数值/字符的最小值，忽略空值
Stddev(< value >)	返回所选择的 value 的标准偏差
Sum(< value >)	返回 value 的和，Value 可以是字段名也可以是表达式
Variance([distinct] < value >)	返回所选择的所有数值的方差，忽略 value 的空值

11.2　用户定义函数

　　用户定义函数是存储在数据库中并编译过的 PL/SQL 块,调用用户定义函数要用表达式,并将返回值返回到调用程序。

　　下面介绍创建用户定义函数、调用用户定义函数和删除用户定义函数。

11.2.1　创建用户定义函数

　　创建用户定义函数有两种方式:使用 PL/SQL 语句创建和使用 SQL Developer 创建。

1. 使用 PL/SQL 语句创建用户定义函数

　　在 Oracle 中,创建用户定义函数使用 CREATE FUNCTION 语句。

语法格式:

```
CREATE [OR REPLACE] FUNCTION <函数名>           /* 函数名称 */
(
  <参数名 1> <参数类型> <数据类型>,               /* 参数定义部分 */
  <参数名 2> <参数类型> <数据类型>,
  <参数名 3> <参数类型> <数据类型>,
  ⋮
)
RETURN <返回值类型>                              /* 定义返回值类型 */
  {IS | AS}
  [声明变量]
  BEGIN
    <函数体>;                                   /* 函数体部分 */
    [RETURN (<返回表达式>);]                     /* 返回语句 */
  END [<函数名>];
```

说明:

- 函数名:定义函数的函数名必须符合标识符的规则,且名称在数据库中是唯一的。
- 形参和实参:在函数中,在函数名称后面的括号中定义的参数称为形参(形式参数)。在调用函数的程序中,在表达式中函数名称后面的括号中的参数称为实参(实际参数)。
- 参数类型:参数类型有 IN、OUT、IN OUT 3 种模式,默认为 IN 模式。
  - IN 模式:表示传递给 IN 模式的形参,只能将实参的值传递给形参,对应 IN 模式的实参可以是常量或变量。
  - OUT 模式:表示 OUT 模式的形参将在函数中被赋值,可以将形参的值传给实参,对应 OUT 模式的实参必须是变量。
  - IN OUT 模式:IN OUT 模式的形参既可以传值也可以被赋值,对应 IN OUT 模式的实参必须是变量。
- 数据类型:定义参数的数据类型,不需要指定数据类型的长度。
- RETURN <返回值类型>:指定返回值的数据类型。
- 函数体:由 PL/SQL 语句组成,它是实现函数功能的主要部分。

- RETURN 语句：将返回表达式的值返回给函数调用程序。

【例 11.8】　创建选修某门课程的学生人数的函数。

```
CREATE OR REPLACE FUNCTION funNumber(p_cname IN char)
    / * 创建用户定义函数 funNumber, p_cname 为形参, IN 模式 * /
  RETURN number
AS
  result number;                                    / * 定义返回值变量 * /
BEGIN
  SELECT COUNT(sno) INTO result
    FROM course a, score b
    WHERE a. cno =  b. cno AND cname =  p_cname;
  RETURN(result);                                   / * 返回语句 * /
END funNumber;
```

注意：如果函数内部有程序错误，创建后会在相应的函数上打叉，因此，在创建函数后，应当查看函数是否创建成功。

2. 使用 SQL Developer 创建用户定义函数

启动 SQL Developer,在"连接"节点下打开数据库连接 sys_stsys,右击"函数"节点,在弹出的快捷菜单中选择"新建函数"命令,屏幕弹出"创建 函数"对话框,在"名称"栏中,输入"FUNNUMBER2",在"参数"栏第一行,选择返回值的类型,单击"＋"按钮增加一个参数,设置参数名称、模式和数据类型,如图 11.1 所示,单击"确定"按钮,在主界面的函数 FUNNUMBER2 窗口中完成函数的程序设计工作,单击"编译"按钮 ,再单击"运行"按钮 ,完成函数 FUNNUMBER2 的创建。

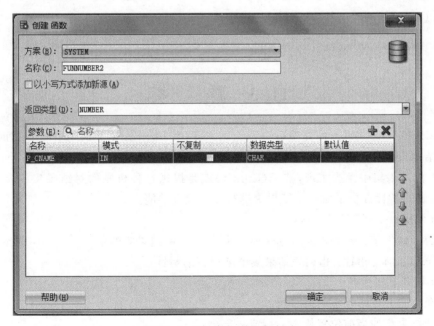

图 11.1　"创建 函数"对话框

11.2.2　调用用户定义函数

在调用用户定义函数的程序中,在表达式中通过函数名称直接调用。

语法格式:

<变量名>:=<函数名>[(<实参 1>,<实参 2>,…)]

【例 11.9】　调用函数 funNumber 查询选修某门课程的学生人数。

```
DECLARE
  v_num number;
BEGIN
  v_num:= funNumber ('数据库系统');   /* 调用用户定义函数 funNumber,'数据库系统'为实参 * /
  DBMS_OUTPUT.PUT_LINE('选修数据库系统的人数是:'||v_num);
END;
```

该语句通过调用函数 count_num 查询选修数据库系统的学生人数。

运行结果:

选修数据库系统的人数是: 3

11.2.3　删除用户定义函数

不再使用用户定义函数时,用 DROP 命令将其删除。

语法格式:

DROP FUNCTION [<用户方案名>.]<函数名>

【例 11.10】　删除函数 funNumber。

DROP FUNCTION funNumber;

11.3　游　　标

由 SELECT 语句返回的完整行集称为结果集,使用 SELECT 语句进行查询时可以得到这个结果集,但有时用户需要对结果集中的某一行或部分行进行单独处理,这在 SELECT 的结果集中无法实现,游标(Cursor)就是提供这种机制的对结果集的一种扩展,PL/SQL 通过游标提供了对一个结果集进行逐行处理的能力。

游标包括以下两部分的内容:
- 游标结果集:定义游标的 SELECT 语句返回的结果集的集合。
- 游标当前行指针:指向该结果集中某一行的指针。

游标具有下列优点:
- 允许定位在结果集的特定行。
- 从结果集的当前位置检索一行或一部分行。
- 支持对结果集中当前位置的行进行数据修改。

- 为由其他用户对显示在结果集中的数据库数据所做的更改提供不同级别的可见性支持。

游标包括显式游标(Explicit Cursor)和隐式游标(Implicit Cursor),显式游标的操作要遵循声明游标、打开游标、读取数据和关闭游标等步骤,而使用隐式游标不需执行以上步骤,只需让 PL/SQL 处理游标并简单地编写 SELECT 语句。

11.3.1 显式游标

使用显式游标遵循的操作步骤为:首先要声明游标(Declare Cursor),使用前要打开游标(Open Cursor),然后读取(Fetch)数据,使用前要关闭游标(Close Cursor)。

1. 声明游标

声明游标需要定义游标名称和 SELECT 语句。

语法格式:

```
DECLARE CURSOR <游标名>
  IS
  < SELECT 语句>
```

例如,下面是一个游标定义实例。

```
DECLARE CURSOR curStudent1
  IS
  SELECT sno,sname,tc
    FROM student
    WHERE speciality = '计算机';
```

注意:在声明游标中的 SELECT 语句不包含 INTO 子句,INTO 子句是 FETCH 语句的一部分。

2. 打开游标

该步骤执行声明游标时定义的 SELECT 语句,并将查询到的结果集存于内存中等待读取。

语法格式:

```
OPEN <游标名>
```

【例 11.11】 使用游标,输出当前行的序列号。

打开游标后,可以使用游标属性％ROWCOUNT 返回最近一次提取到数据行的序列号。

```
DECLARE CURSOR curStudent2                        / * 声明游标 * /
  IS
  SELECT sno,sname,tc
    FROM student
    WHERE speciality = '计算机';
  BEGIN
    OPEN curStudent2;                             / * 打开游标 * /
```

```
      DBMS_OUTPUT.PUT_LINE(curStudent2 % ROWCOUNT);
    END;
```

该语句打开游标 cur_stu2 之后，在提取数据之前访问游标属性％ROWCOUNT，输出提取的序列号为 0。

运行结果：

0

3. 读取数据

使用 FETCH 语句从结果集中读取游标所指向的行，并将结果存入 INTO 子句的变量列表中。

语法格式：

FETCH <游标名> [INTO <变量名>,...n]

FETCH 语句每执行一次，游标向下移动一行，直至结束。

注意： 游标只能逐行向后移动，不能向前或跳跃移动。

【例 11.12】 使用游标，输出计算机专业的学生情况。

```
DECLARE
  v_sno char(6);                                /* 设置 3 个变量，注意变量的数据类型 */
  v_sname char(8);
  v_tc number (2);
  CURSOR curStudent3                            /* 声明游标 */
  IS
  SELECT sno, sname, tc
    FROM student
    WHERE speciality = '计算机';
  BEGIN
    OPEN curStudent3;                           /* 打开游标 */
    FETCH curStudent3 INTO v_sno, v_sname, v_tc; /* 读取的游标数据存放到指定的变量中 */
    WHILE curStudent3 % FOUND LOOP              /* 如果当前游标指向有效的一行，则进行循环，
                                                    否则退出循环 */
      DBMS_OUTPUT.PUT_LINE('学号：'||v_sno||'  姓名：'||v_sname||'总学分：'||TO_char(v_tc));
      FETCH curStudent3 INTO v_sno, v_sname, v_tc;
    END LOOP;
    CLOSE curStudent3;                          /* 关闭游标 */
  END;
```

该语句使用游标并采用 WHILE-LOOP-END 循环，输出计算机专业的学生情况。

运行结果：

学号：181001   姓名：宋德成   总学分：52
学号：181002   姓名：何静   总学分：50
学号：181004   姓名：刘文韬   总学分：52

4. 关闭游标

游标使用完以后,应该及时关闭,它将释放结果集所占内存空间。

语法格式:

CLOSE <游标名>;

例如关闭上例中的游标:

CLOSE curStudent3

为了取出结果集中所有数据,可以借助循环语句从显式游标中每次只取出一行数据,循环多次,直至取出结果集中所有数据。

由于不知道结果集中有多少条记录,为了确定游标是否已经移到了最后一条记录,可以通过游标属性来实现,常见游标属性有%ISOPFN、%FOUND、%NOTFOUND、%ROWCOUNT,如表 11.5 所示。

表 11.5　游标属性

属　　性	类　　型	描　　述
%ISOPFN	BOOLEAN	如果游标为打开状态,则为 TRUE
%FOUND	BOOLEAN	如果能找到记录,则为 TRUE
%NOTFOUND	BOOLEAN	如果找不到记录,则为 TRUE
%ROWCOUNT	NUMBER	已经提取数据的总行数,也可理解为当前行的序列号

调用以上游标属性时,可以使用显式游标的名称作为属性前缀。在例 11.15 中,判断游标 cur_stu3 是否还能找到记录,使用 cur_stu3%FOUND 来判断。

提示: 通常 WHILE 循环与%FOUND 属性配合使用,LOOP 循环与%NOTFOUND 属性配合使用。

在使用显式游标时,必须编写以下四部分代码。

(1)声明游标:在 PL/SQL 块的 DECLARE 段中声明游标。

(2)打开游标:在 PL/SQL 块中初始 BEGIN 后打开游标。

(3)读取数据:在 FETCH 语句中,取游标到一个或多个变量中,接收变量的数目必须与游标的 SELECT 列表中的表列数目一致。

(4)关闭游标:使用完毕要关闭游标。

11.3.2　隐式游标

如果在 PL/SQL 程序段中使用 SELECT 语句进行操作,PL/SQL 会隐含地使用游标,称为隐式游标,这种游标不需要像显式游标那样声明、打开和关闭游标,举例如下。

【例 11.13】　使用隐式游标,输出当前行计算机专业的学生情况。

```
DECLARE
    v_sno char(6);
    v_sname char(8);
```

```
  v_tc number(2);
BEGIN
  SELECT sno,sname,tc INTO v_sno, v_sname,v_tc   /* 隐式游标必须使用 INTO 子句 */
    FROM student
    WHERE speciality = '计算机' AND ROWNUM = 1;    /* 限定行数为 1 */
  DBMS_OUTPUT.PUT_LINE('学号: '||v_sno||'   姓名: '||v_sname||'总学分: '||TO_char(v_tc));
END;
```

该语句使用隐式游标并限定行数为 1,输出了当前行计算机专业的学生情况。

运行结果：

学号: 181001　姓名: 宋德成　总学分: 52

使用隐式游标注意如下。

(1) 隐式游标必须使用 INTO 子句。

(2) 各个变量的数据类型要与表的对应列的数据类型一致。

(3) 隐式游标一次只能返回一行数据,使用时必须检查异常,常见的异常有 NO_DATA_FOUND 和 TOO_MANY_ROWS。

显示游标与隐式游标相比,它的有效性如下。

- 显式游标可以通过检查游标属性"％FOUND"或"％NOTFOUND"确认显式游标成功或失败。
- 显式游标是在 DECLARE 段中由用户定义的,因此 PL/SQL 块的结构化程度更高(定义和使用分离)。

11.3.3　游标 FOR 循环

在使用游标 FOR 循环,不需要打开游标(OPEN)、读取数据(FETCH)和关闭游标(CLOSE)。游标 FOR 循环开始时,游标被自动打开；每循环一次,系统将自动读取下一行游标数据；当循环结束时,游标被自动关闭。

使用游标的 FOR 循环可以简化游标的控制,减少代码的数量。

语法格式：

```
FOR <记录变量名> IN <游标名>[(<参数 1> [,<参数 2>]...)] LOOP
  语句段
END LOOP;
```

说明：

- 记录变量名：FOR 循环隐含声明的记录变量,其结构与游标查询语句返回的结果集相同。
- 游标名：必须是已经声明的游标。
- 参数：应用程序传递给游标的参数。

【例 11.14】　使用游标 FOR 循环列出 201836 班学生成绩。

```
DECLARE
  v_sname char(8);
```

```
        v_cname char(16);
        v_grade number;
        CURSOR curGrade                          /*声明游标*/
        IS
        SELECT sname,cname,grade
          FROM student a,course b,score c
          WHERE a.sno = c.sno AND b.cno = c.cno AND sclass = '201836'
          ORDER BY sname;
BEGIN
        FOR v_rec IN curGrade LOOP               /*设置游标 FOR 循环*/
          v_sname: = v_rec.sname;
          v_cname: = v_rec.cname;
          v_grade: = v_rec.grade;
          DBMS_OUTPUT.PUT_LINE('姓名: '||v_sname||'课程名: '||v_cname||'成绩: '||TO_char(v_
grade));
        END LOOP;
END;
```

该语句使用游标 FOR 循环列出 201236 班学生成绩。

运行结果：

```
姓名:陈春玉    课程名:数字电路        成绩:89
姓名:陈春玉    课程名:英语            成绩:91
姓名:陈春玉    课程名:高等数学        成绩:95
姓名:李浩宇    课程名:数字电路        成绩:92
姓名:李浩宇    课程名:英语            成绩:82
姓名:李浩宇    课程名:高等数学        成绩:86
姓名:谢丽君    课程名:英语            成绩:75
姓名:谢丽君    课程名:数字电路        成绩:78
姓名:谢丽君    课程名:高等数学        成绩:
```

11.3.4　游标变量

游标变量被用于处理多行的查询结果集，可以在运行时与不同的 SQL 语句关联，是动态的。前节介绍的游标都是与一个 SQL 语句相关联，并且在编译该块的时候此语句已经是可知的、是静态的。游标变量不同于特定的查询绑定，而是在打开游标时才确定所对应的查询。因此，游标变量可以依次对应多个查询。

游标变量是 REF 类型的变量，类似于高级语言中的指针。

使用游标变量之前，必须先声明，然后在运行时必须为其分配存储空间。

1. 声明游标变量

游标变量是一种引用类型，首先要定义的引用类型的名字，然后相应的存储单元必须要被分配。

语法格式：

```
TYPE < REF CURSOR 类型名>
    IS
    REF CURSOR [RETURN <返回类型>];
```

说明：

＜REF CURSOR 类型名＞：定义的引用类型的名字。

［RETURN ＜返回类型＞］：返回类型表示一个记录或者是数据库表的一行，强 REF CURSOR 类型有返回类型，弱 REF CURSOR 类型没有返回类型。

例如，声明游标变量 refcurStud。

```
DECLARE
TYPE refcurStud
  IS
  REF CURSOR RETURN student % ROWTYPE;
```

又如，声明游标变量 refcurGrade，其返回类型是记录类型。

```
DECLARE
  TYPE cou IS RECORD(
    cnum number(4),
    cname char(16),
    cgrade number(4,2));
  TYPE refcurGrade IS REF CURSOR RETURN cou;
```

此外，还可以声明游标变量作为函数和过程的参数。

```
DECLARE
  TYPE refcurStudent IS REF CURSOR RETURN student % ROWTYPE;
  PRCEDURE spStudent(rs IN OUT refcurStudent) IS ...
```

2. 使用游标变量

使用游标变量，首先使用 OPEN 语句打开游标变量，然后使用 FETCH 语句从结果集中提取行，当所有行处理完毕时，使用 CLOSE 语句关闭游标变量。

OPEN 语句与多行查询的游标相关联，它执行查询，标志结果集。

语法格式：

```
OPEN {<弱游标变量名> | :<强游标变量名>}
  FOR
  < SELECT 语句>
```

例如，要打开游标变量 refcurStudent，使用如下语句：

```
IF NOT refcurStudent t % ISOPEN THEN
  OPEN refcurStudent FOR SELECT * FROM student;
END IF;
```

游标变量同样可以使用游标属性％ISOPFN、％FOUND、％NOTFOUND、％ROWCOUNT。

11.4 小   结

本章主要介绍了以下内容。

（1）Oracle 12c 提供了丰富的系统内置函数，常用的系统内置函数有：数学函数、字符串函数、日期函数和统计函数。

（2）用户定义函数是存储在数据库中并编译过的 PL/SQL 块，调用用户定义函数要用表达式，并将返回值返回到调用程序。

（3）用户定义函数参数类型有 IN、OUT、IN OUT 3 种模式，默认为 IN 模式。

（4）游标提供了对一个结果集进行逐行处理的功能，它包括以下两部分的内容：游标结果集和游标当前行指针。

（5）显式游标的操作要遵循声明游标、打开游标、读取数据和关闭游标等步骤，而使用隐式游标不需执行以上步骤，只需让 PL/SQL 处理游标并简单地编写 SELECT 语句，隐式游标必须使用 INTO 子句，一次只能返回一行数据。

（6）使用游标的 FOR 循环可以简化游标的控制，减少代码的数量。

（7）使用游标变量可以处理多行的查询结果集。

11.5　函数和游标实验

1. 实验目的及要求

（1）理解系统内置函数、用户定义函数、游标的概念。

（2）掌握系统内置函数、用户定义函数、游标的操作和使用方法。

（3）具备设计、编写和调试系统内置函数语句、用户定义函数语句、游标语句以解决应用问题的能力。

2. 验证性实验

使用内置函数语句、用户定义函数语句、游标语句解决以下应用问题。

1）计算学生李浩宇的年龄

题目分析：

由当前系统日期和出生日期之间的差的月份数，再除以 12 得到年龄。

编写程序：

```
DECLARE
  v_age int;
BEGIN
  SELECT MONTHS_BETWEEN(SYSDATE,sbirthday) INTO v_age
/* 通过系统内置函数 MONTHS_BETWEEN 和 SYSDATE 获取当前系统日期和出生日期之间的月份数 */
    FROM student
    WHERE sname = '李浩宇';
  v_age: = v_age/12;
  DBMS_OUTPUT.PUT_LINE('李浩宇的年龄是： '||v_age);
END;
```

程序分析：

该语句通过 SYSDATE 函数获取当前系统日期，通过 MONTHS_BETWEEN 函数获取当前系统日期和出生日期之间的月份数，再除以 12 得到年龄。

运行结果：

李浩宇的年龄是：21

2）输入学生的姓名和课程名查询学生的成绩

（1）创建用户定义函数 funGrade

题目分析：

将学生的姓名和课程名设置为函数的参数，在函数体中设置查询语句和返回语句。

编写程序：

```
CREATE OR REPLACE FUNCTION funGrade(p_sname IN char, p_cname IN char)
    /*创建用户定义函数 funGrade,设置姓名参数和课程名参数*/
  RETURN number
AS
  result number;                                /*定义返回值变量*/
BEGIN
  SELECT grade INTO result
    FROM student a, course b, score c
    WHERE a.sno = c.sno AND b.cno = c.cno AND sname = p_sname AND cname = p_cname;
  RETURN(result);                               /*返回语句*/
END funGrade;
```

程序分析：

设置姓名参数 p_sname 和课程名参数 p_cname，定义返回值变量 result。

在函数体中通过 SELECT-INTO 语句，将查询结果存入返回值变量 result，通过返回语句 RETURN(result) 返回该函数的查询结果。

（2）调用用户定义函数 funGrade。

```
DECLARE
  v_gd number;
BEGIN
  v_gd:= funGrade ('何静','高等数学');
                            /*调用用户定义函数 funGrade,'何静','高等数学'为实参*/
  DBMS_OUTPUT.PUT_LINE('何静高等数学的成绩是：'||v_gd);
END;
```

该语句通过调用函数 funGrade 查询何静高等数学的成绩。

运行结果：

何静高等数学的成绩是：87

3）通过教师编号，查询教师的姓名和职称

（1）创建用户定义函数 funTitle。

题目分析：

将教师编号设置为函数的参数，在函数体中设置查询语句和返回语句。

编写程序：

```
CREATE OR REPLACE FUNCTION funTitle(p_tno IN char)
    /*创建用户定义函数 funTitle,设置教师编号参数*/
  RETURN char
AS
  result char (200);                           /*定义返回值变量*/
  v_tname char (8);
  v_title char (12);
BEGIN
  SELECT tname INTO v_tname
    FROM teacher
    WHERE tno = p_tno;
  SELECT title INTO v_title
    FROM teacher
    WHERE tno = p_tno;
  result: = '姓名: '||v_tname||'职称: '||v_title;
  RETURN(result);                              /*返回语句*/
END funTitle;
```

程序分析：

设置姓名参数 p_tno,定义返回值变量 result、教师姓名变量 v_tname、职称变量 v_title。

在函数体中通过第一个 SELECT-INTO 语句,将查询结果存入变量 v_tname,通过第二个 SELECT-INTO 语句,将查询结果存入变量 v_title,通过返回语句 RETURN(result)返回该函数的查询结果。

（2）使用 SELECT 语句调用函数 funTitle 查询所有教师的姓名和职称。

```
SELECT tno AS 编号, funTitle(tno) AS 姓名和职称 /*调用用户定义函数 funTitle,tno 为实参*/
  FROM teacher;
```

该语句调用函数 funTitle,通过教师编号查询所有教师的姓名和职称。

运行结果：

```
编号      姓名和职称
------   ----------------------
100002   姓名：李志远   职称：教授
100018   姓名：周莉群   职称：教授
400005   姓名：王俊宏   职称：讲师
800017   姓名：孙航     职称：副教授
120032   姓名：刘玲雨   职称：副教授
```

4）新建 sco 表

sco 表结构与数据和原有的 score 表相同,在 sco 表上增加成绩等级一列：gd char (1),使用游标 curLevel 计算学生的成绩等级,并更新 sco 表。

题目分析：

使用游标将读取的成绩分数存放到指定的变量中,再用搜索型 CASE 函数将成绩分数转换为成绩等级。

编写程序:

```
DECLARE
  v_deg number;                                      /*设置两个变量,注意变量的数据类型 */
  v_lev char(1);
  CURSOR curLevel                                    /*声明游标 */
  IS
  SELECT grade FROM sco WHERE grade IS NOT NULL FOR UPDATE;      /*加行共享锁 */
  BEGIN
    OPEN curLevel;                                   /*打开游标 */
    FETCH curLevel INTO v_deg;                       /*读取的游标数据存放到指定的变量中 */
    WHILE curLevel % FOUND LOOP   /* 如果当前游标指向有效的一行,则进行循环,否则退出循环 */
      CASE                                           /*使用搜索型 CASE 函数将成绩转换为等级 */
        WHEN v_deg > = 90 THEN v_lev: = 'A';
        WHEN v_deg > = 80 THEN v_lev: = 'B';
        WHEN v_deg > = 70 THEN v_lev: = 'C';
        WHEN v_deg > = 60 THEN v_lev: = 'D';
        WHEN v_deg > = 0 AND v_deg < = 60 THEN v_lev: = 'E';
        ELSE v_lev: = 'Nothing';
      END CASE;
      UPDATE sco                                     /*使用游标进行数据更新 */
        SET gd = v_lev
        WHERE CURRENT OF curLevel;
      FETCH curLevel INTO v_deg;
    END LOOP;
  CLOSE curLevel;                                    /*关闭游标 */
END;
```

程序分析:

设置成绩分数变量为 v_deg、成绩等级变量为 v_lev,声明游标 curLevel,由 SELECT 语句查询产生与游标 curLevel 相关联的成绩分数结果集。设置循环,在循环体中每一行,将读取游标结果集的数据存放到变量 v_deg 中,用搜索型 CASE 函数将成绩分数变量 v_deg 转换为成绩等级变量 v_lev,用 UPDATE 语句将 sco 表 gd 的值更新为 v_lev 的值。

对更新后的 sco 表进行查询:

```
SELECT *
  FROM sco;
```

运行结果:

```
SNO     CNO    GRADE   GD
------  ----   ------  ----
181001  1004   94      A
181002  1004   86      B
181004  1004   90      A
184001  4002   92      A
184002  4002   78      C
184003  4002   89      B
181001  8001   91      A
181002  8001   87      B
```

181004	8001	85	B
184001	8001	86	B
184002	8001		
184003	8001	95	A
181001	1201	93	A
181002	1201	76	C
181004	1201	92	A
184001	1201	82	B
184002	1201	75	C
184003	1201	91	A

3. 设计性实验

设计、编写和调试系统内置函数、用户定义函数、游标以解决下列应用问题。

(1) 查询每个学生的最高分。

(2) 使用用户定义函数计算指定的某门课程的平均成绩。

(3) 使用用户定义函数统计不同性别的学生人数。

(4) 使用用户定义函数返回指定员工号的员工姓名、性别。

(5) 使用游标输出每个学生的年龄。

4. 观察与思考

(1) dual 表有何作用？

(2) 用户定义函数的形参和实参有何不同？

(3) 怎样调用用户定义函数？

(4) 显示游标有哪些操作步骤？

习　题　11

一、选择题

1. 执行语句"SELECT POWER(2,3) FROM DUAL;"，查询结果是_____。

    A. 9 　　　　　　B. 6 　　　　　　C. 8 　　　　　　D. 以上都不对

2. 在 SELECT-INTO 语句中，可能出现的异常是_____。

    A. CURSOR_ALREDAY_OPEN 　　　　　B. NO_DATA_FOUND

    C. ACCESS_INTO+NULL 　　　　　　　D. COLLECTION_IS _NULL

3. 下面不属于用户定义函数的参数类型是_____。

    A. IN 　　　　　　B. OUT 　　　　　C. NULL 　　　　D. IN OUT

4. 执行以下 PL/SQL 语句：

```
DECLARE
  v_rows number(2);
BEGIN
  DELETE FROM table_name WHERE col_name IN (X,Y,Z);
  v_rows: = SQL % ROWCOUNT
END;
```

如果行没有被删除,那么 v_rows 的值是_____。

  A. NULL   B. 3   C. FALSE   D. 0

5. 下列选项中,用来检查 FETCH 操作是否成功的是_____。

  A. %ISOPFN   B. %FOUND

  C. %NOTFOUND   D. %ROWCOUNT

二、填空题

1. 显式游标处理包括_____、打开游标、读取数据、关闭游标 4 个步骤。

2. 打开游标的语句是_____。

三、问答题

1. 什么是系统内置函数? 常用的系统内置函数有哪几种?

2. 什么是用户定义函数? 简述用户定义函数的参数类型。

3. 简述游标的概念。显示游标和隐式游标有何不同?

四、应用题

1. 查询每个学生的平均分,保留整数,舍弃小数部分。

2. 使用用户定义函数查询不同班级的课程平均成绩。

3. 采用游标方式输出各专业及课程的平均分。

第12章

存储过程

本章要点
- 存储过程概述
- 存储过程的创建
- 存储过程的调用
- 存储过程的删除
- 存储过程的参数

存储过程(Stored Procedure)是一组完成特定功能的 PL/SQL 语句集合,预编译后放在数据库服务器端,用户通过指定存储过程的名称并给出参数(如果该存储过程带有参数)来执行存储过程。本章介绍存储过程的特点和类型,存储过程的创建和调用,存储过程的参数等内容。

12.1 存储过程概述

存储过程是一种命名 PL/SQL 程序块,它将一些相关的 SQL 语句,流程控制语句组合在一起,用于执行某些特定的操作或者任务。将经常需要执行的特定的操作写成过程,通过过程名,就可以多次调用过程,从而实现程序的模块化设计,这种方式提高了程序的效率,节省了用户的时间。

存储过程具有以下特点。
- 存储过程在服务器端运行,执行速度快。
- 存储过程增强了数据库的安全性。
- 存储过程允许模块化程序设计。
- 存储过程可以提高系统性能。

12.2 存储过程的创建、调用和删除

存储过程的创建可采用 PL/SQL 语句,也可采用 SQL Developer 图形界面方式。

12.2.1 存储过程的创建

1. 通过 PL/SQL 语句创建存储过程

PL/SQL 创建存储过程使用的语句是 CREATE PROCEDURE。

语法格式:

```
CREATE [OR REPLACE] PROCEDURE <过程名>                    /*定义过程名*/
  [(<参数名> <参数类型> <数据类型> [DEFAULT <默认值>] [,...n])] /*定义参数类型及属性*/
{ IS | AS }
  [<变量声明>]                                            /*变量声明部分*/
  BEGIN
    <过程体>                                              /*PL/SQL 过程体*/
  END [<过程名>];
```

说明:

(1) OR REPLACE: 如果指定的过程已存在,则覆盖同名的存储过程。

(2) 过程名: 定义的存储过程的名称。

(3) 参数名: 存储过程的参数名必须符合有关标识符的规则,存储过程中的参数称为形式参数(简称形参),可以声明一个或多个形参,调用带参数的存储过程则应提供相应的实际参数(简称实参)。

(4) 参数类型: 存储过程的参数类型有 IN、OUT 和 IN OUT 3 种模式,默认的模式是 IN 模式。

- IN: 向存储过程传递参数,只能将实参的值传递给形参,在存储过程内部只能读不能写,对应 IN 模式的实参可以是常量或变量。
- OUT: 从存储过程输出参数,存储过程结束时形参的值会赋给实参,在存储过程内部可以读或写,对应 OUT 模式的实参必须是变量。
- IN OUT: 具有前面两种模式的特性,调用时,实参的值传递给形参;结束时,形参的值传递给实参,对应 IN OUT 模式的实参必须是变量。

(5) DEFAULT: 指定 IN 参数的默认值,默认值必须是常量。

(6) 过程体: 包含在过程中的 PL/SQL 语句。

存储过程可以带参数,也可以不带参数。下面两个实例分别介绍不带参数的存储过程和带参数的存储过程的创建。

【例 12.1】 创建一个不带参数的存储过程 spTest,输出 Hello Oracle。

```
CREATE OR REPLACE PROCEDURE spTest              /*创建不带参数的存储过程*/
AS
BEGIN
  DBMS_OUTPUT.PUT_LINE('Hello Oracle');
END;
```

【例 12.2】 创建一个带参数的存储过程 spTc,查询指定学号学生的总学分。

```
CREATE OR REPLACE PROCEDURE spTc(p_sno IN CHAR)
  /*创建带参数的存储过程, p_sno 参数为 IN 模式*/
AS
  credit number;
BEGIN
  SELECT tc INTO credit
    FROM student
    WHERE sno = p_sno;
```

```
    DBMS_OUTPUT.PUT_LINE(credit);
END;
```

2. 通过图形界面方式创建存储过程

通过图形界面方式创建存储过程举例如下。

【例 12.3】 通过图形界面方式创建存储过程,用于求 1004 课程的平均分。

操作步骤如下。

(1) 启动 SQL Developer,在"连接"节点下打开数据库连接 sys_stsys,选择并展开"过程"节点,右击该节点,在弹出的快捷菜单中选择"创建过程"命令,弹出"创建 过程"对话框,如图 12.1 所示。

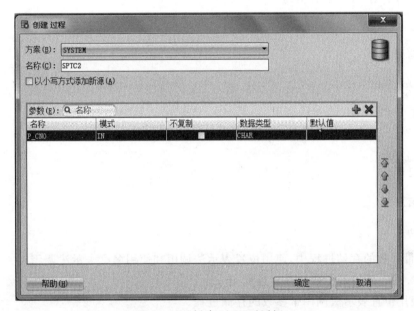

图 12.1 "创建 过程"对话框

(2) 在"名称"文本框中输入存储过程的名称,这里是"SPTC2",单击"＋"按钮添加一个参数,在"名称"栏输入参数名称"p_cno",在"模式"栏选择参数的模式"IN",在"数据类型"栏选择参数的类型"CHAR"。

(3) 单击"确定"按钮,在 SPTC2 过程的编辑框中编写 PL/SQL 语句,完成后单击"编译"按钮完成过程的创建。

12.2.2 存储过程的调用

存储过程的调用可采用 PL/SQL 语句,通过 EXECUTE(或 EXEC)语句可以调用一个已定义的存储过程。

语法格式:

```
[ { EXEC | EXECUTE } ]  <过程名>
  [ ( [<参数名> =>] <实参> | @<实参变量> [,...n]) ];
```

说明：

（1）可以使用 EXECUTE(或 EXEC)语句调用已定义的存储过程。但在 PL/SQL 块中，可以直接使用过程名调用。

（2）对于带参数的存储过程，有以下 3 种调用方式。

* 名称表示法：调用时按形参的名称和实参的名称对应调用。
* 位置表示法：调用时按形参的排列顺序调用。
* 混合表示法：将名称表示法和位置表示法混合使用。

1）使用 EXECUTE 语句调用和使用 PL/SQL 语句块调用存储过程

【例 12.4】 调用存储过程 spTest。

（1）使用 EXECUTE 语句调用。

```
EXECUTE spTest;
```

运行结果：

```
Hello Oracle
```

（2）使用 PL/SQL 语句块调用。

```
BEGIN
  spTest;
END;
```

运行结果：

```
Hello Oracle
```

2）在带参数的存储过程中，使用位置表示法调用和使用名称表示法调用

【例 12.5】 调用带参数的存储过程 sptc。

（1）使用位置表示法调用带参数的存储过程。

```
EXECUTE spTc('181001');
```

该语句使用位置表示法调用带参数的存储过程 spTc，省略了"<参数名>=>"格式，但后面的实参顺序必须和过程定义时的形参顺序一致。

运行结果：

```
52
```

（2）使用名称表示法调用带参数的存储过程。

```
EXECUTE spTc(p_sno =>'181001');
```

该语句使用名称表示法调用带参数的存储过程 spTc，使用了"<参数名>=><实参>"格式。

运行结果：

```
52
```

12.2.3　存储过程的删除

当某个存储过程不再需要时,为释放它占用的内存资源,应将其删除。

语法格式:

DROP PROCEDURE [<用户方案名>.] <过程名>;

【例 12.6】　删除存储过程 spTc。

DROP PROCEDURE spTc;

12.3　存储过程的参数

存储过程的参数类型有 IN、OUT 和 IN OUT 3 种模式,分别介绍如下。

12.3.1　带输入参数存储过程的使用

输入参数用于向存储过程传递参数值,其参数类型为 IN 模式,只能将实参的值传递给形参(输入参数),在存储过程内部输入参数只能读不能写,对应 IN 模式的实参可以是常量或变量。

带输入参数存储过程举例如下。

【例 12.7】　创建一个带输入参数存储过程 spCourseMax,输出指定学号学生的所有课程中的最高分。

(1)创建存储过程。

```
CREATE OR REPLACE PROCEDURE spCourseMax (p_sno IN CHAR)
  /* 创建存储过程 spCourseMax, 参数 p_sno 是输入参数 */
AS
  v_max number;
BEGIN
  SELECT MAX(grade) INTO v_max
    FROM score
    WHERE sno = p_sno;
    DBMS_OUTPUT.PUT_LINE(p_sno||'学生的最高分是'||v_max);
END;
```

(2)调用存储过程。

```
EXECUTE spCourseMax ('181001');
```

在调用存储过程时,采用按位置传递参数,将实参值'181001'传递给输入参数 p_sno 并输出该学号学生的所有课程中的最高分。

运行结果:

181001 学生的最高分是 94

在创建存储过程时,可为输入参数设置默认值,默认值必须为常量或 NULL,在调用存储过程时,如果未指定对应的实参值,则自动用对应的默认值代替,参见以下例题。

【例 12.8】 设 st2 表结构已创建,含有 4 列 stno、stname、stage、stsex,创建一个带输入参数存储过程 spInsert,为输入参数设置默认值,在 st2 表中添加学号 1001~1008。

(1)创建存储过程。

```
CREATE OR REPLACE PROCEDURE spInsert(p_low IN INT: = 1001, p_high IN INT: = 1008)
  /*创建存储过程 spInsert,输入参数 p_low 设置默认值 1001,输入参数 p_ high 设置默认值
1008 */
AS
  v_n int;
BEGIN
  v_n: = p_low;
  WHILE v_n < = p_high
  LOOP
    INSERT INTO st2(stno) VALUES(v_n);
    v_n: = v_n + 1;
  END LOOP;
  COMMIT;
END;
```

(2)调用存储过程。

```
EXECUTE spInsert;
```

在调用存储过程时未指定实参值,自动用输入参数 p_low、p_ high 对应的默认值代替,并在 st2 表中添加学号 1001~1008。

使用 SELECT 语句进行测试:

```
SELECT *
  FROM st2;
```

运行结果:

```
STNO    STNAME    STAGE     STSEX
-----   --------  --------  ------
1001
1002
1003
1004
1005
1006
1007
1008
```

12.3.2 带输出参数存储过程的使用

输出参数用于从存储过程输出参数值,其参数类型为 OUT 模式,存储过程结束时形参(输出参数)的值会赋给实参,在存储过程内部输出参数可以读或写,对应 OUT 模式的实参必须是变量。

带输出参数存储过程的使用通过以下实例说明。

【例 12.9】 创建一个带输出参数的存储过程 spNumber,查找指定专业的学生人数。

（1）创建存储过程。

```
CREATE OR REPLACE PROCEDURE spNumber(p_speciality IN char, p_num OUT number)
  /* 创建存储过程 spNumber, 参数 p_speciality 是输入参数, 参数 p_num 是输出参数 */
AS
BEGIN
  SELECT COUNT(speciality) INTO p_num
    FROM student
    WHERE speciality = p_speciality;
END;
```

（2）调用存储过程。

```
DECLARE
  v_num number;
BEGIN
  spnumber('计算机', v_num);
  DBMS_OUTPUT.PUT_LINE('计算机专业的学生人数是: '||v_num);
END;
```

在调用存储过程时,将实参值'计算机'传递给输入参数 p_speciality；在过程体中,使用 SELECT-INTO 语句将查询结果存入输出参数 p_num；结束时,将输出参数 p_num 的值传递给实参 v_num 并输出计算机专业的学生人数。

运行结果：

计算机专业的学生人数是: 3

注意：在创建或使用输出参数时,都必须对输出参数进行定义。

12.3.3　带输入/输出参数存储过程的使用

输入/输出参数的参数类型为 IN OUT 模式,调用时,实参的值传递给形参(输入/输出参数),结束时,形参的值传递给实参,对应 IN OUT 模式的实参必须是变量。

带输入/输出参数存储过程的使用通过以下实例说明。

【例 12.10】 创建一个存储过程 spSwap,交换两个变量的值。

（1）创建存储过程。

```
CREATE OR REPLACE PROCEDURE spSwap(p_t1 IN OUT NUMBER, p_t2 IN OUT NUMBER)
  /* 创建存储过程 spSwap, 参数 p_t1 和 p_t2 都是输入/输出参数 */
AS
  v_temp number;
BEGIN
  v_temp: = p_t1;
  p_t1: = p_t2;
  p_t2: = v_temp;
END;
```

（2）调用存储过程。

```
DECLARE
  v_1 number: = 70;
  v_2 number: = 90;
BEGIN
  spSwap(v_1,v_2);
  DBMS_OUTPUT.PUT_LINE('v_1 = '||v_1);
  DBMS_OUTPUT.PUT_LINE('v_2 = '||v_2);
END;
```

在调用存储过程时，将实参的值传递给输入/输出参数 p_t1 和 p_t2。在过程体中，p_t1 的值和 p_t2 的值进行了交换。结束时，已交换值的输入/输出参数 p_t1 和 p_t2，分别将它们的值传递给实参，完成两个变量（实参）的值的交换。

运行结果：

```
v_1 = 90
v_2 = 70
```

12.4　小　　结

本章主要介绍了以下内容。

（1）存储过程是一种命名 PL/SQL 程序块，它将一些相关的 SQL 语句，流程控制语句组合在一起，用于执行某些特定的操作或者任务。存储过程可以带参数，也可以不带参数。

（2）存储过程的创建可采用 PL/SQL 语句，也可采用 SQL Developer 图形界面方式。

（3）可以使用 EXECUTE（或 EXEC）语句调用已定义的存储过程，也可以在 PL/SQL 块中直接使用过程名调用。对于带参数的存储过程，有 3 种调用方式：名称表示法、位置表示法、混合表示法。

（4）存储过程的参数类型有 IN、OUT 和 IN OUT 3 种模式，默认的模式是 IN 模式。

12.5　存储过程实验

1. 实验目的及要求

（1）理解存储过程的概念。

（2）掌握存储过程的创建、调用、管理等操作和使用方法。

（3）具备设计、编写和调试存储过程语句以解决应用问题的能力。

2. 验证性实验

使用存储过程语句解决以下应用问题，包括创建存储过程和调用存储过程两个步骤：

（1）创建一个存储过程 spAvgGrade。

输入学生姓名后，将查询出的平均分存入输出参数内。

① 创建存储过程。

题目分析：

将学生姓名设置为输入参数、平均分设置为输出参数，在过程体中设置 SELECT-INTO 语句。

编写程序：

```
CREATE OR REPLACE PROCEDURE spAvgGrade (p_sname IN CHAR, p_avg OUT NUMBER)
  /* 创建存储过程 spAvgGrade, 参数 p_sname 是输入参数, 参数 p_avg 是输出参数 */
AS
BEGIN
  SELECT AVG(grade) INTO p_avg
    FROM student a, score b
    WHERE a. sno = b. sno AND a. sname = p_sname;
END;
```

程序分析：

姓名设置为输入参数 p_sname、平均分设置为输出参数 p_avg。

在过程体中通过 SELECT-INTO 语句，将查询结果存入输出参数 p_avg。

② 调用存储过程。

```
DECLARE
  v_avg number;
BEGIN
  spAvgGrade ('陈春玉', v_avg);
  DBMS_OUTPUT. PUT_LINE('陈春玉的平均分是: '||v_avg);
END;
```

调用存储过程时，将实参值'徐良成'传递给输入参数 p_sname；在过程体中，通过 SELECT-INTO 语句将查询结果存入输出参数 p_avg；调用结束时，将输出参数 p_avg 的值传递给实参 v_avg 并输出徐良成的平均分。

运行结果：

陈春玉的平均分是: 91.66666666666666666666666666666666666667

（2）创建一个存储过程 spNumberAvg。

输入学号后，将该生所选课程数和平均分存入输出参数内。

① 创建存储过程。

题目分析：

将学号设置为输入参数、所选课程数和平均分分别设置为输出参数，在过程体中设置两个 SELECT-INTO 语句。

编写程序：

```
CREATE OR REPLACE PROCEDURE spNumberAvg(p_sno IN CHAR, p_num OUT NUMBER, p_avg OUT NUMBER)
  /* 创建存储过程 spNumberAvg, 参数 p_sno 是输入参数, 参数 p_num 和 p_avg 是输出参数 */
AS
```

```
BEGIN
  SELECT COUNT(cno) INTO p_num
    FROM score
    WHERE sno = p_sno;
  SELECT AVG(grade) INTO p_avg
    FROM score
    WHERE sno = p_sno;
END;
```

程序分析：

学号设置为输入参数 p_sno、所选课程数和平均分分别设置为输出参数 p_num 和 p_avg。

在过程体中通过第一个 SELECT-INTO 语句，将查询结果存入输出参数 p_num，通过第二个 SELECT-INTO 语句，将查询结果存入输出参数 p_avg。

② 调用存储过程。

```
DECLARE
  v_num number;
  v_avg number;
BEGIN
  spNumberAvg('181002', v_num, v_avg);
  DBMS_OUTPUT.PUT_LINE('学号 181002 的学生的选课数是: '||v_num||', 平均分是: '||v_avg);
END;
```

调用存储过程时，将实参'181002'传递给输入参数 p_sno；在过程体中，使用两条 SELECT-INTO 语句分别将查询结果存入输出参数 p_num 和 p_avg；调用结束时，将 p_num 和 p_avg 的值分别传递给实参 v_num 和 v_avg 并输出结果。

运行结果：

学号 181002 的学生的选课数是: 3,平均分是: 83

（3）创建一个存储过程 spNumMax。

输入学号后，将该生姓名、最高分存入输出参数内。

① 创建存储过程。

题目分析：

将学号设置为输入参数、姓名和最高分分别设置为输出参数，在过程体中设置两个 SELECT-INTO 语句。

编写程序：

```
CREATE OR REPLACE PROCEDURE spNumberMax( p_sno IN student. sno % TYPE, p_sname OUT student.
sname % TYPE, p_max OUT NUMBER)
  / * 创建存储过程 spNumberMax, 参数 p_sno 是输入参数, 参数 p_sname 和 p_max 是输出参数 */
AS
BEGIN
  SELECT sname INTO p_sname
    FROM student
```

```
    WHERE sno = p_sno;
  SELECT MAX(grade) INTO p_max
    FROM student a, score b
    WHERE a.sno = b.sno AND a.sno = p_sno;
END;
```

程序分析：

学号设置为输入参数 p_sno、姓名和最高分分别设置为输出参数 p_sname 和 p_max。
在过程体中通过第一个 SELECT-INTO 语句，将查询结果存入输出参数 p_sname，通过第二个 SELECT-INTO 语句，将查询结果存入输出参数 p_max。

② 调用存储过程。

```
DECLARE
  v_sname student.sname%TYPE;
  v_max number;
BEGIN
  spNumberMax('184001', v_sname, v_max);
  DBMS_OUTPUT.PUT_LINE('学号 184001 的学生姓名是：'||v_sname||'    最高分是：'||v_max);
END;
```

调用存储过程时，将实参'184001'传递给输入参数 p_sno；在过程体中，使用两条 SELECT-INTO 语句分别将查询结果存入输出参数 p_sname 和 p_max；调用结束时，将输出参数 p_sname 和 p_max 的值分别传递给实参 v_sname 和 v_max 并输出结果。

运行结果：

学号 184001 的学生姓名是：李浩宇　　　最高分是：92

3. 设计性实验

设计、编写和调试存储过程语句以解决下列应用问题，包括创建存储过程和调用存储过程两个步骤：

（1）创建一个存储过程 spCourseNoNameAvg，输入课程号后，将查询出的课程名存入输出参数内。

（2）创建一个存储过程 spCourseNameNumAvg，输入课程名后，将选课学生数和平均分存入输出参数内。

（3）创建一个存储过程 spTeacherNoNameTitle，输入教师号后，将教师姓名和职称存入输出参数内。

（4）创建一个存储过程 spTeacherNameSchoolName，输入教师姓名后，将教师所在学院、所上课程存入输出参数内。

（5）创建一个存储过程 spDeptIDEmplIDNameWages，输入部门号后，将该部门所有员工的员工号、姓名和工资存入输出参数内。

4. 观察与思考

（1）什么是形参，什么是实参，各有何作用？

（2）如何设置存储过程的参数？

习　题　12

一、选择题

1. 创建存储过程的用处主要是_____。

    A. 实现复杂的业务规则   B. 维护数据的一致性

    C. 提高数据操作效率   D. 增强引用完整性

2. 下列关于存储过程的描述不正确的是_____。

    A. 存储过程独立于数据库而存在

    B. 存储过程实际上是一组 PL/SQL 语句

    C. 存储过程预先被编译存放在服务器端

    D. 存储过程可以完成某一特定的业务逻辑

3. 下列关于存储过程的说法中，正确的是_____。

    A. 用户可以向存储过程传递参数，但不能输出存储过程产生的结果

    B. 存储过程的执行是在客户端完成的

    C. 在定义存储过程的代码中可以包括数据的增、删、改、查语句

    D. 存储过程是存储在是客户端的可执行代码

4. 关于存储过程的参数，正确的说法是_____。

    A. 存储过程的输出参数可以是标量类型，也可以是表类型

    B. 可以指定字符参数的字符长度

    C. 存储过程的输入参数可以不输入信息而调用过程

    D. 以上说法都不对

5. 设创建一个包含一个输入参数和两个输出参数的存储过程，各参数都是字符型，下列创建存储过程的语句中，正确的是_____。

    A. CREATE OR REPLACE PROCEDURE prc1（x1 IN, x2 OUT, x3 OUT）AS…

    B. CREATE OR REPLACE PROCEDURE prc1（x1 CHAR, x2 CHAR, x3 CHAR）AS…

    C. CREATE OR REPLACE PROCEDURE prc1（x1 CHAR, x2 OUT CHAR, x3 OUT）AS…

    D. CREATE OR REPLACE PROCEDURE prc1（x1 IN CHAR, x2 OUT CHAR, x3 OUT CHAR）AS…

6. 设有创建存储过程语句 CREATE OR REPLACE PROCEDURE prc2（x IN CHAR, y OUT CHAR, z OUT NUMBER）AS…，下列调用存储过程的语句中，正确的是_____。

    A. DECLARE

        u CHAR;

        v NUMBER;

    BEGIN

```
        Prc2 ('100001', u, v);
    END;
```

B. ```
   DECLARE
       u OUT CHAR;
       v NUMBER;
   BEGIN
       Prc2 ('100001', u, v);
   END;
   ```

C. ```
   DECLARE
       u CHAR;
       v OUT NUMBER;
   BEGIN
       Prc2 ('100001', u, v);
   END;
   ```

D. ```
   DECLARE
       u OUT CHAR;
       v OUT NUMBER;
   BEGIN
       Prc2 ('100001'u, v);
   END;
   ```

## 二、填空题

1. 在 PL/SQL 中,创建存储过程的语句是_____。

2. 在创建存储过程时,可以为_____设置默认值,在调用存储过程时,如果未指定对应的实参值,则自动用对应的默认值代替。

3. 存储过程的参数类型有 IN、OUT 和_____ 3 种模式。

## 三、问答题

1. 什么是存储过程?简述存储过程的特点。

2. 存储过程的调用有哪几种方式?

3. 存储过程的参数有哪几种类型?

## 四、应用题

1. 创建一个存储过程 spSpecialityCnameAvg,求指定专业和课程的平均分。

2. 创建一个存储过程 spCnameMax,求指定课程号的课程名和最高分。

3. 创建一个存储过程 spNameSchoolTitle,求指定教师编号的姓名、学院和职称。
   ```

触发器

本章要点

- 触发器概述
- 创建触发器
- 触发器的管理

触发器(Trigger)是一组 PL/SQL 语句,编译后存储在数据库中,它在插入、删除或修改指定表中的数据时自动触发执行。本章介绍触发器的特点和类型、创建触发器、触发器的管理等内容。

13.1　触发器概述

触发器是一种特殊的存储过程,与表的关系密切,其特殊性主要体现在不需要用户调用,而是在对特定表(列)进行特定类型的数据修改时激发。

触发器与存储过程的差别如下。

- 触发器是自动执行,而存储过程需要显式调用才能执行。
- 触发器是建立在表或视图之上的,而存储过程是建立在数据库之上的。

触发器用于实现数据库的完整性,触发器具有以下优点。

- 可以提供比 CHECK 约束、FOREIGN KEY 约束更灵活、更复杂、更强大的约束。
- 可对数据库中的相关表实现级联更改。
- 可以评估数据修改前后表的状态,并根据该差异采取措施。
- 强制表的修改要合乎业务规则。

触发器的缺点是增加决策和维护的复杂程度。

Oracle 的触发器有 3 类: DML 触发器、INSTEAD OF 触发器和系统触发器。

1. DML 触发器

当数据库中发生数据操纵语言(DML)事件时将调用 DML 触发器。DML 事件包括在指定表或视图中修改数据的 INSERT 语句、UPDATE 语句和 DELETE 语句,DML 触发器可分为 INSERT 触发器、UPDATE 触发器和 DELETE 触发器 3 类。

2. INSTEAD OF 触发器

Oracle 专门为进行视图操作的一种处理方法。

3. 系统触发器

系统触发器由数据定义语言(DDL)事件(如 CREATE 语句、ALTER 语句、DROP 语句)、数据库系统事件(如系统启动或退出、异常操作)、用户事件(如用户登录或退出数据库)触发。

13.2　创建触发器

下面介绍使用 PL/SQL 语句创建 DML 触发器、INSTEAD OF 触发器、系统触发器和使用图形界面方式创建触发器。

13.2.1　创建 DML 触发器

DML 触发器是当发生数据操纵语言(DML)事件时要执行的操作。DML 触发器用于在数据被修改时强制执行业务规则,以及扩展 CHECK 约束、FOREIGN KEY 约束的完整性检查逻辑。

语法格式:

```
CREATE [OR REPLACE] TRIGGER [<用户方案名>.] <触发器名>        /* 触发器定义 */
  { BEFORE ｜ AFTER ｜ INSTEAD OF }                        /* 指定触发时间 */
  { DELETE ｜ INSERT ｜ UPDATE [ OF <列名>[,...n] ]}        /* 指定触发事件 */
    [OR { DELETE ｜ INSERT ｜ UPDATE [ OF <列名>[,...n] ]}]
  ON   {<表名>｜<视图名>}                                    /* 指定表触发对象 */
  [ FOR EACH ROW [ WHEN(<条件表达式>) ] ]                    /* 指定触发级别 */
  < PL/SQL 语句块>                                          /* 触发体 */
```

说明:

- 触发器名:指定触发器名称。
- BEFORE:执行 DML 操作之前触发。
- AFTER:执行 DML 操作之后触发。
- INSTEAD OF:替代触发器,触发时触发器指定的事件不执行,而执行触发器本身的操作。
- DELETE、INSERT、UPDATE:指定一个或多个触发事件,多个触发事件之间用 OR 连接。
- FOR EACH ROW:由于 DML 语句可能作用于多行,因此触发器的 PL/SQL 语句可能为作用的每一行运行一次,这样的触发器称为行级触发器(row-level trigger);也可能为所有行只运行一次,这样的触发器称为语句级触发器(statement-level trigger)。如果未使用 FOR EACH ROW 子句,指定为语句级触发器,触发器激活后只执行一次。如果使用 FOR EACH ROW 子句,指定为行级触发器,触发器将针对每一行执行一次。WHEN 子句用于指定触发条件。

在行级触发器执行过程中,PL/SQL 语句可以访问受触发器语句影响的每行的列值。":OLD.列名"表示变化前的值,":NEW.列名"表示变化后的值。

有关 DML 触发器的语法说明,补充以下两点。

（1）创建触发器的限制。

* 代码大小：触发器代码大小必须小于 32KB。
* 触发器中有效语句可以包括 DML 语句，但不能包括 DDL 语句。ROLLBACK、COMMIT、SAVEPOINT 也不能使用。

（2）触发器触发次序。

* 执行 BEFORE 语句级触发器。
* 对于受语句影响的每一行，执行顺序为：执行 BEFORE 行级触发器—执行 DML 语句—执行 AFTER 行级触发器。
* 执行 AFTER 语句级触发器。

综上所述，可得创建 DML 触发器的语法结构包括触发器定义和触发体两部分。触发器定义包含指定触发器名称、指定触发时间、指定触发事件、指定触发对象、指定触发级别等。触发体由 PL/SQL 语句块组成，它是触发器的执行部分。

【例 13.1】 在 stsys 数据库的 score 表上创建一个 INSERT 触发器 trigInsertCourseName，向 score 表插入数据时，如果课程为英语，则显示"该课程已经考试结束，不能添加成绩"。

（1）创建触发器。

```
CREATE OR REPLACE TRIGGER trigInsertCourseName
  BEFORE INSERT ON score FOR EACH ROW
DECLARE
  CourseName course. cname % TYPE;
BEGIN
  SELECT cname INTO CourseName
    FROM course
    WHERE cno = :NEW. cno;
  IF CourseName = '英语' THEN
    RAISE_APPLICATION_ERROR( - 20001, '该课程已经考试结束,不能添加成绩');
  END IF;
END;
```

在创建触发器 trigInsertCourseName 的定义部分，指定触发时间为 BEFORE，触发事件为 INSERT 语句，触发对象为 score 表，由于使用了 FOR EACH ROW 子句，触发级别为行级触发器。

在触发体中，:NEW. cno 表示即将插入的记录中的课程号，SELECT 语句通过查询得到该课程号对应的课程名，如果课程名为英语，通过 RAISE 语句中止 INSERT 操作，在触发器中生成一个错误，系统得到该错误后，将本次操作回滚，并返回用户错误号和错误信息，错误号是一个 -20999～20000 的整数，错误信息是一个字符串。

（2）测试触发器。

向 score 表通过 INSERT 语句插入一条记录，该记录的课程号对应的课程名为英语。

```
INSERT INTO score(cno)
  VALUES((SELECT cno
          FROM course
          WHERE cname = '英语'));
```

运行结果：

在行：1 上开始执行命令时出错：
INSERT INTO score(cno)
    VALUES((SELECT cno
                FROM course
                WHERE cname = '英语'))
错误报告：
SQL 错误：ORA - 20001：该课程已经考试结束，不能添加成绩
ORA - 06512：在 "SYSTEM. TRIGINSERTCOURSENAME", line 8
ORA - 04088：触发器 'SYSTEM. TRIGINSERTCOURSENAME' 执行过程中出错

【例 13. 2】 在 stsys 数据库的 teacher 表上创建一个 DELETE 触发器 trigDeleteRecord，禁止删除已任课教师的记录。

（1）创建触发器。

```
CREATE OR REPLACE TRIGGER trigDeleteRecord
    BEFORE DELETE ON teacher FOR EACH ROW
DECLARE
    CourseCoucount NUMBER;
BEGIN
    SELECT COUNT( * ) INTO CourseCoucount
    FROM course
    WHERE tno = :OLD.tno;
    IF CourseCoucount > = 1 THEN
        RAISE_APPLICATION_ERROR( - 20003,'不能删除该教师');
    END IF;
END;
```

在创建触发器 trigDeleteRecord 的定义部分，指定触发时间为 BEFORE，触发事件为 DELETE 语句，触发对象为 teacher 表，触发级别为行级触发器。

在触发体中，:OLD.tno 表示删除前记录中的教师号，SELECT 语句通过连接查询得到该教师号对应教师的任课数，如果任课数大于 1 时，通过 RAISE 语句中止 DELETE 操作，将本次操作回滚，并返回用户错误号和错误信息。

（2）测试触发器。

在 teacher 表中通过 DELETE 语句删除一条教师记录。

```
DELETE FROM teacher
    WHERE tname = '孙航';
```

运行结果：

在行：1 上开始执行命令时出错 -
DELETE FROM teacher
    WHERE tname = '孙航'
错误报告 -
SQL 错误：ORA - 20003：不能删除该教师

ORA－06512: 在 "SYSTEM.TRIGDELETERECORD", line 8

ORA－04088: 触发器 'SYSTEM.TRIGDELETERECORD' 执行过程中出错

【例 13.3】 规定 8:00-18:00 为工作时间,要求任何人不能在非工作时间对成绩表进行操作,在 stsys 数据库上创建一个用户事件触发器 trigOperationScore。

(1) 创建触发器。

```
CREATE OR REPLACE TRIGGER trigOperationScore
  BEFORE INSERT OR UPDATE OR DELETE ON score
BEGIN
  IF (TO_CHAR(SYSDATE,'HH24:MI') NOT BETWEEN '08:00' AND '18:00') THEN
    RAISE_APPLICATION_ERROR( - 20004, '不能在非工作时间对 score 表进行操作');
  END IF;
END;
```

在创建触发器 trigOperationScore 的定义部分,指定触发时间为 BEFORE,触发事件为多个触发事件 INSERT 语句、UPDATE 语句或 DELETE 语句,触发对象为 score 表,触发级别为行级触发器。

在触发体中,如果系统时间不在 8:00 和 18:00 之间,通过 RAISE 语句中止 INSERT、UPDATE 或 DELETE 操作,将本次操作回滚,并返回用户错误号和错误信息。

(2) 测试触发器。

在 8:00-18:00 工作时间外,通过 UPDATE 语句更新成绩表中学号为 181004 和课程号为 1004 的成绩。

```
UPDATE score
  SET grade = 91
  WHERE sno = '181004' AND cno = '1004';
```

运行结果:

在行: 2 上开始执行命令时出错 －

UPDATE score
  SET grade = 91
  WHERE sno = '181004' AND cno = '1004'

错误报告 －

SQL 错误: ORA－20004: 不能在非工作时间对 score 表进行操作

ORA－06512: 在 "SYSTEM.TRIGOPERATIONSCORE", line 3

ORA－04088: 触发器 'SYSTEM.TRIGOPERATIONSCORE' 执行过程中出错

13.2.2　创建 INSTEAD OF 触发器

INSTEAD OF 触发器(替代触发器),一般用于对视图的 DML 触发。当视图由多个基表连接而成,则该视图不允许进行 NSERT、UPDATE 和 DELETE 等 DML 操作。在视图上编写 INSTEAD OF 触发器后,INSTEAD OF 触发器只执行触发体中的 PL/SQL 语句,而不执行 DML 语句,这样就可以通过在 INSTEAD OF 触发器中编写适当的代码,对组成视图的各个基表进行操作。

【例 13.4】　在 stsys 数据库中创建视图 viewStudentScore，包含学生学号、班号、课程号、成绩，创建一个 INSTEAD OF 触发器 trigInstead，当用户向 student 表或 score 表插入数据时，不执行激活触发器的插入语句，只执行触发器内部的插入语句。

（1）创建触发器。

```
CREATE VIEW viewStudentScore
AS
SELECT a.sno, sclass, cno, grade
  FROM student a, score b
  WHERE a.sno = b.sno;

CREATE TRIGGER trigInstead
  INSTEAD OF INSERT ON viewStudentScore FOR EACH ROW
DECLARE
  v_name char(8);
  v_sex char(2);
  v_birthday date;
BEGIN
  v_name: = 'Name';
  v_sex: = '男';
  v_birthday: = '01 - 1 月 - 93';
  INSERT INTO student(sno, sname, ssex, sbirthday, sclass)
    VALUES(:NEW.sno, v_name, v_sex, v_birthday, :NEW.sclass);
  INSERT INTO score VALUES(:NEW.sno, :NEW.cno, :NEW.grade);
END;
```

首先创建视图 viewStudentScore。

在创建触发器 trigInstead 的定义部分，指定为 INSTEAD OF 触发器，触发事件为 INSERT 语句，触发对象为 viewStudentScore 视图，触发级别为行级触发器。

在触发体中，:NEW.sno、:NEW.sclass、:NEW.cno、:NEW.grade 分别表示即将插入的记录中的学号、班号、课程号、成绩，3 个变量 v_name、v_sex、v_birthday 分别赋值为 Name、男、01-1 月-93，通过 INSERT 语句分别向 student 表和 score 表插入数据。

（2）测试触发器。

通过 INSERT 语句向视图 viewStudentScore 插入一条记录。

```
INSERT INTO viewStudentScore VALUES('181006', '201805', '1004', 92);
```

运行结果：

```
1 行 已插入
```

向视图插入数据的 INSERT 语句实际并未执行，实际执行插入操作的语句是 INSTEAD OF 触发器中触发体的 PL/SQL 语句，分别向该视图的两个基表 student 表和 score 表插入数据。

查看基表 student 表的情况。

```
SELECT * FROM student WHERE sno = '181006';
```

显示结果：

SNO	SNAME	SSEX	SBIRTHDAY	SPECIALITY	SCLASS	TC
181006	Name	男	1993 - 01 - 01		201805	

查看基表 score 表的情况。

```
SELECT * FROM score WHERE sno = '181006';
```

显示结果：

SNO	CNO	GRADE
181006	1004	92

13.2.3　创建系统触发器

Oracle 提供的系统触发器可以被数据定义语句 DDL 事件或数据库系统事件触发。DDL 事件指 CREATE、ALTER 和 DROP 等。而数据库系统事件包括数据库服务器的启动（STARTUP）或关闭（SHUTDOWN），数据库服务器出错（SERVERERROR）等。

语法格式：

```
CREATE OR REPLACE TRIGGER [<用户方案名>.] <触发器名>        / * 触发器定义 * /
  { BEFORE | AFTER }                                    / * 指定触发时间 * /
  { <DDL 事件> | <数据库事件> }                          / * 指定触发事件 * /
  ON { DATABASE | [用户方案名.] SCHEMA }[when_clause]    / * 指定触发对象 * /
< PL/SQL 语句块>                                         / * 触发体 * /
```

说明：

- DDL 事件：可以是一个或多个 DDL 事件，多个 DDL 事件之间用 OR 连接。DDL 事件包括 CREATE、ALTER、DROP、TRUNCATE、GRANT、REVOKE、LOGON、RENAME、COMMENT 等。
- 数据库事件：可以是一个或多个数据库事件，多个数据库事件之间用 OR 连接。数据库事件包括 STARTUP、SHUTDOWN、SERVERERROR 等。
- DATABASE：数据库触发器，由数据库事件激发。
- SCHEMA：用户触发器，由 DDL 事件激发。

其他选项与创建 DML 触发器语法格式相同。

由上述语法格式和说明，可得创建系统触发器的语法结构与 DML 触发器的语法结构基本相同，也由触发器定义和触发体两部分组成。触发器定义包含指定触发器名称、指定触发时间、指定触发事件、指定触发对象等。触发体由 PL/SQL 语句块组成。

【例 13.5】　在 stsys 数据库上创建一个用户事件触发器 trigDropTable，记录用户 SYSTEM 所删除的对象。

（1）创建触发器。

```
CREATE TABLE DropObjects
```

```
(
  ObjectName varchar2(30),
  ObjectType varchar2(20),
  DroppedDate date
);

CREATE OR REPLACE TRIGGER trigDropObjects
  BEFORE DROP ON SYSTEM.SCHEMA
BEGIN
  INSERT INTO DropObjects
  VALUES(ora_dict_obj_name, ora_dict_obj_type, SYSDATE);
END;
```

首先创建 DropObjects 表,包括对象名、对象类型、删除时间等列,用于记录用户删除信息。

在创建触发器 trigDropObjects 的定义部分,指定触发时间为 BEFORE,触发事件为 DROP 语句,触发对象为 SYSTEM 用户。

在触发体中,通过 INSERT 语句向 DropObjects 表插入 SYSTEM 用户删除信息。

(2) 测试触发器。

SYSTEM 用户通过 DROP 语句删除 score 表。

```
DROP TABLE SCORE;
```

运行结果:

```
TABLE SCORE 已删除。
```

查看 DropObjects 表记录的信息。

```
SELECT * FROM DropObjects;
```

显示结果:

```
OBJECTNAME   OBJECTTYPE   DROPPEDDATE
---------    ----------   -----------
SCORE        TABLE        2019 - 03 - 30
```

13.2.4　使用图形界面方式创建触发器

使用图形界面方式创建触发器举例如下。

【例 13.6】　使用图形界面方式在 course 表上创建触发器 trigInsertCourse。

(1) 启动 SQL Developer,在"连接"节点下打开数据库连接 sys_stsys,展开"触发器"选项,右击,在弹出的快捷菜单中选择"新建触发器"命令,弹出"创建 触发器"对话框,如图 13.1 所示。

(2) 在"名称"栏输入触发器名称"TRIGINSERTCOURSE",在"基准对象"栏选择"COURSE",在"所选事件"栏选择"INSERT",单击"确定"按钮。

(3) 在触发器的代码编辑窗口中编写触发体中的 PL/SQL 语句,完成后单击 按钮。

图 13.1　"创建 触发器"对话框

13.3　触发器的管理

触发器的管理包括查看和编辑触发器、删除触发器、启用或禁用触发器等内容。

13.3.1　查看和编辑触发器

使用 SQL Developer 查看触发器举例如下。

【例 13.7】　使用 SQL Developer 查看和编辑触发器 trigInsertCourseName。

操作步骤如下：

（1）启动 SQL Developer，在"连接"节点下打开数据库连接 sys_stsys，展开"触发器"选项，右击触发器 trigInsertCourseName，在弹出的快捷菜单中选择"编辑"命令，出现触发器编辑器窗口。

（2）在触发器编辑器窗口中，出现 trigInsertCourseName 触发器的源代码，用户可进行查看和编辑。

13.3.2　删除触发器

删除触发器可使用 PL/SQL 语句或 SQL Developer。

1. 使用 PL/SQL 语句删除触发器

删除触发器使用 DROP TRIGGER 语句。

语法格式：

```
DROP TRIGGER [<用户方案名>.] <触发器名>
```

【例 13.8】　删除 DML 触发器 trigInsertScore。

```
DROP TRIGGER trigInsertScore;
```

2. 使用 SQL Developer 删除触发器

下面举例说明使用 SQL Developer 删除触发器。

【例 13.9】　使用 SQL Developer 删除触发器 trigInsertCourse。

操作步骤如下。

（1）启动 SQL Developer，在"连接"节点下打开数据库连接 sys_stsys，展开"触发器"选项，右击触发器 trigInsertCourse，在弹出的快捷菜单中选择"删除触发器"命令。

（2）弹出"删除触发器"对话框，单击"应用"按钮，即可删除触发器 trigInsertCourse。

13.3.3　启用或禁用触发器

触发器可以启用和禁用，如果有大量数据要处理，可以禁用有关触发器，使其暂时失效。禁用的触发器仍然存储在数据库中，可以重新启用使该触发器重新工作。

启用或禁用触发器可以使用 PL/SQL 语句或 SQL Developer。

1. 使用 PL/SQL 语句禁用和启用触发器

使用 ALTER TRIGGER 语句禁用和启用触发器。

语法格式：

```
ALTER TRIGGER [<用户方案名>.]<触发器名>
  DISABLE | ENABLE;
```

其中，DISABLE 表示禁用触发器，ENABLE 表示启用触发器。

【例 13.10】　使用 ALTER TRIGGER 语句禁用触发器 trigDeleteRecord。

```
ALTER TRIGGER trigDeleteRecord DISABLE;
```

【例 13.11】　使用 ALTER TRIGGER 语句启用触发器 trigDeleteRecord。

```
ALTER TRIGGER trigDeleteRecord ENABLE;
```

2. 使用 SQL Developer 禁用和启用触发器

使用 SQL Developer 禁用触发器举例如下。

【例 13.12】　使用 SQL Developer 禁用触发器 trigOperationScore。

操作步骤如下：

（1）启动 SQL Developer，在"连接"节点下打开数据库连接 sys_stsys，展开"触发器"选项，右击触发器 trigOperationScore，在弹出的快捷菜单中选择"禁用"命令，在弹出的"禁用"对话框中，单击"应用"按钮即可禁用触发器 trigOperationScore。

（2）如果该触发器已禁用，选择"启用"命令即可启用该触发器。

13.4　小　　结

本章主要介绍了以下内容。

（1）触发器是一种特殊的存储过程，与表的关系密切，其特殊性主要体现在不需要用户调用，而是在对特定表（或列）进行特定类型的数据修改时激发。Oracle 的触发器有 3 类：DML 触发器、INSTEAD OF 触发器和系统触发器。

（2）当数据库中发生数据操纵语言（DML）事件时将调用 DML 触发器。DML 事件包括在指定表或视图中修改数据的 INSERT 语句、UPDATE 语句和 DELETE 语句，DML 触发器可分为 INSERT 触发器、UPDATE 触发器和 DELETE 触发器 3 类。

（3）INSTEAD OF 触发器（替代触发器），一般用于对视图的 DML 触发。在视图上编写 INSTEAD OF 触发器后，INSTEAD OF 触发器只执行触发体中的 PL/SQL 语句，而不执行 DML 语句，这样就可以通过在 INSTEAD OF 触发器中编写适当的代码，对组成视图的各个基表进行操作。

（4）Oracle 提供的系统触发器可以被数据定义语句 DDL 事件或数据库系统事件触发。DDL 事件指 CREATE、ALTER 和 DROP 等。而数据库系统事件包括数据库服务器的启动（STARTUP）或关闭（SHUTDOWN），数据库服务器出错（SERVERERROR）等。

（5）触发器的管理包括查看和修改触发器、删除触发器、启用或禁用触发器等内容。

13.5　触发器实验

1. 实验目的及要求

（1）理解触发器的概念。

（2）掌握触发器的创建、管理等操作和使用方法。

（3）具备设计、编写和调试触发器语句以解决应用问题的能力。

2. 验证性实验

使用触发器语句解决以下应用问题，包括创建触发器和测试触发器两个步骤。

1）创建一个触发器 trigInsertScore

在 stsys 数据库的 score 表上创建一个触发器 trigInsertScore，在 score 表插入记录时，显示"正在插入记录"。

（1）创建触发器。

题目分析：

根据创建触发器 trigInsertScore 的要求，设定触发对象为 score 表，触发事件为 INSERT 语句，在触发体中，设定 INSERT 语句向 score 表插入记录时，显示"正在插入记录"。

编写程序：

```
CREATE OR REPLACE TRIGGER trigInsertScore
```

```
    AFTER INSERT ON score
DECLARE
  v_str varchar(20):= '正在插入记录';
BEGIN
  DBMS_OUTPUT.PUT_LINE(v_str);
END;
```

程序分析：

在创建触发器 trigInsertScore 的定义部分，指定触发时间为 AFTER，触发事件为 INSERT 语句，触发对象为 score 表，触发级别为语句级触发器。由触发体部分中的 PL/SQL 语句块，当每次向表中插入一条记录后，就会激活该触发器，执行该触发器操作。

（2）测试触发器。

下面的 INSERT 语句向 score 表插入一条记录。

```
INSERT INTO score VALUES('181001','4002',91);
```

运行结果：

正在插入记录

2）创建一个触发器 trigInsertStudentScore

当学生表中添加一条记录时，自动为此学生添加成绩表中高等数学的记录。

（1）创建触发器。

题目分析：

根据创建触发器 trigInsertStudentScore 的要求，设定触发对象为 student 表，触发事件为 INSERT 语句，在触发体中，设定 INSERT 语句向 score 表插入记录，以自动添加成绩表中相应记录。

编写程序：

```
CREATE OR REPLACE TRIGGER trigInsertStudentScore
  AFTER INSERT ON student FOR EACH ROW
BEGIN
  INSERT INTO score
  VALUES(:NEW.sno, (SELECT cno  FROM course  WHERE cname = '高等数学'), NULL);
END;
```

程序分析：

在创建触发器 trigInsertStudentScore 的定义部分，指定触发时间为 AFTER，触发事件为 INSERT 语句，触发对象为 student 表，触发级别为行级触发器。

在触发体中，通过 INSERT 语句向 score 表插入记录，其中，:NEW.sno 表示即将插入的记录中的学号，SELECT 语句通过查询得到高等数学对应的课程号，实现级联操作。

（2）测试触发器。

通过 INSERT 语句向 student 表插入一条记录。

```
INSERT INTO student VALUES('184005', '刘小丽', '女', '21-6月-97', '通信', '201836', 52);
```

运行结果：

1 行 已插入

查看 student 表记录的信息。

```
SELECT * FROM student WHERE sno = '184005';
```

显示结果：

SNO	SNAME	SSEX	SBIRTHDAY	SPECIALITY	SCLASS	TC
184005	刘小丽	女	1997 - 06 - 21	通信	201836	52

查看 score 表记录的信息。

```
SELECT * FROM score WHERE sno = '184005';
```

显示结果：

SNO	CNO	GRADE
124005	8001	

3）创建一个触发器 trigUserOpration

记录用户何时对 student 表进行插入、修改或删除操作。

（1）创建触发器。

题目分析：

根据创建触发器 trigUserOpration 的要求，创建记录插入、修改或删除操作信息的 OparationLog 表，设定触发对象为 student 表，触发事件为 INSERT 语句、UPDATE 语句或 DELETE 语句。在触发体中，设定如果用户对 student 表进行插入、修改或删除操作，通过 INSERT 语句向 OparationLog 表插入上述操作信息。

编写程序：

```
CREATE TABLE OparationLog
(
  UserName varchar2(30),
  OparationType varchar2(20),
  UserDate timestamp
);

CREATE OR REPLACE TRIGGER trigUserOpration
  BEFORE INSERT OR UPDATE OR DELETE ON student FOR EACH ROW
DECLARE
  v_operation varchar2(20);
BEGIN
  IF INSERTING THEN
      v_operation: = 'INSERT';
    ELSIF UPDATING THEN
      v_operation: = 'UPDATE';
```

```
ELSIF DELETING THEN
  v_operation: = 'DELETE';
END IF;
INSERT INTO OparationLog VALUES(user, v_operation, SYSDATE);
END;
```

程序分析：

首先创建 OparationLog 表，用于记录插入、修改或删除操作信息。

在创建触发器 trigUserOpration 的定义部分，指定触发时间为 BEFORE，触发事件为 INSERT 语句、UPDATE 语句或 DELETE 语句，触发对象为 student 表，触发级别为行级触发器。

在触发体中，通过 IF-THEN-ELSE 语句嵌套，如果用户对 student 表进行 INSERT 或 UPDATE 或 DELETE 操作，则对变量 v_operation 赋值；通过 INSERT 语句向 OparationLog 表插入用户名称、操作类型和操作时间等信息。

（2）测试触发器。

对 student 表依次进行 UPDATE、DELETE、INSERT 操作，查看 OparationLog 表记录的信息。

```
UPDATE student
  SET TC = 50
  WHERE sno = '184002';

DELETE FROM student
  WHERE sno = '184003';

INSERT INTO student
  VALUES('184003','陈春玉','女',TO_DATE('19970809','YYYYMMDD'),'通信','201836',52);

SELECT * FROM OparationLog;
```

运行结果：

1 行 已更新

1 行 已删除

1 行 已插入

```
USERNAME    OPARATIONTYPE    USERDATE
-------    -------------    -----------------------------
SYSTEM      UPDATE           31 - 3 月 - 19 05.19.14.000000000 下午
SYSTEM      DELETE           31 - 3 月 - 19 05.19.34.000000000 下午
SYSTEM      INSERT           31 - 3 月 - 19 05.19.59.000000000 下午
```

3. 设计性实验

设计、编写和调试触发器语句以解决下列应用问题，包括创建触发器和测试触发器两个步骤。

（1）创建一个 INSERT 触发器 trigInsertRec，向 course 表插入数据时，显示"触发器正在工作"。

（2）在 student 表上创建一个 DELETE 触发器 trigDeleteRec，防止删除学生表的记录。

（3）创建一个触发器 trigOperationScore，禁止对 score 表进行插入、修改或删除操作。

（4）在 Employee 表上创建一个 UPDATE 触发器 trigUpdateDeptID，禁止修改部门号。

4. 观察与思考

（1）INSTEAD OF 触发器有何作用？

（2）":OLD. 列名"和":NEW. 列名"各有何作用？

习　题　13

一、选择题

1. 定义触发器的主要作用是_____。

    A. 提高数据的查询效率　　　　　　B. 加强数据的保密性

    C. 增强数据的安全性　　　　　　　D. 实现复杂的约束

2. 下列关于触发器的描述正确的是_____。

    A. 可以在表上创建 INSTEAD OF 触发器

    B. 语句级触发器不能使用":OLD. 列名"和":NEW. 列名"

    C. 行级触发器不能用于审计功能

    D. 触发器可以显式调用

3. 下列关于触发器的说法中，不正确的是_____。

    A. 它是一种特殊的存储过程

    B. 可以实现复杂的逻辑

    C. 可以用来实现数据的完整性

    D. 数据库管理员可以通过语句执行触发器

4. 在创建触发器时，下列选项中决定触发器是针对每一行执行一次，还是每一个语句执行一次的语句是_____。

    A. FOR EACH ROW　　　　　　　B. ON

    C. REFERENCES　　　　　　　　D. NEW

5. 下列数据库对象可用来实现表间参照关系的是_____。

    A. 索引　　　　　B. 存储过程　　　　　C. 触发器　　　　　D. 视图

二、填空题

1. Oracle 的触发器有 DML 触发器、INSTEAD OF 触发器和_____ 3 类。

2. 在_____触发器执行过程中，PL/SQL 语句可以访问受触发器语句影响的每行的列值。

3. INSTEAD OF 触发器一般用于对_____的触发。

4. 系统触发器可以被 DDL 事件或_____事件触发。

5. 启用或禁用触发器使用的 PL/SQL 语句是_____。

三、问答题

1. 什么是触发器？简述触发器的作用。

2. 对比存储过程和触发器的相同点和不同点。

3. 触发器有哪几类？DML 触发器可分为哪几种？

4. 什么是 INSTEAD OF 触发器？

5. 为什么要启用和禁用触发器？写出启用和禁用触发器的 PL/SQL 语句。

四、应用题

1. 创建一个触发器 trigTotalCredits，禁止修改学生的总学分。

2. 创建一个触发器 trigTeacherCourse，当删除 teacher 表中一个记录时，自动删除 course 表中该教师所上课程记录。

事务和锁

本章要点

- 事务的基本概念
- 事务处理：提交事务、回退全部事务、回退部分事务
- 并发事务
- 锁的类型
- 死锁

事务是用户定义的一组不可分割的 SQL 语句序列，这些操作要么全做要么全不做，从而保证数据操作的一致性、有效性和完整性，锁定机制用于对多个用户进行并发控制。

14.1 事务的基本概念

14.1.1 事务的概念

事务（Transaction）是 Oracle 中一个逻辑工作单元（Logical Unit of work），由一组 SQL 语句组成，事务是一组不可分割的 SQL 语句，其结果是作为整体永久性地修改数据库的内容，或者作为整体取消对数据库的修改。

事务是数据库程序的基本单位，一般地，一个程序包含多个事务，数据存储的逻辑单位是数据块，数据操作的逻辑单位是事务。

现实生活中的银行转账、网上购物、库存控制、股票交易等，都是事务的例子。例如，将资金从一个银行账户转到另一个银行账户，第一个操作从一个银行账户中减少一定的资金，第二个操作向另一个银行账户中增加相应的资金，减少和增加这两个操作必须作为整体永久性地记录到数据库中，否则资金会丢失。如果转账发生问题，必须同时取消这两个操作。一个事务可以包括多条 INSERT、UPDATE 和 DELETE 语句。

14.1.2 事务的特性

事务定义为一个逻辑工作单元，即一组不可分割的 SQL 语句。数据库理论对事务有更严格的定义，指明事务有 4 个基本特性，称为 ACID 特性，即原子性（Atomicity）、一致性（Consistency）、隔离性（Isolation）和持久性（Durability）。

1. 原子性

事务必须是原子工作单元，即一个事务中包含的所有 SQL 语句组成一个工作单元。

2．一致性

事务必须确保数据库的状态保持一致,事务开始时,数据库的状态是一致的,当事务结束时,也必须使数据库的状态一致。例如,在事务开始时,数据库的所有数据都满足已设置的各种约束条件和业务规则,在事务结束时,数据虽然不同,必须仍然满足先前设置的各种约束条件和业务规则,事务把数据库从一个一致性状态带入另一个一致性状态。

3．隔离性

多个事务可以独立运行,彼此不影响。这要求事务必须是独立的,它不应以任何方式依赖于或影响其他事务。

4．持久性

一个事务一旦提交,它对数据库中数据的改变永久有效,即使以后系统崩溃也是如此。

14.2　事务处理

Oracle 提供的事务控制是隐式自动开始的,它不需要用户显示地使用语句开始事务处理。事务处理包括使用 COMMIT 语句提交事务、使用 ROLLBACK 语句回退全部事务和设置保存点回退部分事务。

14.2.1　事务的开始与结束

事务是用来分割数据库操作的逻辑单元,事务既有起点,也有终点。Oracle 的特点是没有"开始事务处理"语句,但有"结束事务处理"语句。

当发生如下事件时,事务就自动开始了:

(1) 连接到数据库,并开始执行第一条 DML 语句(INSERT、UPDATE 或 DELETE)。

(2) 前一个事务结束,又输入另一条 DML 语句。

当发生如下事件时,事务就结束了:

(1) 用户执行 COMMIT 语句提交事务,或者执行 ROLLBACK 语句撤销了事务。

(2) 用户执行了一条 DDL 语句,如 CREATE、DROP 或 ALTER 语句。

(3) 用户执行了一条 DCL 语句,如 GRANT、REVOKE、AUDIT、NOAUDIT 等。

(4) 用户断开与数据库的连接,这时用户当前的事务会被自动提交。

(5) 执行 DML 语句失败,这时当前的事务会被自动回退。

另外,可在 SQL ∗ Plus 中设置自动提交功能。

语法格式:

```
SET AUTOCOMMIT ON|OFF
```

其中,ON 表示设置为自动提交事务,OFF 为不自动提交事务。一旦设置了自动提交,用户每次执行 INSERT、UPDATE 或 DELETE 语句后,系统会自动进行提交,不需要使用 COMMIT 语句来提交。但这种设置不利于实现多语句组成的逻辑单元,所以默认是不自动提交事务。

注意:不显示提交或回滚事务是不好的编程习惯,因此确保在每个事务后面都要执行

COMMIT 语句或 ROLLBACK 语句。

14.2.2　使用 COMMIT 语句提交事务

使用 COMMIT 语句提交事务后,Oracle 将 DML 语句对数据库所作的修改永久性地保存在数据库中。

在使用 COMMIT 提交事务时,Oracle 将执行如下操作。

(1) 在回退段的事务表内记录这个事务已经提交,并且生成一个唯一的系统改变号(SCN)保存到事务表中,用于唯一标识这个事务。

(2) 启动 LGWR 后台进程,将 SGA 区重做日志缓存在的重做记录写人联机重做日志文件,并且将该事务的 SCN 也保存到联机重做日志文件中。

(3) 释放该事务中各个 SQL 语句所占用的系统资源。

(4) 通知用户事务已经成功提交。

【例 14.1】　使用 UPDATE 语句对 course 表课程号为 1012 的课程学分进行修改,使用 COMMIT 语句提交事务,永久性地保存对数据库的修改。

启动 SQL ＊ PLUS,在窗口中,使用 UPDATE 语句对 course 表的课程学分进行修改。

```
UPDATE course SET credit = 3 WHERE cno = '1004';
```

使用 COMMIT 语句提交事务。

```
COMMIT;
```

执行情况如图 14.1 所示。

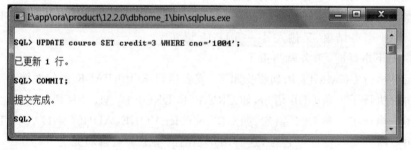

图 14.1　使用 COMMIT 语句提交事务

使用 COMMIT 语句提交事务后,1012 的课程学分已永久性地修改为 3。

14.2.3　使用 ROLLBACK 语句回退全部事务

要取消事务对数据所做的修改,需要执行 ROLLBACK 语句回退全部事务,将数据库的状态回退到原始状态。

语法格式:

```
ROOLBACK;
```

Oracle 通过回退段(或撤销表空间)存储数据修改前的数据,通过重做日志记录对数据库所做的修改。如果回退整个事务,Oracle 将执行以下操作。

(1) Oracle 通过使用回退段中的数据撤销事务中所有 SQL 语句对数据库所做的修改。

(2) Oracle 服务进程释放事务所使用的资源。

(3) 通知用户事务回退成功。

【例 14.2】 使用 UPDATE 语句对 course 表课程号为 4002 的课程学分进行修改;再使用 ROLLBACK 语句回退整个事务,取消修改。

启动 SQL＊PLUS,在窗口中,使用 UPDATE 语句对 course 表的课程学分进行修改。

UPDATE course SET credit = 4 WHERE cno = '4002';

此时未提交事务,查询 UPDATE 语句执行情况。

SELECT ＊ FROM course;

使用 ROLLBACK 语句回退整个事务,取消修改。

ROLLBACK;

查询执行 ROLLBACK 语句后的 course 表。

SELECT ＊ FROM course;

执行过程如图 14.2 所示。

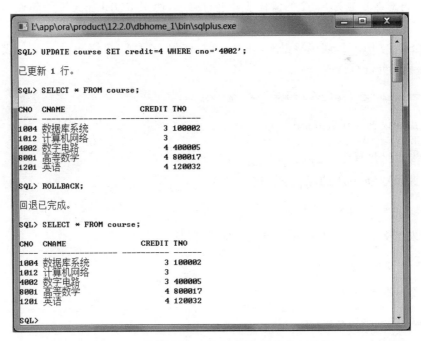

图 14.2 使用 ROLLBACK 语句回退整个事务

注意 4002 课程的学分虽被修改为 4,由于 ROLLBACK 语句的执行,仍回滚到初始状态 3。

14.2.4　设置保存点回退部分事务

在事务中任何地方都可以设置保存点，可以将修改回滚到保存点，设置保存点使用 SAVEPOINT 语句来实现。

语法格式：

SAVEPOINT <保存点名称>;

如果要回退到事务的某个保存点，则使用 ROLLBACK TO 语句。

语法格式：

ROLLBACK TO [SAVEPOINT] <保存点名称>

如果回退部分事务，Oracle 将执行以下操作。

（1）Oracle 通过使用回退段中的数据，撤销事务中保存点之后的所有更改，但保存保存点之前的更改。

（2）Oracle 服务进程释放保存点之后各个 SQL 语句所占用的系统资源，但保存保存点之前各个 SQL 语句所占用的系统资源。

（3）通知用户回退到保存点的操作成功。

（4）用户可以继续执行当前的事务。

【例 14.3】　使用 UPDATE 语句对 course 表课程号为 4002 的课程学分进行修改，设置保存点，再对课程号为 8001 的课程学分进行修改，使用 ROLLBACK 语句回退部分事务到保存点。

启动 SQL＊PLUS，连接数据库，在窗口中，使用 UPDATE 语句对 course 表课程号为 4002 的课程学分进行修改。

UPDATE course SET credit = 4 WHERE cno = '4002';

对该语句设置保存点 point1。

SAVEPOINT point1

再对课程号为 8001 的课程学分进行修改。

UPDATE course SET credit = 5 WHERE cno = '8001';

此时未提交事务，查询 UPDATE 语句执行情况。

SELECT ＊ FROM course;

回退部分事务到设置保存点处。

ROLLBACK TO SAVEPOINT point1;

查询回退部分事务后的 course 表。

SELECT ＊ FROM course;

提交事务。

```
COMMIT;
```

执行过程如图 14.3 所示。

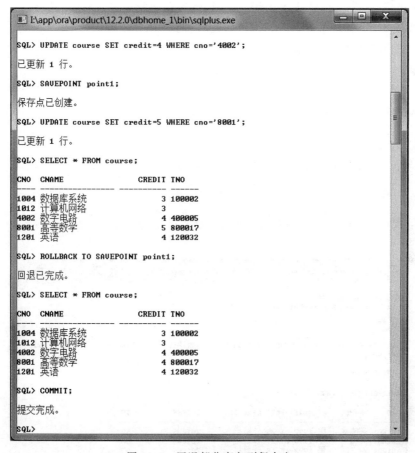

图 14.3 回退部分事务到保存点

在 4002 的课程学分由 3 修改为 4 后,设置保存点 point1,再将 8001 的课程学分由 4 修改为 5;通过 ROLLBACK TO 语句将事务退回到保存点 point1,4002 的课程学分为修改后的值 4,保留了修改,8001 的课程学分仍为原来的值 4,被取消了修改;使用 COMMIT 语句完成该事务的提交。

14.3 并发事务和锁

Oracle 数据库支持多个用户同时对数据库进行并发访问,每个用户都可以同时运行自己的事务,这种事务称为并发事务(Concurrent Transaction)。为支持并发事务,必须保持表中数据的一致性和有效性,可以通过锁(Lock)来实现。

14.3.1 并发事务

并发事务举例如下。

【例 14.4】　并发事务 T1 和 T2 都对 student 表按以下顺序进行访问。

(1) 事务 T1 执行 INSERT 语句向 student 表的插入一行,但未执行 COMMIT 语句。

(2) 事务 T2 执行一条 SELECT 语句,但 T2 并未看到 T1 在步骤(1)中插入新行。

(3) 事务 T1 执行 COMMIT 语句,永久性地保存在步骤(1)中插入新行。

(4) 事务 T2 执行一条 SELECT 语句,此时看到 T1 在步骤(1)中插入新行。

上述并发事务执行过程描述如下。

(1) 事务 T1 执行 INSERT 语句向 student 表插入一行,但未执行 COMMIT 语句。

启动 SQL * PLUS,用 system 身份连接数据库,在第一个窗口,事务 T1 使用 INSERT 语句向 student 表插入一行。

```
INSERT INTO student VALUES ('184006','吴维明','男','1998 - 03 - 14','通信','201836',50);
```

此时未提交事务,查询插入一行后的 student 表。

```
SELECT * FROM student;
```

执行情况如图 14.4 所示,事务 T1 看到所插入的新行。

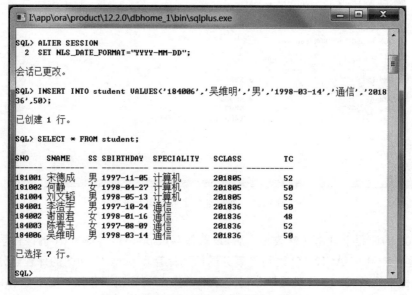

图 14.4　事务 T1 未提交事务并查看数据

(2) 事务 T2 执行一条 SELECT 语句,但 T2 并未看到 T1 在步骤(1)中插入新行。

保持第一个窗口不关闭,再启动 SQL * PLUS,用 system 身份连接数据库,在第二个窗口中,事务 T2 使用相同的账户连接数据库,执行同样的查询

```
SELECT * FROM student;
```

执行情况如图 14.5 所示,此时,事务 T2 未看到事务 T1 所插入的新行。

(3) 事务 T1 执行 COMMIT 语句,永久性地保存在步骤(1)中插入新行。

在第一个窗口中,使用 COMMIT 语句提交事务。

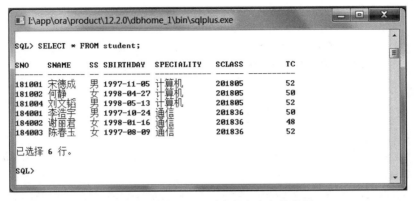

图 14.5　事务 T2 查看未提交事务的数据

```
COMMIT;
```

执行情况如图 14.6 所示。

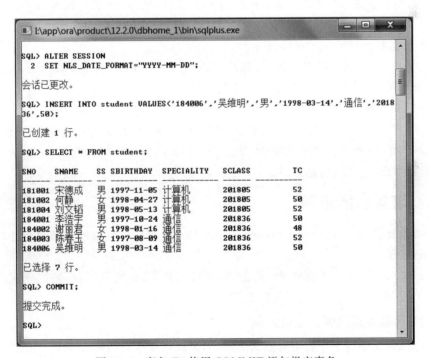

图 14.6　事务 T1 使用 COMMIT 语句提交事务

（4）事务 T2 执行一条 SELECT 语句，此时看到 T1 在步骤（1）中插入新行。

在第二个窗口，查询 student 表。

```
SELECT * FROM student;
```

执行情况如图 14.7 所示，当事务 T1 提交事务后，事务 T2 看到 T1 插入的新行。

当并发事务访问相同行时，事务处理可能存在 3 种问题：幻想读、不可重复读、脏读。

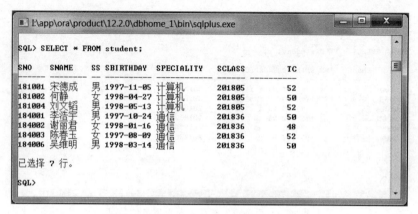

图 14.7　事务 T2 查看已提交事务的数据

（1）幻想读(Phantom Read)。

事务 T1 用指定 WHERE 子句的查询语句进行查询，得到返回的结果集，以后事务 T2 新插入一行，恰好满足 T1 查询中 WHERE 子句的条件，然后 T1 再次用相同的查询进行检索，看到了 T2 刚插入的新行，这个新行就称为"幻想"，像变魔术似的突然出现。

（2）不可重复读(Unrepeatable Read)。

事务 T1 读取一行，紧接着事务 T2 修改了该行。事务 T1 再次读取该行时，发现与刚才读取的结果不同，此时发生原始读取不可重复。

（3）脏读(Dirty Read)。

事务 T1 修改了一行的内容，但未提交，事务 T2 读取该行，所得的数据是该行修改前的结果。然后事务 T1 提交了该行的修改，现在事务 T2 读取的数据无效了，由于所读的数据可能是"脏"(不正确)数据引起错误。

14.3.2　事务隔离级别

事务隔离级别(Transaction Isolation Level)是一个事务对数据库的修改与并行的另一个事务的隔离程度。

为了处理并发事务中可能出现的幻想读、不可重复读、脏读等问题，数据库实现了不同级别的事务隔离，以防止事务的相互影响。

1. SQL 标准支持的事务隔离级别

SQL 标准定义了以下 4 种事务隔离级别，隔离级别从低到高依次如下：

（1）READ UNCOMMITTED：幻想读、不可重复读和脏读都允许。

（2）READ COMMITTED：允许幻想读、不可重复读，但是不允许脏读。

（3）REPEATABLE READ：允许幻想读、但是不允许不可重复读和脏读。

（4）SERIALIZABLE：幻想读、不可重复读和脏读都不允许。

SQL 标准定义的默认事务隔离级别是 SERIALIZABLE。

2. Oracle 数据库支持的事务隔离级别

Oracle 数据库支持其中两种事务隔离级别：

（1）READ COMMITTED：允许幻想读、不可重复读，但是不允许脏读。

（2）SERIALIZABLE：幻想读、不可重复读和脏读都不允许。

Oracle 数据库默认事务隔离级别是 READ COMMITTED，这几乎对所有应用程序都是可以接受的。

Oracle 数据库也可以使用 SERIALIZABLE 事务隔离级别，但要增加 SQL 语句执行所需的时间，只有在必须的情况下才应使用 SERIALIZABLE 事务隔离级别。

设置 SERIALIZABLE 事务隔离级别的语句如下：

```
SET TRANSACTION ISOLATION LEVEL SERIALIZABLE;
```

14.3.3　锁机制

在 Oracle 中，提供了两种锁机制。

1. 排它锁（Exclusive Lock，X 锁）

排它锁又称为写锁，如果事务 T 给数据对象 A 加上排它锁，只允许 T 对数据对象 A 进行插入、修改和删除等更新操作，其他事务将不能对 A 加上任何类型的锁。

排它锁用做数据的修改，防止共同改变相同的数据对象。

2. 共享锁（Share Lock，S 锁）

共享锁又称为读锁，如果事务 T 给数据对象 A 加上共享锁，该事务 T 可对数据对象 A 进行读操作，其他事务也只能对 A 加上共享锁进行读取。

共享锁下的数据只能被读取，不能被修改。

14.3.4　锁的类型

根据保护的对象不同，Oracle 数据库锁可以分为以下几大类。

1. DML 锁

DML 锁（Data Locks，数据锁）的目的在于保证并发情况下的数据完整性。例如，DML 锁保证表的特定行能够被一个事务更新，同时保证在事务提交之前，不能删除表。

在 Oracle 数据库中，DML 锁主要包括 TM 锁和 TX 锁，其中 TM 锁称为表级锁，TX 锁称为事务锁或行级锁。

当 Oracle 执行 DML 语句时，系统自动在所要操作的表上申请 TM 类型的锁。当 TM 锁获得后，系统再自动申请 TX 类型的锁，并将实际锁定的数据行的锁标志位进行置位。这样在事务加锁前检查 TX 锁相容性时就不用再逐行检查锁标志了，而只需检查 TM 锁模式的相容性即可，从而提高了系统的效率。TM 锁包括了 SS、SX、S、X 等多种模式，在数据库中用 0～6 来表示。

2. DDL 锁

DDL 锁（Dictionary Locks，字典锁）有多种形式，用于保护数据库对象的结构，如表、索引等的结构定义

（1）独占 DDL 锁：当 CREATE、ALTER 和 DROP 等语句用于一个对象时使用该锁。

（2）共享 DDL 锁：当 GRANT 与 CREATE PACKAGE 等语句用于一个对象时使用

此锁。

(3) 可破的分析 DDL 锁：库高速缓存区中语句或 PL/SQL 对象有一个用于它所引用的每一个对象的锁。

3. 内部锁和闩

内部锁和闩(Internal Locks and Latches)用于保护数据库的内部结构，对用户来说，它们是不可访问的，因为用户不需要控制它们的发生。

14.3.5　死锁

当两个事务并发执行时，各对一个资源加锁，并等待对方释放资源又不释放自己加锁的资源，这就会造成死锁，如果不进行外部干涉，死锁将一直存在下去。死锁会造成资源的大量浪费，甚至会使系统崩溃。

Oracle 对死锁自动进行定期搜索，通过回滚死锁中包含的其中一个语句来解决死锁问题，也就是释放其中一个冲突锁，同时返回一个消息给对应的事务。

防止死锁的发生是解决死锁最好的方法，用户需要遵循如下原则：

(1) 尽量避免并发地执行修改数据的语句；

(2) 要求每个事务一次就将所有要使用的数据全部加锁，否则就不予执行；

(3) 可以预先规定一个加锁顺序，所有的事务都按该顺序对数据进行加锁。例如，不同的过程在事务内部对对象的更新执行顺序应尽量保持一致；

(4) 每个事务的执行时间不可太长，尽量缩短事务的逻辑处理过程，及早地提交或回滚事务。对程序段长的事务可以考虑将其分割为几个事务；

(5) 一般不建议强行加锁。

14.4　小　　结

本章主要介绍了以下内容：

(1) 事务(Transaction)是 Oracle 中一个逻辑工作单元(Logical Unit of work)，由一组 SQL 语句组成，事务是一组不可分割的 SQL 语句，其结果是作为整体永久性地修改数据库的内容，或者作为整体取消对数据库的修改；

(2) 事务有 4 个基本特性，称为 ACID 特性，即原子性(Atomicity)、一致性(Consistency)、隔离性(Isolation)和持久性(Durability)；

(3) 使用 COMMIT 语句提交事务后，Oracle 将 DML 语句对数据库所作的修改永久性地保存在数据库中；

(4) 要取消事务对数据所做的修改，需要执行 ROLLBACK 语句回退全部事务，将数据库的状态回退到原始状态；

(5) Oracle 数据库支持多个用户同时对数据库进行并发访问，每个用户都可以同时运行自己的事务，这种事务称为并发事务(Concurrent Transaction)。为支持并发事务，必须保持表中数据的一致性和有效性，可以通过锁(Lock)来实现；

(6) 当两个事务并发执行时，各对一个资源加锁，并等待对方释放资源又不释放自己加锁的资源，这就会造成死锁，如果不进行外部干涉，死锁将一直进行下去。死锁会造成资源的大量浪费,甚至会使系统崩溃。

习 题 14

一、选择题

1. 下列会结束事务的语句是_____。

    A. SAVEPOINT

    B. COMMIT

    C. END TRANSACTION

    D. ROLLBACK TO SAVEPOINT

2. 下列关键字中与事务控制无关的是_____。

    A. COMMIT   B. SAVEPOINT

    C. DECLARE   D. ROLLBACK

3. Oracle 中的锁不包括_____。

    A. 插入缩   B. 排它锁

    C. 共享锁   D. 行级排它锁

4. SQL 标准定义了 4 种事务隔离级别,隔离级别从低到高的依次为:

(1) READ UNCOMMITTED

(2) READ COMMITTED

(3) REPETABLE READ

(4) SERIALIZABLE

Oracle 数据库支持其中两种事务隔离级别是_____。

    A. (1)和(2)   B. (3)和(4)

    C. (1)和(3)   D. (1)和(4)

二、填空题

1. 事务的特性有原子性、一致性、隔离性、_____。

2. 锁机制有_____、共享锁两类。

3. 事务处理可能存在的 3 种问题是_____、不可重复读、脏读。

4. 在 Oracle 中使用_____命令提交事务。

5. 在 Oracle 中使用_____命令回滚事务。

6. 在 Oracle 中使用_____命令设置保存点。

三、问答题

1. 什么是事务? 简述事务的基本特性。

2. COMMIT 语句和 ROLLBACK 语句各有何功能?

3. 保存点的作用是什么? 怎样设置?

4. 什么是并发事务? 什么是锁机制?

5. 什么是死锁? 怎样防止死锁?

安全管理

本章要点

- 安全管理概述
- 用户管理
- 权限管理
- 角色管理

安全管理是评价一个数据库管理系统的重要指标,Oracle 数据库安全管理指拥有相应权限的用户才可以访问数据库中的相应对象,执行相应合法操作。在建立应用系统的各种对象(包括表、视图、索引等)前,需要确定各个对象与用户的关系,即确定建立哪些用户,创建哪些角色,赋予哪些权限等。

15.1 安全管理概述

Oracle 数据库安全性包括以下两个方面。

(1) 对用户登录进行身份验证。

当用户登录到数据库系统时,系统对用户账号和口令进行验证,确认能否访问数据库系统。

(2) 对用户操作进行权限控制。

当用户登录到数据库系统后,只能对数据库中的数据在允许的权限内进行操作。

某一用户要对某一数据库进行操作,需要满足以下条件。

(1) 登录 Oracle 服务器必须通过身份验证。

(2) 必须是该数据库的用户或某一数据库角色的成员。

(3) 必须有执行该操作的权限。

Oracle 数据库系统采用用户、角色、权限等安全管理策略来实现数据的安全性。

15.2 用户管理

用户是数据库的使用者和管理者,用户管理是 Oracle 数据库安全管理的核心和基础。每个连接到数据库的用户都必须是系统的合法用户,用户要使用 Oracle 的系统资源,必须拥有相应的权限。

在创建 Oracle 数据库时会自动创建一些用户,例如 SYS、SYSTEM 等,Oracle 数据库允许数据库管理员创建用户。

- SYS:是数据库中具有最高权限的数据库管理员,被授予了 DBA 角色,可以启动、修改和关闭数据库,拥有数据字典。
- SYSTEM:是辅助数据库管理员,不能启动和关闭数据库,可以进行一些其他的管理工作,例如创建用户、删除用户等。

和用户相关的属性包括以下几种。

1. 用户身份认证方式

在用户连接数据库时,必须经过身份认证。用户有 3 种身份认证。

(1) 数据库身份认证:即用户名/口令方式,用户口令以加密方式保存在数据库内部,用户连接数据库时必须输入用户名和口令,通过数据库认证后才能登录数据库。这是默认的认证方式。

(2) 外部身份认证:用户账户由 Oracle 数据库管理,但口令管理和身份验证由外部服务完成,外部服务可以是操作系统或网络服务。

(3) 全局身份认证:当用户试图建立与数据库的连接时,Oracle 使用网络中的安全管理服务器(Oracle Enterprise Security Manager)对用户进行身份认证。

2. 表空间配额

表空间配额限制用户在永久表空间中可用的存储空间大小,默认情况下,新用户在任何表空间中都没有任何配额,用户在临时表空间中不需要配额。

3. 默认表空间

用户在创建数据库对象时,如果没有显示指明该对象在哪个空间,那么系统会将该对象自动存储在用户的默认表空间中,即 SYSTEM 表空间。

4. 临时表空间

如果用户执行一些操作,如排序、汇总和表间连接等,系统会首先使用内存中的排序区 SORT_AREA_SIZE,如果这块排序区大小不够,则将使用用户的临时表空间。一般使用系统默认临时表空间 TEMP 作为用户的默认临时表空间。

5. 账户状态

在创建用户时,可以设定用户的初始状态,包括用户口令是否过期、用户账户是否锁定等。已锁定的用户不能访问数据库,必须由管理员进行解锁后才允许访问。数据库管理员可以随时锁定账户或解除锁定。

6. 资源配置

每个用户都有一个资源配置,如果创建用户时没有指定,Oracle 会为用户指定默认的资源配置。资源配置的作用是对数据库系统资源的使用加以限制,这些资源包括:口令是否过期,口令输入错误几次后锁定该用户,CPU 时间,输入/输出(I/O)以及用户打开的会话数目等。

15.2.1　创建用户

在 Oracle Database 12c 中有两种用户,一种是公用用户,一种是本地用户。公用用户是在 CDB(容器数据库)下创建的,并在全部 PDB(可插拔数据库)中生效的用户,在公用用户前必须加上 C##；本地用户是在 PDB 中创建的,只能在本地使用。本章只介绍公用用户。

创建用户使用 CREATE USER 语句,创建者必须具有 CREATE USER 系统权限。

语法格式:

```
CREATE USER <用户名>                          /＊将要创建的用户名,公用用户前必须加上 C##  ＊/
   [IDENTIFIED BY {<密码> | EXTERNALLLY |
   GLOBALLY AS '<外部名称>' }]                 /＊表明 Oracle 如何验证用户＊/
   [DEFAULT TABLESPACE <默认表空间名>]          /＊标识用户所创建对象的默认表空间＊/
   [TEMPORARY TABLESPACE <临时表空间名>]         /＊标识用户的临时段的表空间＊/
   /＊用户规定的表空间存储对象,最多可达到这个定额规定的总尺寸＊/
   [QUOTA <数字值> K | <数字值> M | UNLIMTED ON <表空间名>]
   [PROFILE <概要文件名>]                       /＊将指定的概要文件分配给用户＊/
   [PASSWORD EXPIRE]
   [ACCOUNT {LOCK | NULOCK}]                  /＊账户是否锁定＊/
```

说明:

* IDENTIFIED BY <密码>:用户通过数据库验证方式登录,登录时需要提供的口令；
* IDENTIFIED EXTERNALLY:用户需要通过操作系统验证；
* DEFAULT TABLESPACE <默认表空间名>:为用户指定默认表空间；
* TEMPORARY TABLESPACE <临时表空间名>:为用户指定临时表空间；
* QUOTA:定义在表空间中允许用户使用的最大空间,可将限额定义为整数字节或千字节/兆字节。其中关键字 UNLIMITED 用户指定用户可以使用表空间中全部可用空间；
* PROFILE:指定用户的资源配置；
* PASSWORD EXPIRE:强制用户在使用 SQL＊Plus 登录到数据库时重置口令(该选项仅在用户通过数据库进行验证时有效)；
* ACCOUNT LOCK | UNLOCK:可用于显示锁定或解除锁定用户账户(UNLOCK 为缺省设置)。

【**例 15.1**】　创建公用用户 Lee,口令为 123456,默认表空间为 USERS,临时表空间为 TEMP；创建公用用户 Qian,口令为 oradb,默认表空间为 USERS,临时表空间为 TEMP。

1. 创建公用用户 Lee 的 SQL 语句

```
CREATE USER C##Lee
   IDENTIFIED BY 123456
```

```
DEFAULT TABLESPACE USERS
TEMPORARY TABLESPACE TEMP;
```

2. 创建公用用户 Qian 的 SQL 语句

```
CREATE USER C##Qian
    IDENTIFIED BY oradb
    DEFAULT TABLESPACE USERS
    TEMPORARY TABLESPACE TEMP;
```

进入 SQL Plus 命令行窗口,在"请输入用户名:"处输入"system",在"输入口令:"处输入"123456",按 Enter 键后连接到 Oracle,首先使用 SQL 语句创建公用用户 Lee,再使用 SQL 语句创建公用用户 Qian,执行情况如图 15.1 所示。

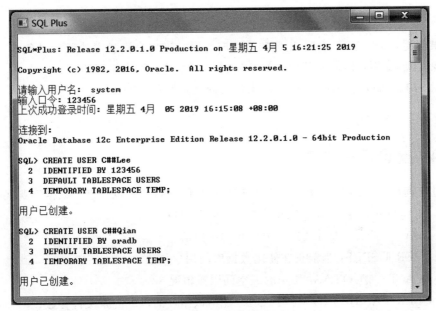

图 15.1 创建公用用户

15.2.2 修改用户

修改用户使用 ALTER USER 语句,执行者必须具有 ALTER USER 权限。

语法格式:

```
ALTER USER user_name [IDENTIFIED]
    [BY PASSWORD | EXTERNALLY | GOLBALLY AS 'external_name']
    [DEFAULT TABLESPACE tablespace_name]
    [TEMPORARY TABLESPACE temp_tempspace_name]
    [QUOTA n K | M | UNLIMITED ON tablespace_name]
    [PROFILE profile_name]
    [DEFAULT ROLE role_list | ALL [EXCEPT role_list] | NONE]
```

```
[PASSWORD EXPIRE]
[ACCOUNT LOCK | UNLOCK];
```

其中关键字的意义参看 CREATE USER 语句中的意义。

【例 15.2】 将公用用户 Lee 的口令修改为 test。

```
ALTER USER C##Lee
  IDENTIFIED BY test;
```

15.2.3　删除用户

删除数据库用户使用 DROP USER 语句，执行者必须具有 DROP USER 权限。

语法格式：

```
DROP USER user_name [CASCADE];
```

如果使用 CASCADE 选项，则删除用户时将删除该用户模式中的所有对象。如果用户拥有对象，则删除用户时若不使用 CASCADE 选项系统将给出错误信息。

【例 15.3】 删除公用用户 Sur（该用户已创建并拥有对象）。

```
DROP USER C##Sur CASCADE;
```

15.2.4　查询用户信息

通过查询数据字典视图可以获取用户信息、权限信息和角色信息。数据字典视图如下。

(1) ALL_USERS：当前用户可以看见的所有用户。

(2) DBA_USERS：查看数据库中所有的用户信息。

(3) USER_USERS：当前正在使用数据库的用户信息。

(4) DBA_TS_QUOTAS：用户的表空间限额情况。

(5) USER_PASSWORD_LIMITS：分配给该用户的口令配置文件参数。

(6) USER_RESOURCE_LIMITS：当前用户的资源限制。

(7) V$SESSION：每个当前会话的会话信息。

(8) V$SESSTAT：用户会话的统计数据。

(9) DBA_ROLES：当前数据库中存在的所有角色。

(10) SESSION_ROLES：用户当前启用的角色。

(11) DBA_ROLE_PRIVS：授予给用户（或角色）的角色，也就是用户（或角色）与角色之间的授予关系。

【例 15.4】 查找所有用户。

```
SELECT * FROM ALL_USERS;
```

执行情况如图 15.2 所示。

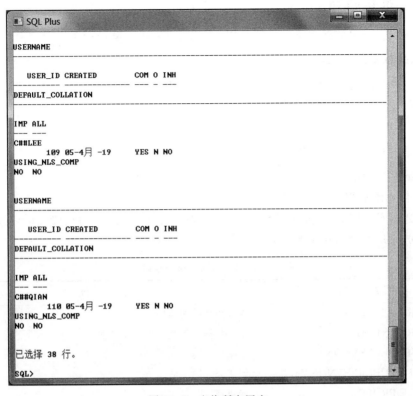

图 15.2　查找所有用户

15.3　权 限 管 理

创建一个新用户后,该用户还无法操作数据库,还需要为该用户授予相关的权限。Oracle 的权限包括系统权限和数据库对象权限两类,采用非集中的授权机制,即数据库管理员(DataBase Administrator,DBA)负责授予与回收系统权限,每个用户被授予与回收自己创建的数据库对象的权限。

15.3.1　权限概述

权限是预先定义好的执行某种 SQL 语句或访问其他用户模式对象的能力。权限分为系统权限和数据库对象权限两类。

系统权限是指在系统级控制数据库的存取和使用的机制,即执行某种 SQL 语句的能力。例如,启动、停止数据库,修改数据库参数,连接到数据库,以及创建、删除、更改模式对象(如表、视图、过程等)等权限。

对象权限是指在对象级控制数据库的存取和使用的机制,即访问其他用户模式对象的能力。例如,用户可以存取哪个用户模式中的哪个对象,能对该对象进行查询、插入、更新操作等。

15.3.2 系统权限

系统权限一般由数据库管理员授予用户,系统权限也可从被授予用户中撤回。

1. 系统权限的分类

数据字典视图 SYSTEM_PRIVILEGE_MAP 中包括了 Oracle 数据库中的所有系统权限,查询该视图可以了解系统权限的信息:

```
SELECT COUNT( * )
  FROM SYSTEM_PRIVILEGE_MAP;
```

Oracle 系统权限可分为以下 3 类:

1) 数据库维护权限

对于数据库管理员,需要修改数据库结构、创建表空间、创建用户、修改用户权限等进行数据库维护的权限,如表 15.1 所示。

表 15.1　数据库维护权限

系 统 权 限	功　　能
ALTER DATABASE	修改数据库的结构
ALTER SYSTEM	修改数据库系统的初始化参数
DROP PUBLIC SYNONYM	删除公共同义词
CREATE PUBLIC SYNONYM	创建公共同义词
CREATE PROFILE	创建资源配置文件
ALTER PROFILE	更改资源配置文件
DROP PROFILE	删除资源配置文件
CREATE ROLE	创建角色
ALTER ROLE	修改角色
DROP ROLE	删除角色
CREATE TABLESPACE	创建表空间
ALTER TABLESPACE	修改表空间
DROP TABLESPACE	删除表空间
MANAGE TABLESPACE	管理表空间
UNLMITED TABLESPACE	不受配额限制地使用表空间
CREATE SESSION	创建会话,允许用户连接到数据库
ALTER SESSION	修改用户会话
ALTER RESOURCE COST	更改配置文件中的计算资源消耗的方式
RESTRICTED SESSION	在数据库处于受限会话模式下连接到数据
CREATE USER	创建用户
ALTER USER	更改用户
BECOME USER	当执行完全装入时,成为另一个用户
DROP USER	删除用户

续表

系 统 权 限	功　　能
SYSOPER（系统操作员权限）	STARTUP
	SHUTDOWN
	ALTER DATABASE MOUNT/OPEN
	ALTER DATABASE BACKUP CONTROLFILE
	ALTER DATABASE BEGINJEBID BACKUP
	ALTER DATABASE ARCHIVELOG
	RECOVER DATABASE
	RESTRICTED SESSION
	CREATE SPFILE/PFILE
	SYSDBA（系统管理员权限）　SYSOPER 的所有权限
	WITH ADMIN OPTION 子句
SELECT ANY DICTIONARY	允许查询以"DBA"开头的数据字典

2）数据库模式对象权限

对数据库开发人员而言，需要了解操作数据库对象的权限，如创建表、创建视图等权限，如表 15.2 所示。

表 15.2　数据库模式对象权限

系 统 权 限	功　　能
CREATE CLUSTER	在自己模式中创建聚簇
DROP CLUSTE	删除自己模式中的聚簇
CREATE PROCEDURE	在自己模式中创建存储过程
DROP PROCEDURE	删除自己模式中的存储过程
CREATE DATABASE LINK	创建数据库连接权限,通过数据库连接允许用户存取远程的数据库
DROP DATABASE LINK	删除数据库连接
CREATE SYNONYM	创建私有同义词
DROP SYNONYM	删除同义词
CREATE SEQUENCE	创建开发者所需要的序列
CREATE TIGER	创建触发器
DROP TRIGGER	删除触发器
CREATE TABLE	创建表
DROP TABLE	删除表
CREATE VIEW	创建视图
DROP VIEW	删除视图
CREATE TYPE	创建对象类型

3）ANY 权限

具有 ANY 权限表示可以在任何用户模式中进行操作,如表 15.3 所示。

表 15.3 ANY 权限

系 统 权 限	功 能
ANALYZE ANY	允许对任何模式中的任何表、聚簇或者索引执行分析,查找其中的迁移记录和链接记录
CREATE ANY CLUSTER	在任何用户模式中创建聚簇
ALTER ANY CLUSTER	在任何用户模式中更改聚簇
DROP ANY CLUSTER	在任何用户模式中删除聚簇
CREATE ANY INDEX	在数据库中任何表上创建索引
ALTER ANY INDEX	在任何模式中更改索引
DROP ANY INDEX	在任何模式中删除索引
CREATE ANY PROCEDURE	在任何模式中创建过程
ALTER ANY PROCEDURE	在任何模式中更改过程
DROP ANY PROCEDURE	在任何模式中删除过程
EXECUTE ANY PROCEDUE	在任何模式中执行或者引用过程
GRANT ANY PRIVILEGE	将数据库中任何权限授予任何用户
ALTER ANY ROLE	修改数据库中任何角色
DROP ANY ROLE	删除数据库中任何角色
GRANT ANY ROLE	允许用户将数据库中任何角色授予数据库中其他用户
CREATE ANY SEQUENCE	在任何模式中创建序列
ALTER ANY SEQUENCE	在任何模式中更改序列
DROP ANY SEQUENCE	在任何模式中删除序列
SELECT ANY SEQUENCE	允许使用任何模式中的序列
CREATE ANY TABLE	在任何模式中创建表
ALTER ANY TABLE	在任何模式中更改表
DROP ANY TABLE	允许删除任何用户模式中的表
COMMENT ANY TABLE	在任何模式中为任何表、视图或者列添加注释
SELECT ANY TABLE	查询任何用户模式中基本表的记录
INSERT ANY TABLE	允许向任何用户模式中的表插入新记录
UPDATE ANY TABLE	允许修改任何用户模式中表的记录
DELETE ANY TABLE	允许删除任何用户模式中表的记录
LOCK ANY TABLE	对任何用户模式中的表加锁
FLASHBACK ANY TABLE	允许使用 AS OF 子句对任何模式中的表、视图执行一个 SQL 语句的闪回查询
CREATE ANY VIEW	在任何用户模式中创建视图
DROP ANY VIEW	在任何用户模式中删除视图
CREATE ANY TRIGGER	在任何用户模式中创建触发器
ALTER ANY TRIGGER	在任何用户模式中更改触发器
DROP ANY TRIGGER	在任何用户模式中删除触发器
ADMINISTER DATABASE TRIGGER	允许创建 ON DATABASE 触发器。在能够创建 ON DATABASE 触发器之前,还必须先拥有 CREATE TRIGGER 或 CREATE ANYTRIGGER 权限
CREATE ANY SYNONYM	在任何用户模式中创建专用同义词
DROP ANY SYNONYM	在任何用户模式中删除同义词

2. 系统权限的授予

系统权限的授予使用 GRANT 语句。

语法格式：

```
GRANT <系统权限名> TO {PUBLIC | <角色名> | <用户名> [,..n]}
  [ WITH ADMIN OPTION]
```

其中，PUBLIC 是 Oracle 中的公共用户组，如果将系统权限授予 PUBLIC，则将系统权限授予所有用户。使用 WITH ADMIN OPTION，则允许被授予者进一步为其他用户或角色授予权限，此即系统权限的传递性。

【**例 15.5**】　授予公用用户 Lee 连接数据库的权限。

```
GRANT CREATE SESSION TO C##Lee;
```

使用公用用户 C##Lee 连接数据库。

```
CONNECT C##Lee/test;
```

执行结果如图 15.3 所示。

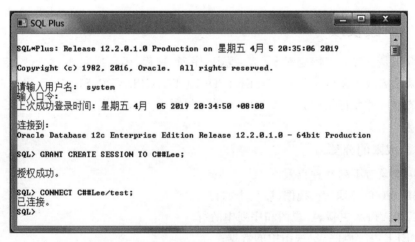

图 15.3　授予公用用户 Lee 连接数据库的权限

【**例 15.6**】　授予公用用户 Lee 创建表和视图的权限。

```
GRANT CREATE ANY TABLE, CREATE ANY VIEW TO C##Lee;
```

执行结果如图 15.4 所示。

3. 系统权限的收回

数据库管理员或者具有向其他用户授权的用户可以使用 REVOKE 语句将已经授予的系统权限收回。

语法格式：

```
REVOKE <系统权限名> FROM {PUBLIC | <角色名> | <用户名> [,..n]};
```

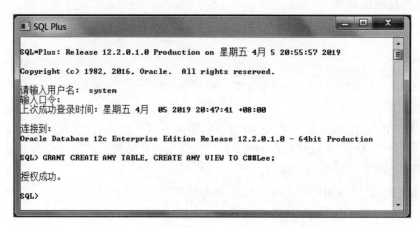

图 15.4　授予公用用户 Lee 创建表和视图的权限

【**例 15.7**】　收回公用用户 Lee 创建视图的权限。

使用 SYSTEM 用户登录，以下语句可以收回用户 Lee 创建视图的权限。

```
REVOKE CREATE ANY VIEW FROM C##Lee;
```

15.3.3　对象权限

对象权限是一种对于特定对象（表、视图、序列、过程、函数或包等）执行特定操作的权限。如对某个表或视图对象执行 INSERT、DELETE、UPDATE、SELECT 操作时，都需要获得相应的权限才允许用户执行。Oracle 对象权限是 oracle 数据库权限管理的重要组成部分。

1. 对象权限的分类

Oracle 对象有下列 9 种权限。

（1）SELECT：读取表、视图、序列中的行。

（2）UPDATE：更新表、视图和序列中的行。

（3）DELETE：删除表、视图中的数据。

（4）INSERT：向表和视图中插入数据。

（5）EXECUTE：执行类型、函数、包和过程。

（6）READ：读取数据字典中的数据。

（7）INDEX：生成索引。

（8）PEFERENCES：生成外键。

（9）ALTER：修改表、序列、同义词中的结构。

2. 对象权限的授予

授予对象权限使用 GRANT 语句。

语法格式：

```
GRANT {<对象权限名> | ALL [PRIVILEGE] [(<列名> [,...n])]}
```

```
ON [用户方案名.] <对象权限名> TO {PUBLIC | <角色名> | <用户名> [,..n]}
   [WITH GRANT OPTION];
```

其中,ALL 关键字表示将全部权限授予该对象,ON 关键字表用于指定被授予权限的对象,WITH GRANT OPTION 选项表示被授予对象权限的用户可再将对象权限授予其他用户。

【例 15.8】　授予公用用户 Lee 对 student 表的查询、添加、修改和删除数据的权限。

使用 SYSTEM 用户连接数据库,执行如下语句:

```
GRANT SELECT, INSERT, UPDATE, DELETE
   ON student TO C##Lee;
```

执行结果如图 15.5 所示。

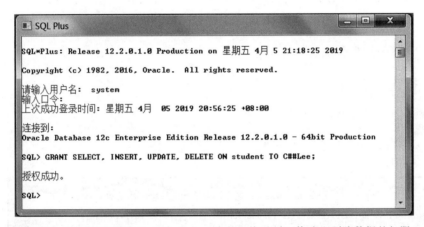

图 15.5　授予公用用户 Lee 对 student 表的查询、添加、修改和删除数据的权限

3. 对象权限的收回

收回对象权限使用 REVOKE 语句。

语法格式:

```
REVOKE {<对象权限名> | ALL [PRIVILEGE] [(<列名> [,...n])]}
   ON [用户方案名.] <对象权限名> TO {PUBLIC | <角色名> | <用户名> [,..n]}
   [CASCADE CONSTRAINTS];
```

其中,CASCADE CONSTRAINTS 选项表示在收回对象权限时,同时删除使用 REFERENCES 对象权限定义的参照完整性约束。

【例 15.9】　收回公用用户 Lee 对 student 表的查询、添加权限。

```
REVOKE SELECT, DELETE
   ON student FROM C##Lee;
```

15.3.4　权限查询

通过查询以下数据字典视图可以获取权限信息:

（1）DBA_SYS_PRIVS：授予用户或者角色的系统权限。

（2）USER_SYS_PRIVS：授予当前用户的系统权限。

（3）SESSION_PRIVS：用户当前启用的权限。

（4）ALL_COL_PRIVS：当前用户或者 PUBLIC 用户组是其所有者、授予者或者被授予者的用户的所有列对象（即表中的字段）的授权。

（5）DBA_COL_PRIVS：数据库中所有的列对象的授权。

（6）USER_COL_PRIVS：当前用户或其所有者、授予者或者被授予者的所有列对象的授权。

（7）DBA_TAB_PRIVS：数据库中所用对象的权限。

（8）ALL_TAB_PRIVS：用户或者 PUBLIC 是其授予者的对象的授权。

（9）USER_TAB_PRIVS：当前用户是其被授予者的所有对象的授权。

【例 15.10】　分别查询 system 和公用用户 Lee 的系统权限。

```
SELECT * FROM USER_SYS_PRIVS;

CONNECT C##Lee/test;

SELECT * FROM USER_SYS_PRIVS;
```

查询公用用户 Lee 的系统权限如图 15.6 所示。

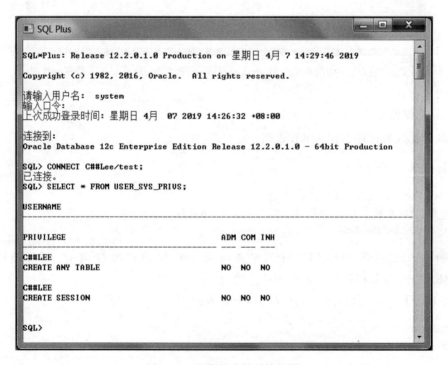

图 15.6　查询用户的系统权限

15.4 角色管理

角色(Role)是一系列权限的集合,目的在于简化对权限的管理。通过角色,Oracle 提供了简单和易于控制的权限管理。

15.4.1 角色概述

角色是一组权限,可以授予用户和其他角色,也可以从用户和其他角色中收回。

使用角色可以简化权限的管理,可以仅用一条语句就能从用户那里授予或者回收许多权限,而不必对用户一一授权。使用角色还可以实现权限的动态管理,例如随着应用的变化可以增加或者减少角色的权限,这样通过改变角色权限,就改变了多个用户的权限。

角色、用户及权限是一组有密切关系的对象,既然角色是一组权限的集合,那么他被授予某个用户时才能有意义。

在较为大型应用系统中,要求对应用系统功能进行分类,从而形成角色的雏形,再使用 CREATE ROLE 语句将它们创建为角色;最后根据用户工作的分工,将不同的角色(包括系统预定义的角色)授予各类用户。

角色所对应的权限集合中可以包含系统权限和对象权限。角色可以授予另外一个角色,但需要避免将角色授予它本身,也不能循环授予。

1. 安全应用角色

DBA 可以授予安全应用角色运行给定数据库应用时所有必要的权限。然后将该安全应用角色授予其他角色或者用户,应用可以包含几个不同的角色,每个角色都包含不同的权限集合。

2. 用户自定义角色

DBA 可以为数据库用户组创建用户自定义的角色,赋予一般的权限需要。

3. 数据库角色的权限

(1)角色可以被授予系统和方案对象权限。

(2)角色被授予其他角色。

(3)任何角色可以被授予任何数据库对象。

(4)授予用户的角色,在给定的时间里,要么启用,要么禁用。

4. 角色和用户的安全域

每个角色和用户都包含自己唯一的安全域,角色的安全域包括授予角色的权限。

5. 预定义角色

Oracle 系统在安装完成后就有了整套的用于系统管理的角色,这些角色称为预定义角色。常见的预定义角色及权限说明如表 15.4 所示。

表 15.4　Oracle 预定义角色

角　色　名	权 限 说 明
CONNECT	ALTER SESSION，CREATE CLUSTER，CREATE DATABASE LINK，CREATE SEQUENCE，CREATE SESSION，CREATE SYNONYM,CREATE VIEW CREATE TABLE
RESOURCE	CREATE CLUSTER，CREATE INDEXTYPE，CREATE OPERATOR，CREATE PROCEDURE，CREATE SEQUENCE，CREATE TABLECREATE TRIGGER,CREATE TYPE
DBA	拥有所有权限
EXP_FULL_DATABASE	SELECT ANY TABLE，BACKUP ANY TABLE，EXECUTE ANY PROCEDURE，EXECUTE ANY TYPE，ADMINISTER RESOURCE MANAGER，在 SYS. INCVID、SYSINCFIL 和 SYS. INCEXP 表的 INSERT、DELETE 和 UPDATE 权限 EXECUTE_CATALOG-ROLE，SELECT_CATALOG_ROLE
IMP_FULL_DATABASE	执行全数据库导出所需要的权限，包括系统权限列表（用 DBA_SYS_PRIVS）和下面的角色 EXECUTE_ CATALOG_ ROLE，SELECT_ CATALOG_ROLE
DELETE_CATALOG_ROLE	删除权限
EXECUTE_CATALOG_ROLE	在所有目录包中 EXECUTE 权限
SELECT_CATALOG_ROLE	在所有表和视图上有 SELECT 权限

15.4.2　创建角色

在创建数据库以后，当系统预定义角色不能满足实际要求时，由 DBA 用户根据业务需要创建各种用户自定义角色（本节以下简称"角色"），然后为角色授权，最后再将角色分配给用户，从而增强权限管理的灵活性和方便性。

使用 CREATE ROLE 语句在数据库中创建角色，在 CDB 下创建公用角色，在公用角色前必须加上 C##。

语法格式：

```
CREATE ROLE <角色名>
  [NOT IDENTIFIED]
  [IDENTIFIED {BY <密码>}];
```

【例 15.11】　创建一个公用角色 Marketing1，不设置密码。

```
CREATE ROLE C##Marketing1;
```

执行情况如图 15.7 所示。

【例 15.12】　创建一个公用角色 Marketing2，设置密码 123456。

```
CREATE ROLE C##Marketing2
  IDENTIFIED BY 123456;
```

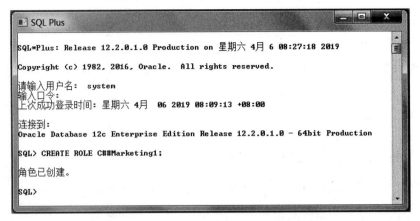

图 15.7　创建一个公用角色,不设置密码

执行结果如图 15.8 所示。

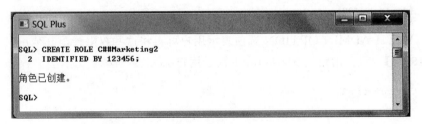

图 15.8　创建一个公用角色并设置密码

15.4.3　修改角色

使用 ALTER ROLE 语句修改角色。

语法格式:

```
ALTER ROLE <角色名>
  [ NOT IDENTIFIED ]
  [ IDENTIFIED {BY <密码> | EXTERNALLY | GLOBALLY} ];
```

ALTER ROLE 语句中的含义与 CREATE ROLE 语句含义相同。

【**例 15.13**】　修改公用角色 Marketing2 的密码为 1234。

```
ALTER ROLE C##Marketing2
  IDENTIFIED BY 1234;
```

15.4.4　授予角色权限和收回权限

当角色被建立后,没有任何权限,可以使用 GRANT 语句给角色授予权限,同时可以使用 REVOKE 语句取消角色的权限。

角色权限的授予与回收和用户权限的授予语法相同,参见 15.3.2 节和 15.3.3 节。

【例 15.14】 授予公用角色 Marketing1 在任何模式中创建表和视图的权限。

```
GRANT CREATE ANY TABLE, CREATE ANY VIEW
  TO C##Marketing1;
```

【例 15.15】 取消公用角色 Marketing1 的 CREATE ANY VIEW 的权限。

```
REVOKE CREATE ANY VIEW
  FROM C##Marketing1;
```

15.4.5　将角色授予用户

将角色授予给用户以后，用户将立即拥有角色所拥有的权限。

将角色授予用户使用 GRANT 语句。

语法格式：

```
GRANT <角色名> [,…n]
  TO {<用户名> | <角色名> | PUBLIC}
  [WITH ADMIN OPTION];
```

其中，WITH ADMIN OPTION 选项表示用户可再将这些权限授予其他用户。

【例 15.16】 将公用角色 Marketing1 授予用户 Lee。

```
GRANT C##Marketing1
  TO C##Lee;
```

15.4.6　角色的启用和禁用

使用 SET ROLE 语句为数据库用户的会话设置角色的启用和禁用。

当某角色启用时，属于角色的用户可以执行该角色所具有的所有权限操作，而当某角色禁用时，拥有这个角色的用户将不能执行该角色的任何权限操作。通过设置角色的启用和禁用，可以动态改变用户的权限。

语法格式：

```
SET ROLE
  {  <角色名> [ IDENTIFIED BY <密码> ][,…n]
  | ALL [ EXCEPT <角色名> [, …n ] ]
  | NONE
  };
```

其中，IDENTIFIED BY 子句用于为该角色指定密码，ALL 选项表示将启用用户被授予的所有角色，EXCEPT 子句表示启用除该子句指定的角色外的其他全部角色，NONE 选项表示禁用所有角色。

【例 15.17】 在当前会话中启用公用角色 Marketing1。

```
SET ROLE C##Marketing1;
```

15.4.7　收回用户的角色

从用户收回已经授予的角色使用 REVOKE 语句。

语法格式：

```
REVOKE <角色名>[,..n]
  FROM {<用户名>|<角色名>|PUBLIC}
```

【例 15.18】　从用户 Lee 中收回公用角色 Marketing1。

```
REVOKE C##Marketing1
  FROM C##Lee;
```

15.4.8　删除角色

使用 DROP ROLE 来删除角色，使用该角色的用户的权限同时也被回收。删除用户一般由 DBA 操作。

语法格式：

```
DROP ROLE 角色名;
```

【例 15.19】　删除公用角色 Marketing2。

```
DROP ROLE C##Marketing2;
```

15.4.9　查询角色信息

可以通过查询以下数据字典或动态性能视图获得数据库角色的相关信息。

（1）DBA_ROLES：数据库中的所有角色及其描述。

（2）DBA_ROLES_PRIVS：授予用户和角色的角色信息。

（3）DBA_SYS_PRIVS：授予用户和角色的系统权限。

（4）USER_ROLE_PRIVS：为当前用户授予的角色信息。

（5）ROLE_ROLE_PRIVS：授予角色。

（6）ROLE_SYS_PRIVS：授予角色的系统权限信息。

（7）ROLE_TAB_PRIVS：授予角色的对象权限信息。

（8）SESSION_PRIVS：当前会话所具有的系统权限信息。

（9）SESSION_ROLES：用户当前授权的角色信息。

【例 15.20】　查询公用角色 Marketing1 所具有的系统权限信息。

```
SELECT * FROM ROLE_SYS_PRIVS
  WHERE ROLE LIKE 'C%';
```

执行结果如图 15.9 所示。

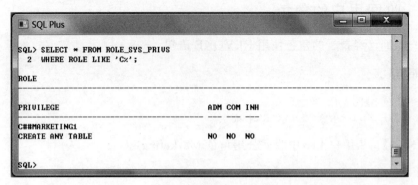

图 15.9　查询 DBA 角色

15.5　小　　结

本章主要介绍了以下内容。

（1）安全管理是评价一个数据库管理系统的重要指标，Oracle 数据库安全管理指只有拥有权限的用户才可以访问数据库中的相应对象，执行相应合法操作。Oracle 数据库安全性包括对用户登录进行身份验证和对用户操作进行权限控制两个方面。

（2）用户是数据库的使用者和管理者，用户管理是 Oracle 数据库安全管理的核心和基础。用户管理包括创建用户、修改用户、删除用户和查询用户信息等操作。

（3）权限是预先定义好的执行某种 SQL 语句或访问其他用户模式对象的能力。权限分为系统权限和数据库对象权限两类；系统权限是指在系统级控制数据库的存取和使用的机制，即执行某种 SQL 语句的能力；对象权限是指在对象级控制数据库的存取和使用的机制，即访问其他用户模式对象的能力。权限管理包括系统权限授予和收回、对象权限授予和收回等操作。

（4）角色是一系列权限的集合，目的在于简化对权限的管理。角色管理包括创建角色、修改角色、授予角色权限和收回权限、将角色授予用户、角色的启用和禁用、收回用户的角色、删除角色、查询角色信息等操作。

15.6　安全管理实验

1. 实验目的及要求

（1）理解安全管理的概念。

（2）掌握创建、修改和删除用户，创建、修改和删除角色，权限授予和收回等操作和使用方法。

（3）具备设计、编写和调试用户管理、角色管理、权限管理语句以解决应用问题的能力。

2. 验证性实验

使用用户管理、角色管理、权限管理语句解决以下应用问题。

（1）以系统管理员 system 身份登录到 Oracle，创建部门信息表 DeptInfo，其表结构和样本数据分别如表 15.5 和表 15.6 所示。

表 15.5　DeptInfo 表的表结构

列　　名	数 据 类 型	允许 null 值	是否主键	说　　明
DtID	varchar(4)		主键	部门号
DtName	varchar(20)			部门名称

表 15.6　DeptInfo 表的样本数据

部 门 号	部 门 名 称	部 门 号	部 门 名 称
D001	销售部	D003	财务部
D002	人事部		

（2）创建一个公用用户 empl，口令为 123456。将公用用户 empl 口令修改为 abc。

```
CREATE USER C##empl
  IDENTIFIED BY 123456
  DEFAULT TABLESPACE USERS
  TEMPORARY TABLESPACE TEMP;

ALTER USER C##empl
  IDENTIFIED BY abc;
```

（3）授予公用用户 empl 连接数据库的权限、创建表和视图的权限、对 DeptInfo 表的查询、添加、修改数据的权限。

```
GRANT CREATE SESSION TO C##empl;

GRANT CREATE ANY TABLE, CREATE ANY VIEW TO C##empl;

GRANT SELECT, INSERT, UPDATE
  ON DeptInfo TO C##empl;
```

（4）收回公用用户 empl 对 DeptInfo 表的添加、修改数据的权限。

```
REVOKE INSERT, UPDATE
  ON DeptInfo FROM C##empl;
```

（5）创建公用角色 EmRole，密码为 123。

```
CREATE ROLE C##EmRole
  IDENTIFIED BY 123;
```

（6）对公用角色 EmRole，授予在 DeptInfo 表的添加、修改和删除数据的权限。

```
GRANT SELECT, INSERT, UPDATE
  ON DeptInfo TO C##EmRole;
```

（7）将公用用户 empl 添加到公用角色 EmRole。

```
GRANT C##EmRole
  TO C##empl;
```

（8）连接公用用户 empl 到数据库，查询公用用户 empl 的系统权限。

```
CONNECT C##empl/abc;
```

```
SELECT * FROM USER_SYS_PRIVS;
```

（9）删除公用角色 EmRole 和公用用户 empl。

```
DROP ROLE C##EmRole;
```

```
DROP USER C##empl CASCADE;
```

3. 设计性实验

设计、编写和调试用户管理、角色管理、权限管理语句以解决下列应用问题。

（1）以系统管理员 system 身份登录到 Oracle，创建一个公用用户 stu，口令为 123456；将公用用户 stu 的口令修改为 pqr。

（2）创建一个公用用户 tst，口令为 1234。

（3）授予公用用户 stu 连接数据库的权限、创建表和视图的权限。收回公用用户 stu 创建视图的权限

（4）连接公用用户 stu 到数据库，创建课程信息表 CouInfo，其表结构和样本数据分别如表 15.7 和表 15.8 所示。查询公用用户 stu 的系统权限。

表 15.7　CouInfo 表的表结构

列　　名	数 据 类 型	允许 null 值	是否主键	说　　明
CouID	varchar2 (4)		主键	课程号
CouName	varchar2 (16)			课程名

表 15.8　CouInfo 表的样本数据

课程号	课 程 名	课程号	课 程 名
1004	数据库系统	4002	数字电路
1025	物联网技术		

（5）对公用用户 tst，授予在 CouInfo 表的查询、添加、修改和删除数据的权限。

（6）连接 system 到数据库，创建公用角色 StRole，密码为 789。

（7）对公用角色 StRole，授予在 CouInfo 表的添加、修改和删除数据的权限。

（8）将公用用户 stu 添加到公用 StRole。

（9）删除公用角色 StRole 和公用用户 stu。

4. 观察与思考

（1）SYS 和 SYSTEM 有何不同？

（2）简述用户、权限和角色的关系。

习　题　15

一、选择题

1. 如果公用用户 Hu 创建了数据库对象，则删除该用户应使用语句_____。

　　A. DROP USER C##Hu；

　　B. DROP USER C##Hu CASCADE；

　　C. DELETE USER C##Hu；

　　D. DELETE USER C##Hu CASCADE；

2. 修改公用用户时，用户的_____属性不能修改。

　　A. 名称　　　　　　B. 密码　　　　　　C. 表空间　　　　　　D. 临时表空间

3. 下列不属于对象权限的是_____。

　　A. SELECT　　　　B. UPDATE　　　　C. DROP　　　　D. READ

4. 启用所有角色应使用语句_____。

　　A. ALTER ROLL ALL ENABLE；

　　B. ALTER ROLL ALL；

　　C. SET ROLL ALL ENABLE；

　　D. SET ROLL ALL；

二、填空题

1. 创建用户时，要求创建者具有_____系统权限。

2. 向用户授予系统权限时，使用_____选项表示该用户可将此系统权限授予其他用户或角色。

3. _____是具有名称的一组相关权限的集合。

4. 启用与禁用角色使用_____语句。

三、问答题

1. Oracle 数据库安全性包括哪几个方面？

2. 在 Oracle Database 12c 中，什么是公用用户？什么是本地用户？

3. 什么是系统权限和对象权限？二者有何不同？

4. 什么是角色？它有何作用？

5. 简述权限与角色的关系。

四、应用题

1. 创建一个公用用户 Su，口令为 green，默认表空间为 USERS，配额为 15MB。

2. 授予公用用户 Su 连接数据库的权限，对 student 表的查询、添加和删除数据的权限，同时允许该用户将获得的权限授予其他用户。

3.（1）创建两个公用用户（员工用户）：Employee01、Employee02。

（2）分别给公用用户 Employee01、Employee02 授予连接数据库的权限，创建表和过程的权限。

（3）创建公用角色（销售部角色）MarketingDepartment，授予查询、添加、修改和删除 SalesOrder 表（SalesOrder 表已创建）的权限。

（4）将上述公用用户定义为公用角色 MarketingDepartment 的成员。

备份和恢复

本章要点
- 备份和恢复概述
- 逻辑备份与恢复
- 脱机备份与恢复
- 联机备份与恢复
- 闪回技术

为了防止人为操作和自然灾难引起的数据丢失或破坏,Oracle 提供了备份和恢复机制,这是一项重要的系统管理工作。本章介绍备份和恢复概述、逻辑备份与恢复、脱机备份与恢复、联机备份与恢复、闪回技术等内容。

16.1 备份和恢复概述

备份(Backup)是数据库信息的一个副本,这个副本包括数据库的控制文件、数据文件和重做日志文件等,将其存放到一个相对独立的设备(例如磁盘或磁带)上,以备数据库出现故障时使用。

恢复(Recovery)是指在数据库发生故障时,使用备份还原数据库,使数据库从故障状态恢复到无故障状态。

16.1.1 备份概述

设计备份策略的原则是以最小代价恢复数据,备份与恢复是紧密联系的,备份策略要与恢复结合起来考虑。

根据备份方式的不同,备份分为逻辑备份和物理备份两种。

1. 逻辑备份

逻辑备份是指使用 Oracle 提供的工具(例如 Export、Expdp)将数据库中的数据抽取出来存在一个二进制的文件中。

2. 物理备份

物理备份是将组成数据库的控制文件、数据文件和重做日志文件等操作系统文件进行复制,将形成的副本保存到与当前系统独立的磁盘或磁带上。

物理备份的分类方式有以下两种。

（1）根据数据库备份时是否关闭服务器，物理备份分为脱机备份和联机备份两种。

① 脱机备份：脱机备份（Offline Backup）又称冷备份，在数据库关闭的情况下对数据库进行物理备份。

② 联机备份：联机备份（Online Backup）又称热备份，在数据库运行的情况下对数据库进行物理备份。进行联机备份，数据库必须运行在归档日志模式下。

（2）根据数据库备份的规模不同，物理备份分为完全备份和部分备份两种。

① 完全备份：完全备份指对整个数据库进行备份，包括所有物理文件。

② 部分备份：对部分数据文件、表空间、控制文件、归档日志文件等进行备份。

备份一个 Oracle 数据库有三种标准方式：导出（Export）、脱机备份（Offline Backup）和联机备份（Online Backup）。导出是数据库的逻辑备份；脱机备份和联机备份都是物理备份。

16.1.2　恢复概述

恢复是指在数据库发生故障时，使用备份加载到数据库，使数据库恢复到备份时的正确状态。

恢复的分类方式有以下几种。

（1）根据故障原因，恢复可以分为实例恢复和介质恢复。

① 实例恢复：实例恢复又叫自动恢复，指当 Oracle 实例出现失败后，Oracle 自动进行的恢复。

② 介质恢复：指当存放数据库的介质出现故障时所作的恢复。

（2）根据数据库使用的备份不同，恢复可以分为逻辑恢复和物理恢复。

① 逻辑恢复：利用逻辑备份的二进制的文件，使用 Oracle 提供的工具（例如 Import、Impdp）将部分信息或全部信息导入数据库，从而进行恢复。

② 物理恢复：使用物理备份的进行恢复，是在操作系统级别上进行的。

（3）根据数据库恢复程度的不同，恢复可以分为完全恢复和不完全恢复。

① 完全恢复：利用备份使数据库恢复到出现故障时的状态。

② 不完全恢复：利用备份使数据库恢复到出现故障时刻之前的某个状态。

16.2　逻辑备份与恢复

逻辑备份与恢复必须在数据库运行状态下进行。

逻辑备份与恢复有两类实用程序：一类是使用 Export 和 Import 进行导出和导入；另一类是使用新的数据泵技术 EXPDP 和 IMPDP 进行导出和导入。

- Export 和 Import 是客户端实用程序，可以在客户端使用，也可以在服务器端使用。
- EXPDP 和 IMPDP 是服务器端实用程序，只能在服务器端使用。

16.2.1　使用 Export 和 Import 进行导出和导入

1. 使用 Export 进行导出

Export 实用程序用于读取数据库并将输出写入一个称为导出转储文件（Export Dump

File)的二进制文件中。

导出有以下三种模式。

1）交互模式

输入 EXP 命令后，根据系统提示输入导出参数。

2）命令行模式

命令行模式与交互模式类似，不同的是只有在命令行模式激活后，才能将参数和参数值传递给导出程序。

3）参数文件模式

其关键参数是 Parfile，它的对象是一个包含激活控制导出对话的参数和参数值的文件名。

在命令提示符窗口输入"EXP HELP＝Y"，可显示 EXP 命令的帮助信息。

使用 Export 进行导出举例如下。

【例 16.1】 使用 Export 导出 stsys 数据库的 student 表。

操作步骤如下。

（1）在操作系统命令提示符 C:\Users\dell >后，输入"EXP"，按 Enter 键。

C:\Users\dell > EXP

（2）使用 SYSTEM 用户登录到 SQL * PLUS。

（3）输入导出文件名称"STUDENT. DMP"。

导出文件: EXPDAT.DMP > STUDENT.DMP

（4）输入要导出的表的名称"STUDENT"。

要导出的表 < T > 或分区 < T: P >: <按 RETURN 退出> > STUDENT

执行情况如图 16.1 所示。

2. 使用 Import 进行导入

Import 实用程序用于导入数据。

导入操作可以通过交互式或命令行进行。

使用 Import 进行导入举例如下。

【例 16.2】 使用 Import 将 student 表导入。

先将 student 表删除，以使用 Import 查看导入效果。

操作步骤如下。

（1）在操作系统命令提示符 C:\Users\dell >后，输入"IMP"，按 Enter 键。

C:\Users\dell > IMP

（2）使用 SYSTEM 用户登录到 SQL * PLUS。

（3）输入导入文件名称。

导入文件: EXPDAT.DMP > STUDENT.DMP

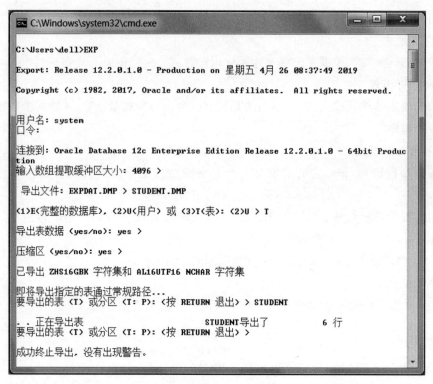

图 16.1　导出 student 表

（4）输入要创建的表的名称"STUDENT"。

在系统提示"输入表< T >或分区< T: P>的名称或.如果完成: "的后面输入"STUDENT".

执行情况如图 16.2 所示。

16.2.2　使用数据泵 EXPDP 和 IMPDP 进行导出和导入

数据泵技术使用的工具是 Data Pump Export 和 Data Pump Import。在逻辑备份与恢复的两类实用程序中,Data Pump Export 和 Data Pump Import 的功能与 Export 和 Import 类似,不同的是数据泵可以从数据库中高速导出或加载数据库,并可实现断点重启,用于对大量数据的大的作业操作。

1. 使用 EXPDP 进行导出

使用 EXPDP 进行导出可以交互进行,也可通过命令行进行。

使用 EXPDP 进行导出举例如下。

【例 16.3】　使用 EXPDP 导出 system 用户 student 表。

操作步骤如下。

（1）创建目录。

为存储数据泵导出的数据,使用 system 用户创建目录如下:

```
CREATE DIRECTORY dp_dir as 'd:\OraBak';
```

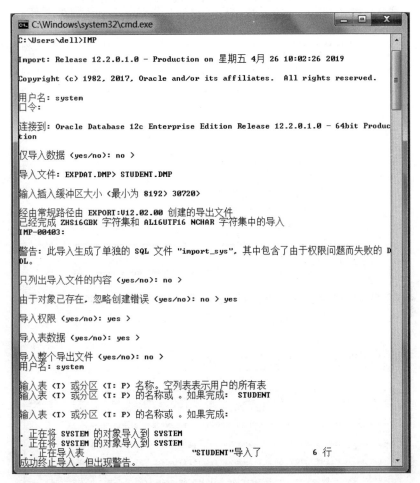

图 16.2　导入 student 表

（2）使用 EXPDP 导出数据。

在命令提示符窗口中输入以下命令。

```
EXPDP SYSTEM/Ora123456 DUMPFILE = STUDENT.DMP DIRECTORY = DP_DIR TABLES = STUDENT JOB_NAME =
STUDENT_JOB
```

执行情况如图 16.3 所示。

2. 使用 IMPDP 进行导入

使用 IMPDP 进行导出可将 EXPDP 导出的文件导入数据库。

使用 IMPDP 进行导入举例如下。

【例 16.4】　使用 IMPDP 导入 system 用户 student 表。

将 student 表删除后，使用 IMPDP 查看导入效果。

在命令提示符窗口中输入以下命令。

```
IMPDP SYSTEM/123456 DUMPFILE = STUDENT.DMP DIRECTORY = dp_dir;
```

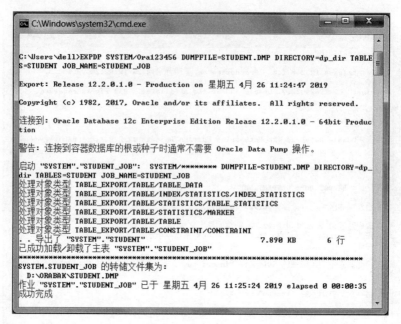

图 16.3　使用 EXPDP 导出 student 表

执行情况如图 16.4 所示。

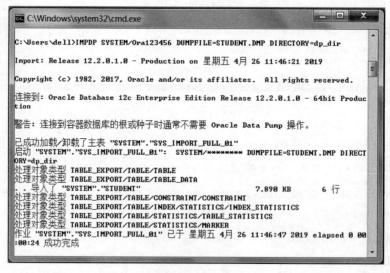

图 16.4　使用 IMPDP 导入 student 表

16.3　脱机备份与恢复

脱机备份是在数据库关闭的情况下对数据库进行物理备份；脱机恢复是用备份文件将数据库恢复到备份时的状态。

16.3.1 脱机备份

脱机备份又称冷备份,是在数据库关闭状态下对于构成数据库的全部物理文件的备份,包括数据库的控制文件、数据文件和重做日志文件等。

使用脱机备份举例如下。

【例 16.5】 将 stsys 数据库所有数据文件、控制文件和重做日志文件都进行备份。

操作步骤如下。

(1) 在进行脱机备份前,应该创建备份文件目录和确定备份哪些文件。

· 为存储脱机备份数据,创建一个备份文件目录,例如 D:\OfflineBak。

· 查询数据字典视图。

通过查询 V$DATAFILE 视图可以获取数据文件的列表,如图 16.5 所示。

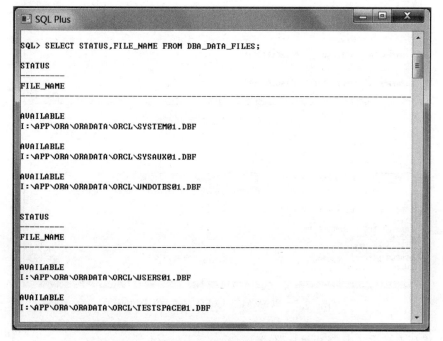

图 16.5 查询数据字典视图获取数据文件的列表

通过查询 V$LOGFILE 视图可以获取联机重做日志文件的列表,通过查询 V$CONTROLFILE 视图可以获取控制文件的列表,如图 16.6 所示。

(2) 以 sys 用户 sysdba 身份登录,以 IMMEDIATE 方式关闭数据库。

① 以 sys 用户 sysdba 身份登录。

```
CONNECT sys/Ora123456 AS sysdba
```

② 以 IMMEDIATE 方式关闭数据库。

```
SHUTDOWN IMMEDIATE;
```

执行情况如图 16.7 所示。

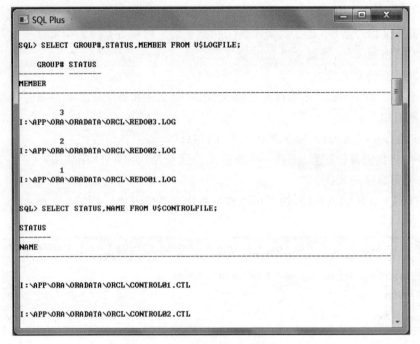

图 16.6　查询数据字典视图

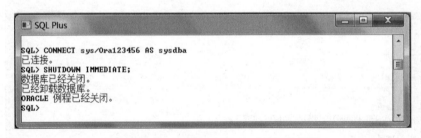

图 16.7　以 IMMEDIATE 方式关闭数据库

（3）将所有数据库复制到目标路径。

使用操作系统的备份工具，将所有的数据文件、重做日志文件、控制文件和参数文件备份到备份文件目录。

（4）打开数据库。

STARTUP OPEN;

执行情况如图 16.8 所示。

注意：数据库关闭时，必须保证各文件处于一致状态，即不能使用 SHUTDOWN ABORT 命令强行关闭数据库，只能使用 SHUTDOWN NORMAL 或 SHUTDOWN IMMEDIATE 来关闭数据库。

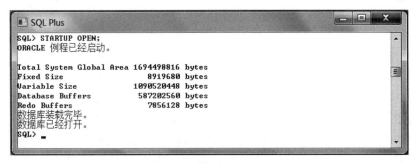

图 16.8 以 OPEN 方式打开数据库

16.3.2 脱机恢复

脱机恢复举例如下。

【例 16.6】 脱机恢复 stsys 数据库。

操作步骤如下。

（1）以 sys 用户 sysdba 身份登录，以 IMMEDIATE 方式关闭数据库。

（2）从脱机备份的备份文件目录中复制所有的数据库文件到原始位置。

（3）打开数据库。

16.4 联机备份与恢复

联机备份又称热备份，在数据库运行的情况下对数据库进行物理备份。进行联机备份，数据库必须运行在归档日志（ARCHIVELOG）模式下。

联机完全备份步骤如下几点。

- 设置归档日志模式，创建恢复目录用的表空间。
- 创建 RMAN 用户。
- 使用 RMAN 程序进行备份。
- 使用 RMAN 程序进行恢复。

RMAN（Recovery Manager）是 Oracle 数据库备份和恢复的主要管理工具之一，它可以方便快捷地对数据库实现备份和恢复，还可保存已经备份的信息以供查询，用户可以不经过实际的还原即可检查已经备份的数据文件的可用性。其主要特点如下：

- 可对数据库表、控制文件、数据文件和归档日志文件进行备份。
- 可实现增量备份。
- 可实现多线程备份。
- 可存储备份信息。
- 可检测备份是否可以成功还原。

在 $ORACLE_HOME\BIN 路径下可找到 RMAN 工具，也可以在操作系统命令下输入"RMAN"来运行。

Oracle 以循环方式写联机重做日志文件，当写满第一个日志后，开始写第二个，依此进行下去,当最后一个联机重做日志文件写满后,重新向第一个文件写入内容。当在归档日志 (ARCHIVELOG)模式下运行时,ARCH 后台进程重写重做日志文件前将每个重做日志文件做一份备份。

16.5　闪　回　技　术

闪回技术可以将 Oracle 数据库恢复到某个时间点。传统的方法进行时间点恢复,可能需要几小时甚至几天时间。闪回技术采用新方法进行时间点的恢复,它能快速地将 Oracle 数据库恢复到以前的时间,只恢复改变的数据块,而且操作简单,通过 SQL 语句就可实现数据的恢复,从而提高了数据库恢复的效率。

闪回技术分类如下。

(1) 查询闪回(Flashback Query):查询过去某个指定时间点或某个 SCN 段,恢复错误的数据库更新、删除等。

(2) 表闪回(Flashback Table):将表恢复到过去某个时间点或某个 SCN 值时的状态。

(3) 删除闪回(Flashback Drop):将删除的表恢复到删除前的状态。

(4) 数据库闪回(Flashback Database):将整个数据库恢复到过去某个时间点或某个 SCN 值时的状态。

(5) 归档闪回(Flashback Data Archive):可以闪回到指定时间之前的旧数据而不影响重做日志的策略。

16.5.1　查询闪回

查询闪回(Flashback Query)可以查看指定时间点某个表中的数据信息,找到发生误操作前的数据情况,为恢复数据库提供依据。

语法格式:

```
SELECT <列名 1> [,<列名 2> [...n]]
  FROM <表名>
  [AS OF SCN | TIMESTAMP <表达式>]
  [WHERE <条件表达式>]
```

说明:

(1) AS OF SCN:SCN 是系统改变号,从 FLASHBACK_TRANSACTION_QUERY 中可以查到,可以进行基于 AS OF SCN 的查询闪回。

(2) AS OF TIMESTAMP:可以进行基于 AS OF TIMESTAMP 的查询闪回,此时需要使用两个时间函数:TIMESTAMP 和 TO_TIMESTAMP。其中,函数 TO_TIMESTAMP 的语法格式如下。

语法格式:

```
TO_TIMESTAMP('timepoint', 'format')
```

(3) 在 Oracle 内部都是使用 SCN,如果指定的是 AS OF TIMESTAMP,Oracle 也会将其转换成 SCN。TIMESTAMP 与 SCN 之间的对应关系可以通过查询 SYS 模式下的

SMON_SCN_TIME 表获得。

查询闪回操作举例如下。

【例 16.7】 使用查询闪回恢复在 stu 表中删除的数据。

操作步骤如下。

（1）使用 system 用户登录 SQL * Plus，查询 stu 表中的数据，删除 stu 表中的数据并提交。

使用 SET 语句在"SQL＞"标识符前显示当前时间。

```
SET TIME ON
```

查询数据。

```
SELECT * FROM stu;
```

删除 stu 表中的数据并提交。

```
DELETE FROM stu;
```

```
COMMIT;
```

执行结果如图 16.9 所示。

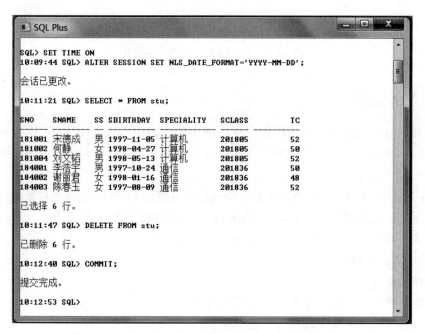

图 16.9 查询 stu 表中的数据，删除该表中的数据并提交

（2）进行查询闪回，将闪回中的数据重新插入 stu 表并提交。

进行查询闪回，可看到表中原有数据。

```
SELECT * FROM stu AS OF TIMESTAMP
  TO_TIMESTAMP('2015 - 1 - 28 12:37:50','YYYY - MM - DD HH24:MI:SS');
```

将闪回中的数据重新插入 stu 表并提交。

```
INSERT INTO XSB1
```

```
COMMIT;
```

执行结果如图 16.10 所示。

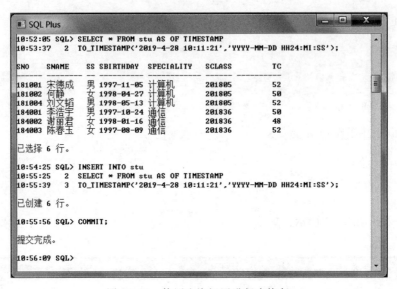

图 16.10　使用查询闪回进行表恢复

16.5.2　表闪回

表闪回(Flashback Table)是将表恢复到过去某个时间点或某个 SCN 值时的状态,为 DBA 提供了一种在线、快速、便捷地恢复对表进行的修改、删除、插入等错误的操作。

表闪回要求用户具有以下权限。

(1) FLASHBACK ANY TABLE 权限或者是该表的 Flashback 对象权限。

(2) 该表的 SELECT、INSERT、DELETE 和 ALTER 权限。

(3) 该表的 ROW MOVEMENT 权限。

表闪回有如下特性。

(1) 在线操作。

(2) 恢复到指定时间点或者 SCN 的任何数据。

(3) 自动恢复相关属性,如索引、触发器等。

(4) 满足分布式的一致性。

(5) 满足数据一致性,所有相关对象的一致性。

使用 FLASHBACK TABLE 语句可以对表进行闪回操作。

语法格式:

```
FLASHBACK TABLE [用户方案名.]<表名>
```

```
TO { [BEFORE DROP [RENAME TO <新表名>] ]
    | [SCN | TIMESTAMP] <表达式> [ENABLE |DISABLE] TRIGGERS}
```

说明:

(1) SCN:将表恢复到指定的 SCN 时的状态。

(2) TIMESTAMP:将表恢复到指定的时间点。

(3) ENABLE | DISABLE TRIGGER:恢复后是否直接启用触发器。

表闪回操作举例如下。

【例 16.8】 使用表闪回恢复在 cou 表中删除的数据。

操作步骤如下。

(1) 使用 system 用户登录 SQL * Plus,查询 cou 表中的数据,删除 cou 表中的数据并提交。

查询 cou 表中的数据。

```
SET TIME ON;

SELECT * FROM cou;
```

删除 cou 表中的数据并提交。

```
DELETE FROM CJB1
    WHERE 学号 = '101113';          /* 删除的时间点为 15:00:30 */

COMMIT;
```

执行结果如图 16.11 所示。

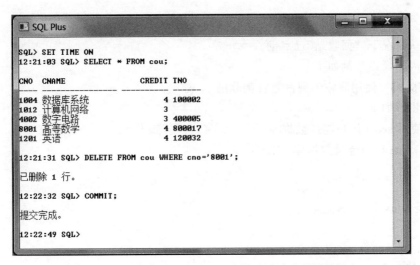

图 16.11　查询 cou 表中的数据,删除该表中的数据并提交

(2) 使用表闪回进行恢复。

```
ALTER TABLE cou ENABLE ROW MOVEMENT;
```

```
FLASHBACK TABLE cou TO TIMESTAMP
  TO_TIMESTAMP('2015 - 1 - 28 15:00:30','YYYY - MM - DD HH24:MI:SS');
```

执行结果如图 16.12 所示。

图 16.12　使用表闪回进行恢复

16.5.3　删除闪回

删除闪回(Flashback Drop)可恢复使用语句 DROP TABLE 删除的表。

删除闪回功能的实现是通过 Oracle 数据库中的回收站(Recycle Bin)技术实现的。Oracle 在执行 DROP TABLE 操作时,并不立即回收表及其对象的空间,而是将它们重命名后放入一个称为回收站的逻辑容器中保存,直到用户永久删除它们或存储该表的表空间不足时,才真正删除它们。

要使用删除闪回功能,需要启动数据库的回收站。通过以下语句设置初始化参数RECYCLEBIN,可以启用回收站:

```
ALTER SESSION SET RECYCLEBIN = ON;
```

在默认情况下,"回收站"已启动。

删除闪回操作举例如下。

【例 16.9】　使用删除闪回恢复被删除的 st 表。

操作步骤如下。

(1) 使用 scott 用户连接数据库,创建 st 表,再删除 st 表。

使用 scott 用户连接数据库,创建 st 表。

```
CONNECT C##scott/tiger
```

```
CREATE TABLE st (stno char(6));
```

删除 st 表。

```
DROP TABLE st;
```

(2) 使用删除闪回进行恢复。

```
FLASHBACK TABLE st TO BEFORE DROP;
```

执行结果如图 16.13 所示。

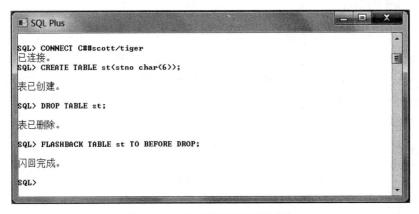

图 16.13　使用删除闪回进行恢复

16.5.4　数据库闪回

数据库闪回(Flashback Database)能够使数据库快速恢复到以前的某个时间点。

为了能在发生误操作时闪回数据库到误操作之前的时间点上,需要设置下面三个参数。

(1) DB_RECOVERY_FILE_DEST:确定 FLASHBACK LOGS 的存放路径。

(2) DB_RECOVERY_FILE_DEST_SIZE:指定恢复区的大小,默认值为空。

(3) DB_FLASHBACK_RETENTION_TARGET:设定闪回数据库的保存时间,单位是分钟,默认是一天。

默认情况下,FLASHBACK DATABASE 是不可用的。如果需要闪回数据库功能,DBA 必须配置恢复区的大小,设置数据库闪回环境。

当用户发出 FLASHBACK DATABASE 语句之后,数据库会首先检查所需要的归档文件与联机重建日志文件的可用性。如果可用,则会将数据库恢复到指定的 SCN 或者时间点上。

语法格式:

```
FLASHBACK [ STANDBY ] DATABASE <数据库名>
{ TO [ SCN | TIMESTAMP ] <表达式>
  |TO BEFORE [ SCN | TIMESTAMP ] <表达式>
}
```

说明:

(1) TO SCN:指定一个系统改变号 SCN。

(2) TO BEFORE SCN:恢复到之前的 SCN。

(3) TO TIMESTAMP:指定一个需要恢复的时间点。

(4) TO BEFORE TIMESTAMP:恢复到之前的时间点。

使用 FLASHBACK DATABASE 必须以 MOUNT 启动数据库实例,设置 FLASHBACK DATABASE 为启用,数据库闪回操作完成后,关闭 FLASHBACK DATABASE 功能。

16.5.5　归档闪回

Oracle 对闪回技术进行了新的扩展，提出了全新的归档闪回（Flashback Data Archive）方式。Flashback Data Archive 和 Flashback Query 都能查询以前的数据，但实现机制不同，Flashback Query 是通过重做日志中读取信息来构造旧数据的，而 Flashback Data Archive 是通过将变化数据另外存储到创建的闪回归档区来查询以前的数据的。

创建一个闪回归档区使用 CREATE FLASHBACK ARCHIVE 语句。

语法格式：

```
CREATE FLASHBACK ARCHIVE [DEFAULT] <闪回归档区名称>
  TABLESPACE <表空间名>
  [QUOTA <数字值>{M|G|T|P} ]
  [RETENTION <数字值> {YEAR|MONTH|DAY}];
```

说明：

（1）DEFAULT：指定默认的闪回归档区；

（2）TABLESPACE：指定闪回归档区存放的表空间；

（3）QUOTA：指定闪回归档区的最大值；

（4）RETENTION：指定闪回归档区可以保留的时间。

16.6　小　　结

本章主要介绍了以下内容。

（1）备份（Backup）是数据库信息的一个副本，这个副本包括数据库的控制文件、数据文件和重做日志文件等，将其存放到一个相对独立的设备（例如磁盘或磁带）上，以备数据库出现故障时使用。根据备份方式的不同，备份分为逻辑备份和物理备份两种。根据数据库备份时是否关闭服务器，物理备份分为联机备份和脱机备份两种。根据数据库备份的规模不同，物理备份分为完全备份和部分备份两种。

（2）恢复（Recovery）是指在数据库发生故障时，使用备份还原数据库，使数据库从故障状态恢复到无故障状态。根据故障原因，恢复可以分为实例恢复和介质恢复。根据数据库使用的备份不同，恢复可以分为逻辑恢复和物理恢复。根据数据库恢复程度的不同，恢复可以分为完全恢复和不完全恢复。

（3）逻辑备份与恢复必须在数据库运行状态下进行。逻辑备份与恢复有两类实用程序：一类是使用 Export 和 Import 进行导出和导入；另一类是使用新的数据泵技术 EXPDP 和 IMPDP 进行导出和导入。

（4）脱机备份又称冷备份，是在数据库关闭状态下对于构成数据库的全部物理文件的备份，包括数据库的控制文件、数据文件和重做日志文件等。脱机恢复是用备份文件将数据库恢复到备份时的状态。

（5）联机备份又称热备份，是在数据库运行的情况下对数据库进行物理备份。进行联机备份，数据库必须运行在归档日志（ARCHIVELOG）模式下。

RMAN(Recovery Manager)是 Oracle 数据库备份和恢复的主要管理工具之一,它可以方便快捷地对数据库实现备份和恢复,还可保存已经备份的信息以供查询,用户可以不经过实际的还原即可检查已经备份的数据文件的可用性。

(6)闪回技术采用新方法进行时间点的恢复,它能快速地将 Oracle 数据库恢复到以前的时间,只恢复改变的数据块,而且操作简单,通过 SQL 语句就可实现数据的恢复,从而提高了数据库恢复的效率。闪回技术包括查询闪回(Flashback Query)、表闪回(Flashback Table)、删除闪回(Flashback Drop)、数据库闪回(Flashback Database)和归档闪回(Flashback Data Archive)等。

16.7　备份和恢复实验

1. 实验目的及要求

(1)掌握使用 Export 和 Import 进行导出和导入的步骤和方法。
(2)掌握使用数据泵技术 EXPDP 和 IMPDP 进行导出和导入的步骤和方法。
(3)掌握使用查询闪回和表闪回的步骤和方法。

2. 实验内容

(1)使用 Export 导出 stsys 数据库的 teacher 表。
(2)使用 Import 导入 stsys 数据库的 teacher 表。
(3)使用 EXPDP 导出 stsys 数据库的 teacher 表。
(4)使用 IMPDP 导入 stsys 数据库的 teacher 表。
(5)使用查询闪回恢复在 course 表中删除的数据。
(6)使用表闪回恢复在 course 表中删除的数据。

3. 观察与思考

(1)逻辑备份与恢复有哪些实用程序?
(2)什么是 SCN?什么是 TIMESTAMP?二者有何关系?

习　题　16

一、选择题

1. 使用数据泵导出工具 EXPDP 导出 scott 用户所有对象时,应选择_____。
　　A. TABLES　　　　　　　　　　　B. SCHEMAS
　　C. FULL　　　　　　　　　　　　D. TABLESPACES
2. 执行 DROP TABLE 误操作后,不能采用_____方法进行恢复。
　　A. FLASHBACK DATABASE　　　　B. 数据库时间点恢复
　　C. FLASHBACK QUERY　　　　　　D. FLASHBACK TABLE
3. 实现冷备份的关机方式是_____。
　　A. SHUTDOWN ABORT　　　　　　B. SHUTDOWN NORMAL
　　C. SHUTDOWN TRANSTCTION　　　D. 以上三项都是

4. 当误删除表空间的数据文件后,可在_____状态下恢复其数据文件。

   A. NOMUNT   B. MOUNT   C. OPEN   D. OFFLINE

二、填空题

1. 在恢复 Oracle 数据库时,必须先启用_____模式,才能使数据库在磁盘故障时得到恢复。

2. 打开恢复管理器的命令是_____。

3. 对创建的 RMAN 用户必须授予_____权限,然后该用户才能连接到恢复目录数据库。

4. 使用 STARTUP 命令启动数据库时,添加_____选项,可以实现只启动数据库实例,不打开数据库。

5. 当数据库处于 OPEN 状态时备份数据库文件,要求数据库处于_____日志操作模式。

三、问答题

1. 什么是备份? 备份可分为哪几种?

2. 什么是恢复? 恢复可分为哪几种?

3. 什么是脱机备份?

4. 什么是联机备份?

5. 什么是闪回技术? 闪回技术可分为哪几种?

四、应用题

1. 使用 Export 导出 stsys 数据库的 course 表。

2. 使用 EXPDP 导出 stsys 数据库的 teacher 表,删除 teacher 表后,再用 IMPDP 导入。

3. 使用表闪回恢复在 score 表中删除的数据。

大数据和云计算

本章要点

- 大数据的基本概念
- 云计算
- 大数据的处理过程
- 大数据的技术支撑
- 云数据库
- NoSQL 数据库

随着 PB 级巨大的数据容量存储、快速的并发读写速度、成千上万个节点的扩展,我们进入大数据时代。本章介绍大数据的基本概念、大数据和云计算、大数据的来源、大数据的处理过程、大数据的技术支撑和数据科学等内容。

17.1 大数据的基本概念

由于人类的日常生活已经与数据密不可分,科学研究数据量急剧增加,各行各业也越来越依赖大数据手段来开展工作,而数据产生越来越自动化,人类进入"大数据"时代。

2004 年,全球数据总量是 30EB(1EB＝1024PB＝2^{60}B),2005 年达到了 50EB,2006 年达到了 161EB,到 2015 年达到了惊人的 7900EB,预计 2020 年将达到 35 000EB,如图 17.1 所示。

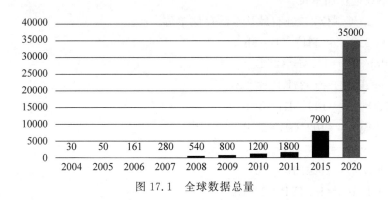

图 17.1　全球数据总量

面对以下实际情况:

- 每秒,全球消费者会产生 10 000 笔银行卡交易。

- 每小时，全球折扣百货连锁店沃尔玛需要处理超过 100 万单的客户交易。
- 每天，Twitter 用户发表 5 亿篇推文，Facebook 用户发表 27 亿个赞和评论。

1. 大数据的基本概念

"大数据"这一概念的形成，有三个标志性事件。

2008 年 9 月，国际学术杂志 Nature 专刊组织了系列文章 The next google，第一次正式提出"大数据"概念。

2011 年 2 月，国际学术杂志 Science 专刊 *Dealing with data*，通过社会调查的方式，第一次综合分析了大数据对人们生活造成的影响，详细描述了人类面临的"数据困境"。

2011 年 5 月，麦肯锡研究院发布报告 *Big data: The next frontier for innovation, competition, and productivity*，第一次明确大数据做出相对明确的定义："大数据是指其大小超出了常规数据库工具获取、储存、管理和分析能力的数据。"

目前在学术界和工业界对于大数据的定义，尚未形成标准化的表述，比较流行的提法如下。

维基百科(Wikipedia)定义大数据为"数据集规模超过了目前常用的工具在可接受的时间范围内进行采集、管理及处理的水平"。

美国国家标准技术研究院（NIST）定义大数据为"具有规模大（Volume）、多样化（Variety）、时效性（Velocity）和多变性（Variability）特性，需要具备可扩展性的计算架构来进行有效存储、处理和分析的大规模数据集"。

概括上述定义可以得出：大数据（Big Data）指海量数据或巨量数据，需要以新的计算模式为手段，获取、存储、管理、处理并提炼数据以帮助使用者做决策。

2. 大数据的特点

大数据具有 4V+1C 的特点。

（1）数据量大（Volume）：存储和处理的数据量巨大，超过了传统的 GB（1GB＝1024MB）或 TB（1TB＝1024GB）规模，达到了 PB（1PB＝1024TB）甚至 EB（1EB＝1024PB）量级，PB 级别已是常态。

下面列举数据存储单位。

b(比特)：二进制位，二进制最基本的存储单位。

B(字节)：8 个二进制位，1B＝8b

$1KB(Kilobyte)=1024B=2^{10}B$

$1MB(MegaByte)=1024KB=2^{20}B$

$1GB(Gigabyte)=1024MB=2^{30}B$

$1TB(TeraByte)=1024GB=2^{40}B$

$1PB(PetaByte)=1024TB=2^{50}B$

$1EB(ExaByte)=1024PB=2^{60}B$

$1ZB(ZettaByte)=1024EB=2^{70}B$

$1YB(YottaByte)=1024ZB=2^{80}B$

$1BB(BrontoByte)=1024YB=2^{90}B$

$1GPB(GeopByte)=1024BB=2^{100}B$

（2）多样（Variety）：数据的来源及格式多样，数据格式除了传统的结构化数据外，还包括半结构化或非结构化数据，例如用户上传的音频和视频内容。而随着人类活动的进一步拓宽，数据的来源更加多样。

（3）快速（Velocity）：数据增长速度快，而且越新的数据价值越大，这就要求对数据的处理速度也要快，以便能够从数据中及时地提取知识，发现价值。

（4）价值密度低（Value）：需要对大量数据进行处理，挖掘其潜在的价值。

（5）复杂度增加（Complexity）：对数据的处理和分析的难度增大。

17.2　云　计　算

本节介绍云计算的基本概念，大数据和云计算的关系，云计算的层次结构及其特点。

1. 云计算的基本概念

2006 年 8 月 9 日，Google 首席执行官 Eric Schmidt 在搜索引擎大会上，第一次提出云计算（Cloud Computing）的概念。

云计算是一种新的计算模式，它将计算任务分布在大量计算机构成的资源池上，使各种应用系统能够根据需要获取计算能力、存储空间和信息服务，即云计算是通过网络按需提供可动态伸缩的性价比高的计算服务。

"云"指可以自我维护和管理的虚拟计算机资源，通常是大型服务器集群，包含计算服务器、存储服务器和网络资源等。"云"在某些方面具有现实中的云的特征：规模较大，可以动态伸缩，在空中位置飘忽不定，但它确实存在于某处。

云计算是并行计算（Parallel Computing）、分布式计算（Distributed Computing）、网格计算（Grid Computing）的发展，又是虚拟化（Virtualization）、效用计算（Utility Computing）等概念的演进和跃升的结果。

2. 大数据和云计算的关系

云计算以数据为中心，以虚拟化为手段整合服务器、存储、网络、应用等资源，形成资源池并实现对物理资源的集中管理、动态调配和按需使用。通过云计算的力量，可以实现对大数据的统一管理、快速处理和实时分析，挖掘大数据的价值。

所以，云计算是处理大数据的手段，大数据云计算处理的对象。

3. 云计算的层次结构

云计算的层次结构包括物理资源层、虚拟资源层、服务模式和部署模式，如图 17.2 所示。

1）物理资源层

物理资源层由服务器、存储器、网络设施、数据库、软件等构成。

2）虚拟资源层

虚拟资源层由虚拟服务器资源池、虚拟存储器资源池、虚拟网络资源池、虚拟软件资源池等构成。

3）服务模式

服务模式包括 IaaS、PaaS 和 SaaS。

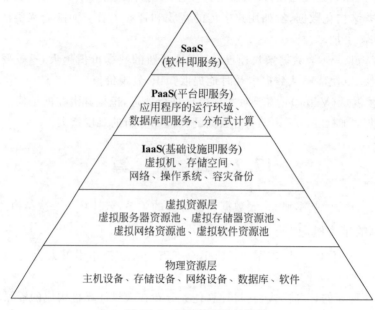

图 17.2 云计算层次结构

(1) IaaS(基础设施即服务): 云计算服务的最基本类别,可从服务提供商处租用 IT 基础结构,如服务器和虚拟机、存储空间、网络和操作系统。用户相当于使用裸机和磁盘,既可以让它运行 Windows,也可以让它运行 Linux。例如 Microsoft Azure 和 AWS(Amazon Web Services)。

(2) PaaS(平台即服务): 平台即服务是指云计算服务,它们可以按需提供开发、测试、交付和管理软件应用程序所需的环境。例如 Google App Engine。

(3) SaaS(软件即服务): 软件即服务(SaaS)是通过 Internet 交付软件应用程序的方法,用户通常使用电话、平板电脑或 PC 上的 Web 浏览器通过 Internet 连接到应用程序。

4) 部署模式

部署云计算资源的方法有三种:公有云、私有云和混合云。

(1) 公有云(Public Clouds): 公有云由云服务提供商创建和提供,例如 Microsoft Azure 就是公有云,在公有云中,所有硬件、软件和其他支持性基础结构均为云提供商所拥有和管理。

(2) 私有云(Private Clouds): 私有云是企业或组织单独构建的云计算系统,私有云可以位于企业的现场数据中心,也可交由服务提供商进行构建和托管。

(3) 混合云(Hybrid Clouds): 出于信息安全方面的考虑,有些企业的信息不能放在公共云上,但又希望能使用公共云的计算资源,可以采用混合云。混合云组合了公有云和私有云,通过允许数据和应用程序在私有云和公有云之间移动,为企业提供更大的灵活性和更多的部署选项。

4. 云计算的特点

云计算具有超大规模、虚拟化、按需服务、可靠性、通用性、灵活弹性、性能价格比高等特点。

（1）超大规模：Google、Amazon、Microsoft、IBM、阿里、百度等公司的"云"，都拥有几十万台到上百万台服务器，具有前所未有的计算能力。

（2）虚拟化：云计算是一种新的计算模式，它将现有的计算资源集中，组成资源池。传统意义上的计算机、存储器、网络、软件等设施，通过虚拟化技术，形成各类虚拟化的计算资源池，这样，用户可以通过网络来访问各类形式的虚拟化计算资源。

（3）按需服务："云"是一个庞大的资源池，用户按需购买，云服务提供商按资源的使用量和使用时间收取用户的费用。

（4）可靠性：云计算采用了计算节点同构可互换、数据多个副本容错等措施来保障服务的高可靠性，使用云计算比使用本地计算更加可靠。

（5）通用性："云"可以支撑千变万化的应用，同一片"云"可以同时支撑不同的应用运行。

（6）灵活弹性：云计算模式具有极大的灵活性，可以适应不同的用户开放和部署阶段的各种类型和规模的应用程序。"云"的规模可动态伸缩，以满足用户和用户规模增长的需要。

（7）性能价格比高：云计算使企业无须在购买硬件和软件以及设置和运行现场数据中心上进行资金投入，"云"的自动化管理降低了管理成本，其特殊的容错措施可以采用成本低的节点来构成云，其通用性提高了资源利用率，从而形成较高的性价比。

17.3　大数据的处理过程

大数据的处理过程包括数据的采集和预处理、大数据分析和数据可视化。

1. 数据的采集和预处理

大数据的采集一般采用多个数据库来接收终端数据，包括智能终端、移动 APP 应用端、网页端、传感器端等。

数据预处理包括数据清理、数据集成、数据变换和数据归约等方法。

1）数据清理

数据清理的目标是达到数据格式标准化，清除异常数据和重复数据、纠正数据错误。

2）数据集成

将多个数据源中的数据结合起来并统一存储，建立数据仓库。

3）数据变换

通过平滑聚集、数据泛化、规范化等方式将数据转换成适用于数据挖掘的形式。

4）数据归约

寻找依赖于发现目标的数据的有用特征，缩减数据规模，最大限度地精简数据量。

2. 大数据分析

大数据分析方法有统计分析、数据挖掘等。

1）统计分析

统计分析使用分布式数据库或分布式计算集群，对存储于其内的海量数据进行分析和分类汇总。

统计分析、绘图的语言和操作环境通常采用 R 语言，它是一款用于统计计算和统计制图的、免费和源代码开放的优秀软件。

2）数据挖掘

数据挖掘与统计分析不同的是一般没有预先设定主题。数据挖掘通过对提供的数据进行分析，查找特定类型的模式和趋势，最终形成模型。

数据挖掘常用方法有分类、聚类、关联分析、预测建模等。

- 分类：根据重要数据类的特征向量值及其他约束条件，构造分类函数或分类模型，目的是根据数据集的特点把未知类别的样本映射到给定类别中。
- 聚类：目的在于将数据集内具有相似特征属性的数据聚集成一类，同一类中的数据特征要尽可能相似，不同类中的数据特征要有明显的区别。
- 关联分析：搜索系统中的所有数据，找出所有能把一组事件或数据项与另一组事件或数据项联系起来的规则，以获得预先未知的和被隐藏的信息。
- 预测建模：一种统计或数据挖掘的方法，包括可以在结构化与非结构化数据中使用以确定未来结果的算法和技术，可为预测、优化、预报和模拟等许多业务系统所使用。

3. 数据可视化

通过图形、图像等技术直观形象和清晰有效地表达数据，从而为发现数据隐含的规律提供技术手段。

17.4　大数据的技术支撑

大数据的技术支撑有计算速度的提高、存储成本的下降和对人工智能的需求，如图 17.3 所示。

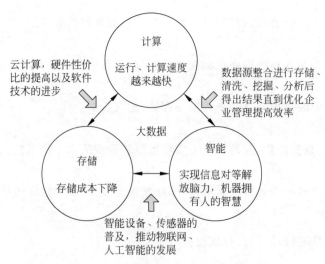

图 17.3　大数据技术支撑的三大因素

1. 计算速度的提高

在大数据的发展过程中,计算速度是关键的因素。分布式系统基础架构 Hadoop 的高效性,基于内存的集群计算系统 Spark 的快速数据分析,HDFS 为海量的数据提供了存储,MapReduce 为海量的数据提供了并行计算,从而大幅度地提高了计算效率。

大数据需要强大的计算能力支撑,国家工信部电子科技情报所所做的大数据需求调查表明:实时分析能力差、海量数据处理效率低等是目前我国企业数据分析处理面临的主要难题。

2. 存储成本的下降

新的云计算数据中心的出现,降低了企业的计算和存储成本,例如,建设企业网站,通过租用硬件设备的方式,不需要购买服务器,也不需要雇用技术人员维护服务器,并可长期保留历史数据,为大数据做好基础工作。

3. 对人工智能的需求

大数据让机器具有智能,例如,Google 的 AlphaoGo 战胜世界围棋冠军李世石,阿里云小 Ai 成功预测出"我是歌手"的总决赛歌王。

17.5　云　数　据　库

云数据库是运行在云计算平台上的数据库系统,它是在 SaaS(软件即服务)模式下发展起来的云计算技术。

下面分别介绍 Oracle Database Cloud Service、Microsoft Azunure SQL Database、Amazon RDS、Google 的 Cloud SQL 和阿里云数据库。

1. Oracle Database Cloud Service

Oracle 数据库云服务提供的专用虚拟机包含与配置且不断运行的 Oracle Database 12c 或 11g 实例,而数据库即服务提供的通用型大内存计算模型可将 Oracle 数据库的全部功能提供给任何类型的应用程序,无论部署生产负载还是部署开发与测试。

Oracle 数据库云服务的主要特性为:

- 具备 Oracle 数据库的全部功能,包括 SQL 和 PL/SQL 支持;
- 专用的虚拟机;
- 通用大内存计算模型;
- 管理选项灵活多样,即可自行管理,也可完全由 Oracle 管理;
- 通过快速供应及易用的云工具简化了管理;
- 用户信息库和一次性登录的集成式身份管理。

2. Microsoft Azure SQL Database

使用 Microsoft Azure SQL 数据库,可以方便快速使用 SQL 数据库服务而不需要采购硬件和软件。SQL Database 像一个在 Internet 上已经创建好的 SQL Server 服务器,由微软托管和运行维护,并且部署在微软的全球数据中心,SQL Database 可以提供传统的 SQL Server 功能。例如表、视图、函数、存储过程和触发器等,并且提供数据同步和聚合功能。

Microsoft Azure SQL 数据库的基底是 SQL Server,但它是一种特殊设计的 SQL Server,它以 Microsoft Azure 为基座平台,配合 Microsoft Azure 的特性,它是一种分散在许多实体基础架构(Physical Infrastructure)及其内部许多虚拟伺服器(Virtual Servers)上的一种云端存储服务。它的特性有:自主管理、高可用性、可拓展性、熟悉的开发模式和关系数据模型。

3. Amazon RDS

Amazon Relational Database Service(Amazon RDS)使用户能在云中轻松设置、操作和扩展关系数据库,它在自动执行管理任务的同时,可提供经济实用的可调容量,使用户能够腾出时间专注于应用程序,并提供快速性能、高可用性、安全性和兼容性。

Amazon RDS 提供多种常用的数据库引擎,支持 SQL 数据库、NoSQL 和内存数据库,包括 Amazon Aurora、PostgreSQL、MySQL、MariaDB、Oracle 和 Microsoft SQL Server。可以使用 AWS Database Migration Service 对现有的数据库迁移或复制到 Amazon RDS。

4. Google 的 Cloud SQL

Google 推出基于 MySQL 的云端数据库:Google Cloud SQL,具有以下特点:

(1) 由 Google 维护和管理数据库。

(2) 高可信性和可用性。用户数据会同步到多个数据中心,机器故障和数据中心出错等都会自动调整。

(3) 支持 JDBC(基于 Java 的 App Engine 应用)和 DB-API(基于 Python 的 App Engine 应用)。

(4) 全面的用户界面管理数据库。

(5) 与 Google App Engine(Google 应用引擎)集成。

5. 阿里云数据库

阿里云数据库提供多种数据库版本,包括对 SQL 数据库、NoSQL 和内存数据库的支持。

(1) 阿里云数据库 SQL Server 版:SQL Server 是发行最早的商用数据库产品之一,支持复杂的 SQL 查询,支持基于 Windows 平台. NET 架构的应用程序。

(2) 阿里云数据库 MySQL 版:MySQL 是全球受欢迎的开源数据库之一,作为开源软件组合 LAMP(Linux ＋ Apache ＋ MySQL ＋ Perl/PHP/Python)中的重要一环,广泛应用于各类应用场景。

(3) 阿里云数据库 PostgreSQL 版:PostgreSQL 是先进的开源数据库,面向企业复杂 SQL 处理的 OLTP 在线事务处理场景,支持 NoSQL 数据类型(JSON/XML/hstore)、支持 GIS 地理信息处理。

(4) 阿里云数据库 HBase 版:云数据库 HBase 版(ApsaraDB for HBase)是基于 Hadoop 且兼容 HBase 协议的高性能、可弹性伸缩、面向列的分布式数据库,轻松支持 PB 级大数据存储,满足千万级 QPS 高吞吐随机读写场景。

(5) 阿里云数据库 MongoDB 版:云数据库 MongoDB 版支持 ReplicaSet 和 Sharding 两种部署架构,具备安全审计,时间点备份等多项企业能力,在互联网、物联网、游戏、金融等领域被广泛采用。

（6）阿里云数据库 Redis 版：云数据库 Redis 版是兼容 Redis 协议标准的、提供持久化的内存数据库服务，基于高可靠双机热备架构及可无缝扩展的集群架构，满足高读写性能场景及容量需弹性变配的业务需求。

（7）阿里云数据库 Memcache 版：云数据库 Memcache 版（ApsaraDB for Memcache）是一种高性能、高可靠、可平滑扩容的分布式内存数据库服务。基于飞天分布式系统及高性能存储，并提供了双机热备、故障恢复、业务监控、数据迁移等方面的全套数据库解决方案。

17.6　NoSQL 数据库

在云计算和大数据时代，很多信息系统需要对海量的非结构化数据进行存储和计算，NoSQL 数据库应运而生。

1. 传统关系数据库存在的问题

随着互联网应用的发展，传统关系数据库在读写速度、支撑容量、扩展性能、管理和运营成本方面存在以下问题。

1）读写速度慢

关系数据库由于其系统逻辑复杂，当数据量达到一定规模时，读写速度快速下滑，即使能勉强应付每秒上万次 SQL 查询，硬盘 I/O 也无法承担每秒上万次 SQL 写数据的要求。

2）支撑容量有限

Facebook 和 Twitter 等社交网站，每月能产生上亿条用户动态，关系数据库在一个有数亿条记录的表中进行查询，效率极低，致使查询速度无法忍受。

3）扩展困难

当一个应用系统的用户量和访问量不断增加时，关系数据库无法通过简单添加更多的硬件和服务节点来扩展性能和负载能力，该应用系统不得不停机维护以完成扩展工作。

4）管理和运营成本高

企业级数据库的 License 价格高，加上系统规模不断上升，系统管理维护成本无法满足上述要求。

同时，关系数据库一些特性，例如，复杂的 SQL 查询、多表关联查询等，在云计算和大数据中却往往无用武之地。所以，传统关系数据库已难以独立满足云计算和大数据时代应用的需要。

2. NoSQL 的基本概念

NoSQL 数据库泛指非关系型的数据库，NoSQL（Not Only SQL）指其在设计上和传统的关系数据库不同，常用的数据模型有 Cassandra、Hbase、BigTable、Redis、MongoDB、CouchDB、Neo4j 等。

NoSQL 数据库具有以下特点。

（1）读写速度快、数据容量大。具有对数据的高并发读写和海量数据的存储。

（2）易于扩展。可以在系统运行的时候，动态增加或者删除节点，不需要停机维护。

（3）一致性策略。遵循 BASE（Basically Available，Soft state，Eventual consistency）原则，即 Basically Available（基本可用），指允许数据出现短期不可用；Soft state（柔性状

态),指状态可以有一段时间不同步;Eventual consistency(最终一致),指最终一致,而不是严格的一致。

(4) 灵活的数据模型。不需要事先定义数据模式,预定义表结构。数据中的每条记录都可能有不同的属性和格式,当插入数据时,并不需要预先定义它们的模式。

(5) 高可用性。NoSQL 数据库将记录分散在多个节点上,对各个数据分区进行备份(通常是 3 份),应对节点的失败。

3. NoSQL 的种类

随着云计算和大数据的发展,出现了众多的 NoSQL 数据库,常用的 NoSQL 数据库根据其存储特点及存储内容可以分为以下 4 类。

(1) 键值(Key-Value)模型:一个关键字(Key)对应一个值(Value),简单易用的数据模型,能够提供快的查询速度、海量数据存储和高并发操作,适合通过主键对数据进行查询和修改工作,例如 Redis 模型。

(2) 列存储模型:按列对数据进行存储,可存储结构化和半结构化数据,对数据进行查询有利,适用于数据库类的应用,代表模型有 Cassandra、Hbase、BigTable。

(3) 文档型模型:该类模型也是一个关键字(Key)对应一个值(Value),但这个值是以 Json 或 XML 等格式的文档进行存储,常用的模型有 MongoDB、CouchDB。

(4) 图(Graph)模型:将数据以图形的方式进行存储,记为 G(V, E),V 为结点(node)的结合,E 为边(edge)的结合,该模型支持图结构的各种基本算法,用于直观地表达和展示数据之间的联系,如 Neo4j 模型。

4. NewSQL 的兴起

现有 NoSQL 数据库产品大多是面向特定应用的,缺乏通用性,其应用具有一定的局限性,已有一些研究成果和改进的 NoSQL 数据存储系统,但它们都是针对不同应用需求而提出的相应解决方案,还没有形成系列化的研究成果,缺乏强有力的理论、技术、标准规范的支持,缺乏足够的安全措施。

NoSQL 数据库以其读写速度快、数据容量大、扩展性能好,在云计算和大数据时代取得迅速发展,但 NoSQL 不支持 SQL,使应用程序开发困难,不支持应用所需 ACID 特性,新的 NewSQL 数据库将 SQL 和 NoSQL 的优势结合起来,代表的模型有 VoltDB、Spanner 等。

17.7 小　　结

本章主要介绍了以下内容。

(1) 大数据(Big Data)指海量数据或巨量数据,大数据以云计算等新的计算模式为手段,获取、存储、管理、处理并提炼数据以帮助使用者决策。

大数据具有数据量大、多样、快速、价值密度低、复杂度增加等特点。

(2) 云计算是处理大数据的手段,大数据云计算处理的对象。

云计算是一种新的计算模式,它将计算任务分布在大量计算机构成的资源池上,使各种应用系统能够根据需要获取计算能力、存储空间和信息服务,即云计算是通过网络按需提供可动态伸缩的性能价格比高的计算服务。

云计算具有超大规模、虚拟化、按需服务、可靠性、通用性、灵活弹性、性能价格比高等特点。

（3）大数据来源非常广泛，可以从产生数据的主体、数据来源的行业、数据存储的形式进行分类。

（4）大数据的处理过程包括数据的采集和预处理，大数据分析，数据可视化。

（5）大数据的技术支撑有：计算速度的提高、存储成本的下降和对人工智能的需求。

（6）数据科学是基于传统的数学和统计学理论和方法，运用计算机技术进行大规模数据计算、处理、分析和应用的学科。数据科学体系是数学和统计学理论、计算机技术和行业知识三者的结合。

习　题　17

一、选择题

1. 在下列人员中，能够有效地处理越来越多的数据源的是_____。

    A. 业务开发员　　　　　　　　　　B. 软件工程师

    C. 大数据科学家　　　　　　　　　　D. 销售经理

2. 下列选项中，不是大数据的特征的是_____。

    A. 数据量　　　　　B. 可变因素　　　　C. 多样性　　　　　D. 速度

3. 下列选项中，不属于 NoSQL 数据库的类型的是_____。

    A. 键值模型　　　　B. 列存储模型　　　C. 文档型模型　　　D. 树模型

4. 获取的数据可以是结构化或非结构化的，这是大数据的_____特征。

    A. 多样性　　　　　B. 速度　　　　　　C. 数据量　　　　　D. 价值

5. 下列选项中，不属于传统数据库技术的是_____。

    A. DBMS　　　　　B. DBS　　　　　　C. NoSQL　　　　　D. PL/SQL

6. 云计算的层次结构不包括_____。

    A. 虚拟资源层　　　B. 会话层　　　　　C. IaaS　　　　　　D. PaaS

7. 寻找担任大数据分析师的人才，将着眼于_____。

    A. 在职的业务发展顾问

    B. 来自计算机科学以外团体的专业人士

    C. 具有统计学背景和概念建模及预测建模知识的学生

    D. 机械工程专业的学生

二、填空题

1. 大数据指_____，大数据以新的计算模式为手段，获取、存储、管理、处理并提炼数据以帮助使用者决策。

2. 大数据的技术支撑有计算速度的提高、存储成本的下降和对_____的需求。

3. NoSQL 数据库泛指_____的数据库，NoSQL（Not Only SQL）指其在设计上和传统的关系数据库不同。

4. NoSQL 数据库具有_____、数据容量大，易于扩展、一致性策略、灵活的数据模型、高可用性等特点。

5. 云计算是一种新的计算模式,它将计算任务分布在大量计算机构成的_____上。

6. 云计算具有_____、虚拟化、按需服务、可靠性、通用性、灵活弹性、性能价格比高等特点。

三、问答题

1. 大数据的基本概念是怎样形成的?

2. 论述大数据的基本特征。

3. 试比较大数据计算与传统统计学。

4. 大数据计算系统与传统关系型数据库系统有何区别?

5. 大数据技术架构与传统技术架构的比较有何区别?

6. 简述大数据和云计算的关系。

7. 如何对大数据的来源进行分类?

8. 大数据预处理的方法有哪些?

9. 大数据的挖掘方法有哪些?

10. 简述大数据的支撑技术。

11. 大数据科学家应具备哪些知识技能?

Java EE 和 Oracle 数据库
学生成绩管理系统开发

本章要点

- 创建学生成绩数据库和表
- 搭建系统框架
- 持久层开发
- 业务层开发
- 表示层开发

在介绍 Java EE 项目开发基础和 Java EE 开发环境的基础上,本章介绍使用三个框架 Struts、Spring、Hibernate 的整合来开发一个 Oracle 应用系统——学生成绩管理系统。

18.1　创建学生成绩数据库和表

创建学生成绩管理系统数据库 stsys,它的基本表有 student 表、course 表、score 表,它们的表结构分别如表 18.1~表 18.3 所示。

表 18.1　student 的表结构

列名	数据类型	允许 null 值	是否主键	说　明
sno	char(6)		主键	学号
sname	char(12)			姓名
ssex	char(3)			性别
sbirthday	date			出生日期
speciality	char(18)	√		专业
sclass	char(6)	√		班号
tc	number	√		总学分

表 18.2　course 的表结构

列名	数据类型	允许 null 值	是否主键	说　明
cno	char(4)		主键	课程号
cname	char(24)			课程名
credit	number	√		学分

表 18.3 score 的表结构

列名	数据类型	允许 null 值	是否主键	说　　明
sno	char(6)		主键	学号
cno	char(4)		主键	课程号
grade	number	√		成绩

18.2　搭建系统框架

18.2.1　层次划分

创建一个学生成绩管理系统应用项目,项目命名为 StudentDeveloper,该项目需要实现学生、课程、成绩的增加、删除、修改和查询等项功能。在 Oracle 中创建学生成绩管理系统数据库 stsys,它的基本表有 student 表、course 表、score 表,使用轻量级 Java EE 系统的 Struts 2、Spring 和 Hibernate 框架进行开发。

1. 分层模型

轻量级 Java EE 系统划分为持久层、业务层和表示层,用 Struts 2＋Spring＋Hibernate 架构进行开发,用 Hibernate 进行持久层开发,用 Spring 的 Bean 来管理组件 DAO、Action 和 Service,用 Struts 2 完成页面的控制跳转,分层模型如图 18.1 所示。

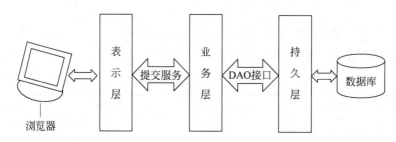

图 18.1　轻量级 Java EE 系统分层模型

1) 持久层

轻量级 Java EE 系统的后端是持久层,使用 Hibernate 框架,持久层由 POJO 类及其映射文件、DAO 组件构成,该层屏蔽了底层 JDBC 连接和数据库操作细节,为业务层提供统一的面向对象的数据访问接口。

2) 业务层

轻量级 Java EE 系统的中间部分是业务层,使用 Spring 框架。业务层由 Service 组件构成,Service 调用 DAO 接口中的方法,经由持久层间接地操作后台数据库,并为表示层提供服务。

3) 表示层

轻量级 Java EE 系统的前端是表示层,是 Java EE 系统直接与用户交互的层面,使用业务层提供的服务来满足用户的需求。

2. 轻量级 Java EE 系统解决方案

轻量级 Java EE 系统采用三种主流开源框架 Struts 2、Spring 和 Hibernate 进行开发，其解决方案如图 18.2 所示。

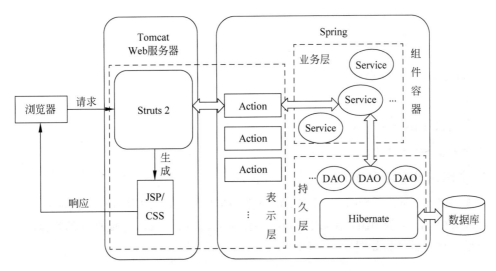

图 18.2　轻量级 Java EE 系统解决方案

在上述解决方案中，表示层使用 Struts 2 框架，包括 Struts 2 核心控制器、Action 业务控制器和 JSP 页面；业务层使用 Spring 框架，由 Service 组件构成；持久层使用 Hibernate 框架，由 POJO 类及其映射文件、DAO 组件构成。

该系统的所有组件，包括 Action、Service 和 DAO 等，全部放在 Spring 容器中，由 Spring 统一管理。所以，Spring 是轻量级 Java EE 系统解决方案的核心。

使用上述解决方案的优点如下。

- 减少重复编程以缩短开发周期和降低成本，易于扩充，从而达到快捷高效的目的。
- 系统架构更加清晰合理、系统运行更加稳定可靠。

程序员在表示层中只需编写 Action 和 JSP 代码，在业务层中只需编写 Service 接口及其实现类，在持久层中只需编写 DAO 接口及其实现类，可以使用更多的精力为应用开发项目选择合适的框架，从根本上提高开发的速度、效率和质量。

比较 Java EE 三层架构和 MVC 三层结构有以下两方面：

（1）MVC 是所有 Web 程序的通用开发模式，划分为三层结构：M（模型层），V（视图层）和 C（控制器层），它的核心是 C（控制器层），一般由 Struts 2 担任。Java EE 三层架构为表示层、业务层和持久层，使用的框架分别为 Struts 2、Spring 和 Hibernate，以 Spring 容器为核心，控制器 Struts 2 只承担表示层的控制功能。

（2）在 Java EE 三层架构中，表示层包括 MVC 的 V（视图层）和 C（控制器层）两层，业务层和持久层是 M（模型层）的细分。

18.2.2 搭建项目框架

1. 创建 Java EE 项目

新建 Java EE 项目,项目命名为 StudentDeveloper。

操作参考附录 A 的 1. 创建 Java EE 项目。

2. 添加 Spring 核心容器

添加 Spring 开发能力。

3. 添加 Hibernate 框架

添加 Hibernate 框架。

4. 添加 Struts 2 框架

加载配置 Struts 2 包。

5. 集成 Spring 与 Struts 2

本项目采用 Struts+Spring+Hibernate 架构进行开发,用 Hibernate 进行持久层开发,用 Spring 的 Bean 来管理组件 Dao、Action 和业务逻辑,用 Struts 完成页面的控制跳转,项目完成后的项目目录树如图 18.3 所示。

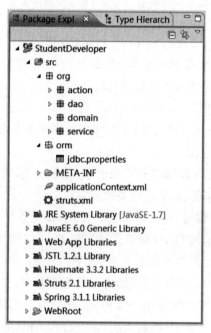

图 18.3 项目目录树

1) 持久层

(1) org. dao。

• BaseDao. java:公共数据访问类。

（2）org. domain（该包中放置实现 DAO 接口的类和表对应的 POJO 类及映射文件 ＊. hbm. xml）。

- Student. java：学生实体类。
- Student. hbm. xml：学生实体类映射文件。
- Course. java：课程实体类。
- Course. hbm. xml：课程实体类映射文件。
- Score. java：成绩实体类。
- Score. hbm. xml：成绩实体类映射文件。

2）业务层

（1）org. service：该包中放置业务逻辑接口，接口中的方法用来处理用户请求。

- BaseService. java：通用逻辑接口。
- UsersService. java：学生逻辑接口。
- ScoreService. java：成绩逻辑接口。
- CourseService. java：课程逻辑接口。

（2）org. service. impl：该包中放置实现业务逻辑接口的类。

- BaseServiceImpl. java：通用实现类。
- UsersServiceImpl. java：学生实现类。
- ScoreServiceImpl. java：成绩实现类。
- CourseServiceImpl. java：课程实现类。

3）表示层

（1）org. action：该包中放置对应的用户自定义的 Action 类。

- StudentAction. java：学生信息控制器。
- ScoreAction. java：成绩信息控制器。
- CourseAction. java：课程信息控制器。

4）配置文件

（1）META-INFO。

- applicationContext. xml：spring 配置文件，该文件实现 Spring 和 Struts 2、Hibernate 的整合。
- struts. xml：struts2 配置文件，该文件配置 Action。

（2）orm。

- jdbc. properties：jdbc 配置文件，配置数据库连接信息。

jdbc. properties

jdbc. driverClassName＝oracle. jdbc. OracleDriver
jdbc. url＝jdbc：oracle：thin：＠localhost：1521/stsys. domain
jdbc. username＝system
jdbc. pwd＝123456

```
hibernate. dialect=org. hibernate. dialect. OracleDialect
hibernate. show_sql=true
hibernate. format_sql=true
hibernate. hbm2ddl. auto=update
```

在项目开发中,需要一个团队而不只是一个程序员来完成,需要整个团队分工协作。面向接口编程有利于团队开发,有了接口,其他程序员可以直接调用其中的方法,不管该方法如何实现。开发项目的流程一般是先完成持久层数据连接,再实现 DAO,进而完成业务逻辑,最后实现页面及控制逻辑。

18.3　持久层开发

利用 Hibernate 编程,有以下几个步骤。

(1) 编写 Hibernate 配置文件,连接到数据库。

(2) 生成 POJO 类及 Hibernate 映射文件,将 POJO 和表映射,POJO 中的属性和表中的列映射。

(3) 编写 DAO,使用 Hibernate 进行数据库操作。

将数据库表 student、course、score 生成对应的 POJO 类及映射文件,放置在持久层的 org. domain 包中,包括学生实体类 Student. java、学生实体类映射文件 Student. hbm. xml、课程实体类 Course. java、课程实体类映射文件 Course. hbm. xml、成绩实体类 Score. java、成绩实体类映射文件 Score. hbm. xml。

下面仅列出学生实体类 Student. java、学生实体类映射文件 Student. hbm. xml 的代码。

1. 生成 POJO 类及映射文件

1) Student. java 文件

```
package org.domain;

import java.util.Date;

public class Student {
    private String sno;              //学号
    private String sname;            //姓名
    private String ssex;             //性别
    private Date sbirthday;          //出生日期
    private String speciality;       //专业
    private String sclass;           //班号
    private String tc;               //总学分
    private Score score;             //分数


    public Score getScore() {
        return score;
```

```
    }
    public void setScore(Score score) {
        this.score = score;
    }
    public String getSno() {
        return sno;
    }
    public void setSno(String sno) {
        this.sno = sno;
    }
    public String getSname() {
        return sname;
    }
    public void setSname(String sname) {
        this.sname = sname;
    }
    public String getSsex() {
        return ssex;
    }
    public void setSsex(String ssex) {
        this.ssex = ssex;
    }
    public Date getSbirthday() {
        return sbirthday;
    }
    public void setSbirthday(Date sbirthday) {
        this.sbirthday = sbirthday;
    }
    public String getSpeciality() {
        return speciality;
    }
    public void setSpeciality(String speciality) {
        this.speciality = speciality;
    }
    public String getSclass() {
        return sclass;
    }
    public void setSclass(String sclass) {
        this.sclass = sclass;
    }
    public String getTc() {
        return tc;
    }
    public void setTc(String tc) {
        this.tc = tc;
    }
}
```

2) Student. hbm. xml 文件

```
<?xml version = "1.0" encoding = "UTF - 8"?>
```

```
<!DOCTYPE hibernate - mapping PUBLIC " - //Hibernate/Hibernate Mapping DTD 3.0//EN" "http://
hibernate.sourceforge.net/hibernate - mapping - 3.0.dtd" >
< hibernate - mapping package = "org.domain">
  < class name = "Student" table = "student" dynamic - insert = "true" dynamic - update = "true">
      < id name = "sno" column = "sno" type = "string"></id>
      < property name = "sname" column = "sname" type = "string" />
      < property name = "ssex" column = "ssex" type = "string" />
      < property name = "sbirthday" column = "sbirthday" type = "date" />
      < property name = "speciality" column = "speciality" type = "string" />
      < property name = "tc" column = "tc" type = "string" />
      < property name = "sclass" column = "sclass" type = "string" />
  </class>
</hibernate - mapping>
```

2. 公共数据访问类

在项目开发过程中，将访问数据库的操作放到特定的类中去处理，这个对数据库操作的类叫做 DAO 类。

DAO(Data Access Object，数据访问对象)类专门负责对数据库的访问。

公共数据访问类 BaseDao.java 放在 org.dao 包中。

BaseDao.java 文件

```
package org.dao;

import java.io.Serializable;
import java.util.List;

import org.springframework.orm.hibernate3.support.HibernateDaoSupport;

/**
 * 公共 dao
 * @author Administrator
 */
public class BaseDao < T > extends HibernateDaoSupport{
 public void save(T t){
      this.getHibernateTemplate().save(t);
 };
 public void update(T t){
      this.getHibernateTemplate().update(t);
 }
 public void delete(Class < T > entityClass,Serializable id){
      T t = get(entityClass, id);
      if(null != t){
           this.getHibernateTemplate().delete(t);
      }
 }
 public T get(Class < T > entityClass,Serializable id){
      return this.getHibernateTemplate().get(entityClass,id);
 }
 @SuppressWarnings("unchecked")
```

```
public List < T > getAll(Class < T > entityClass){
    return this.getHibernateTemplate().find("FROM " + entityClass.getName());
}
@SuppressWarnings("unchecked")
public List < T > findByHql(String hql, Object... objects){
    return this.getHibernateTemplate().find(hql,objects);
}
}
```

18.4　业务层开发

业务逻辑组件是为控制器提供服务的,业务逻辑对 DAO 进行封装,使控制器调用业务逻辑方法无须直接访问 DAO。

1. 业务逻辑接口

业务逻辑接口放在 org. service 包中,包括通用逻辑接口 BaseService. java、学生逻辑接口 StudentService. java、成绩逻辑接口 ScoreService. java、课程逻辑接口 CourseService. java,下面介绍通用逻辑接口 BaseService. java 和学生逻辑接口 StudentService. java。

1) BaseService. java 文件

```
package org. service;

import java.io.Serializable;
import java.util.List;

/**
 *  通用接口
 *  @author Administrator
 *  @param < T >
 */
public interface BaseService < T > {
 void save(T t);

 void update(T t);

 void delete(Serializable id);

 T get(Serializable id);

 List < T > getAll();


 List < T > findByHql(String hql, Object... objects);
}
```

2) UsersService. java 文件

```
package org. service;
```

```
import java.util.List;

import org.domain.Student;

public interface UsersService extends BaseService < Student >{

  /**
   * 添加学生信息
   * @param s
   * @throws Exception
   */
  public void addStudent(Student s) throws Exception;

  /**
   * 查询所有学生信息
   * @return
   * @throws Exception
   */
  public List < Student > getAllStudent() throws Exception;

  /**
   * 查询指定学生信息
   * @return
   * @throws Exception
   */
  public List < Student > getOneStudent(String sno) throws Exception;

  /**
   * 删除指定学生
   * @param sno
   * @throws Exception
   */
  public void deleteStudent(String sno) throws Exception;

  /**
   * 修改学生信息
   * @param s
   * @throws Exception
   */
  public void updateStudent(Student s) throws Exception;
}
```

2. 业务逻辑实现类

业务逻辑实现类放在 org. service. impl 包中,包括通用实现类 BaseServiceImpl. java、学生实现类 StudentServiceImpl. java、成绩实现类 ScoreServiceImpl. java、课程实现类 CourseServicImple. java。

3. 事务管理配置

Spring 的配置文件 applicationContext. xml 用于对业务逻辑进行事务管理。

18.5　表示层开发

Web 应用的前端是表示层,使用 Struts 框架,Struts 2 的基本流程如下。

(1) Web 浏览器请求一个资源。

(2) 过滤器 Dispatcher 查找请求,确定适当的 Action。

(3) 拦截器自动对请求应用通用功能,如验证和文件上传等操作。

(4) Action 的 execute 方法通常用来存储和(或)重新获得信息(通过数据库)。

(5) 结果被返回到浏览器,可能是 HTML、图片、PDF 或其他。

当用户发送一个请求后,web.xml 中配置的 FilterDispatcher(Struts 2 核心控制器)就会过滤该请求。如果请求是以.action 结尾,该请求就会被转入 Struts 2 框架处理。Struts 2 框架接收到 * .action 请求后,将根据 * .action 请求前面的"*"来决定调用哪个业务。

学生信息控制器 StudentAction.java、成绩信息控制器 ScoreAction.java、课程信息控制器 CourseAction.java 放在 org.action 包中。

18.5.1　配置 struts.xml 和 web.xml

1. struts.xml

struts.xml 是 Struts 2 配置文件,在 META-INFO 包中,该文件配置 Action 和 JSP,其代码如下:

```
<?xml version = "1.0" encoding = "utf - 8"?>
<!DOCTYPE struts PUBLIC
  " - //Apache Software Foundation//DTD Struts Configuration 2.0//EN"
  "http://struts.apache.org/dtds/struts - 2.0.dtd">
< struts >
< package name = "default" extends = "struts - default">
    <! -- 添加学生信息 -->
    < action name = "addStudent" class = "scoreAction" method = "addStudent">
        < result name = "success">/addStudent_success.jsp </result >
        < result name = "error">/addStudent.jsp </result >
        < result name = "input">/addStudent.jsp </result >
    </action >

    <! -- 查询所有学生 -->
    < action name = "showAllStudent" class = "scoreAction" method = "showAllStudent">
     < result name = "success">/showStudent.jsp </result >
     </action >

    <! -- 查询一个学生 -->
    < action name = "showOneStudent" class = "scoreAction" method = "showOneStudent">
     < result name = "success">/showOneStudent.jsp </result >
    </action >
    <! -- < action name = "getImage" class = "org.action.StudentAction" method = "getImage"></
action > -->
```

```xml
<!-- 删除学生 -->
  <action name = "deleteStudent" class = "scoreAction" method = "deleteStudent">
    <result name = "success">/showAllStudent.jsp</result>
  </action>

  <!-- 查询要更新的学生信息 -->
  <action name = "updateStudent" class = "scoreAction" method = "showOneStudent">
    <result name = "success">/updateStudent.jsp</result>
  </action>
  <!-- 更新学生信息 -->
  <action name = "updateSaveStudent" class = "scoreAction" method = "updateSaveStudent">
    <result name = "success">/showAllStudent.jsp</result>
  </action>

  <!-- 查询学生和课程信息 -->
  <action name = "showAllScore" class = "org.action.ScoreAction" method = "showAllScore">
    <result name = "success">/showScore.jsp</result>
  </action>
  <!-- 添加学生成绩 -->
  <action name = "addScore" class = "org.action.ScoreAction" method = "addScore">
    <result name = "success">/addScore_success.jsp</result>
  </action>

  <!-- 查询学生成绩 -->
  <action name = "selectScore" class = "org.action.ScoreAction" method = "selectScore">
    <result name = "success">/scoreInfo.jsp</result>
  </action>

  <!-- 课程信息添加 -->
  <action name = "addCourses" class = "courseAction" method = "addCourse">
      <result name = "success">/addCourse_success.jsp</result>
  </action>

  <!-- 课程信息查询 -->
  <action name = "selectCourse" class = "courseAction" method = "showCourse">
      <result name = "success">/courseInfo.jsp</result>
  </action>

 </package>
</struts>
```

2. web.xml

web.xml 文件配置过滤器及监听器,其代码如下:

```xml
<?xml version = "1.0" encoding = "UTF-8"?>
<web-app xmlns:xsi = "http://www.w3.org/2001/XMLSchema-instance" xmlns = "http://java.
sun.com/xml/ns/javaee" xmlns:web = "http://java.sun.com/xml/ns/javaee/web-app_2_5.xsd"
xsi:schemaLocation = "http://java.sun.com/xml/ns/javaee http://java.sun.com/xml/ns/javaee/
web-app_3_0.xsd" id = "WebApp_ID" version = "3.0">
  <display-name>StudentDeveloper</display-name>
```

```
< welcome - file - list >
  < welcome - file > main. jsp </welcome - file >
</welcome - file - list >
< filter >
  < filter - name > struts2 </filter - name >
  < filter - class > org. apache. struts2. dispatcher. ng. filter. StrutsPrepareAndExecuteFilter
</filter - class >
</filter >
< filter - mapping >
  < filter - name > struts2 </filter - name >
  < url - pattern > * . action </url - pattern >
</filter - mapping >
< filter - mapping >
  < filter - name > struts2 </filter - name >
  < url - pattern > * . jsp </url - pattern >
</filter - mapping >
< listener >
  < listener - class > org. springframework. web. context. ContextLoaderListener </listener - class >
</listener >
< context - param >
  < param - name > contextConfigLocation </param - name >
  < param - value > classpath:applicationContext. xml </param - value >
</context - param >
</web - app >
```

18.5.2 主界面设计

在浏览器地址栏中输入"http://localhost:8080/StudentDeveloper/",运行学生成绩管理系统,出现主界面,如图 18.4 所示。

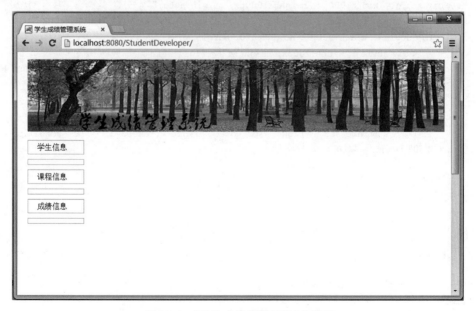

图 18.4 "学生成绩管理系统"主界面

界面分为三个部分：头部 title.jsp、左部 left.jsp 和右部 rigtht.jsp,通过 main.jsp 整合在一起。

1) main.jsp 文件

```
<%@ page language = "java" import = "java.util. * " pageEncoding = "UTF - 8"% >
<%
String path = request.getContextPath();
String basePath = request. getScheme( ) + "://" + request. getServerName( ) + ":" + request.
getServerPort() + path + "/";
%>

<! DOCTYPE HTML PUBLIC " - //W3C//DTD HTML 4.01 Transitional//EN">
< html >
  < head >
    < base href = "<% = basePath%>">

    <title>学生成绩管理系统</title>

  < meta http - equiv = "pragma" content = "no - cache">
  < meta http - equiv = "cache - control" content = "no - cache">
  < meta http - equiv = "expires" content = "0">
  < meta http - equiv = "keywords" content = "keyword1,keyword2,keyword3">
  < meta http - equiv = "description" content = "This is my page">
  <! --
  < link rel = "stylesheet" type = "text/css" href = "styles.css">
  -->

  </head>

  < body >
    < div style = "width:900px; height:1000px; margin:auto;">
      < iframe src = "head. jsp"frameborder = "0"scrolling = "no"width = "913"height = "160"></iframe>
      < div style = "width:900px; height:420; margin:auto;">
        < div style = "width:200px; height:420; float:left">
          < iframe src = "left. jsp" frameborder = "0" scrolling = "no" width = "200" height
= "420"></iframe>
        </div >
        < div style = "width:700px; height:420; float:left">
          < iframe src = "right. jsp" name = "right" frameborder = "0" scrolling = "no"
width = "560" height = "420"></iframe>
        </div >
      </div >
    </div >
  </body>
</html >
```

2) left.jsp 文件

```
<%@ page language = "java" pageEncoding = "UTF - 8"% >
< html >
  < head >
```

```
    <title>学生成绩管理系统</title>
    <script type = "text/javascript" src = "js/jquery - 1.8.0.min.js"></script>
    <script type = "text/javascript" src = "js/left.js"></script>
    <link rel = "stylesheet" href = "CSS/left_style.css" type = "text/css" />
    <script type = "text/javascript">

    </script>
  </head>
  <body>
      <div class = "left_div">
          <div style = "width:1px;height:10px;"></div>
          <div class = "student"><a href = "javascript:void(0)"id = "student">学生信息</a></div>
          <div style = "width:1px;height:10px;"></div>
          <div class = "student">
              <span class = "sinfo" style = "width: 200px;"><a href = "addStudent.jsp"
target = "right">添加学生信息</a></span>
              <span class = "sinfo" style = "width: 200px;"><a href = "showAllStudent.jsp"
target = "right">查询学生信息</a></span>
          </div>
          <div style = "width:1px;height:10px;"></div>
          <div class = "student"><a href = "javascript:void(0)" id = "scoure">课程信息</a>
</div>
          <div style = "width:1px;height:10px;"></div>
          <div class = "student">
              <span class = "cinfo"><a href = "addCourse.jsp" target = "right">课程添加</
a></span>
              <span class = "cinfo"><a href = "selectCourse.action" target = "right">课程
查询</a></span>
          </div>
          <div style = "width:1px;height:10px;"></div>
          <div class = "student"><a href = "javascript:void(0)" id = "score">成绩信息</a>
</div>
          <div style = "width:1px;height:10px;"></div>
          <div class = "student">
              <span class = "scoreInfo"><a href = "showAllScore.jsp" target = "right">成绩
添加</a></span>
              <span class = "scoreInfo"><a href = "selectScore.action" target = "right">成
绩查询</a></span>
          </div>
      </div>
  </body>
</html>
```

3）right.jsp 文件

```
<%@ page language = "java" pageEncoding = "UTF - 8" %>
<html>
  <head>
    <title>学生成绩管理系统</title>
  </head>
  <body>
```

```
    </body>
</html>
```

4) head.jsp 文件

```
<html>
  <head>
       <title>学生成绩管理系统</title>
  </head>
  <body>
       <img src = "images/top.jpg"/>
  </body>
</html>
```

18.5.3　添加学生信息设计

在学生成绩管理系统中,单击"添加学生信息"链接,出现学生信息添加界面,如图 18.5 所示。

图 18.5　学生信息添加界面

该超链接提交的 Action 配置,在 struts.xml 文件中已经给出,对应 Action 类 ScoreAction.java 类和学生信息录入页面 addStudent.jsp。

18.5.4　查询学生信息设计

查询学生信息设计包括设计和实现学生信息查询、学生信息修改、学生信息删除等功能。

1. 查询学生信息

在学生成绩管理系统中,单击学生信息查询的图片链接,出现所有学生信息的列表。

其 Action 的配置在前面的 struts. xml 代码中已经给出,对应 Action 类 ScoreAction. java 类和学生信息查询页面 showStudent. jsp。

2. 修改学生信息

在学生信息查询中,单击功能栏中的"修改"按钮,出现修改学生信息界面。

其 Action 的配置在前面的 struts. xml 代码中已经给出,对应 Action 类 ScoreAction. java 类和学生信息修改页面 updateStudent. jsp。

18.6　小　　结

本章主要介绍了以下内容。

(1) 在项目开发过程中,需要将 Struts、Spring、Hibernate 三个框架进行整合。使用上述三个开源框架的策略为:表示层用 Struts,业务层用 Spring,持久层用 Hibernate,该策略简称为 SSH。

前端使用 Struts 充当视图层和控制层,普通的 Java 类为业务逻辑层,后端采用 Hibernate 充当数据访问层,而 Spring 主要运行在 Struts 和 Hibernate 的中间,通过控制反转让控制层间接调用业务逻辑层,负责降低 Web 层和数据库层之间的耦合性。

(2) 在持久层开发中,Hibernate 框架作为模型/数据访问层中间件,通过配置文件 (hibernate. cfg. xml)和映射文件(* . hbm. xml)把将 Java 对象或持久化对象(Persistent Object,PO)映射到关系数据库的表中,再通过持久化对象对表进行有关操作。持久化对象 (PO)指不含业务逻辑代码的普通 Java 对象(Plain Ordinary Java Object,POJO)加映射文件。

将数据库表 student、course、score 生成对应的 POJO 类及映射文件,放置在持久层的 org. domain 包中,包括学生实体类 Student. java、学生实体类映射文件 Student. hbm. xml、课程实体类 Course. java、课程实体类映射文件 Course. hbm. xml、成绩实体类 Score. java、成绩实体类映射文件 Score. hbm. xml。

在项目开发过程中,将访问数据库的操作放到特定的类中去处理,这个对数据库操作的类叫做 DAO 类,DAO(Data Access Object,数据访问对象)类专门负责对数据库的访问。公共数据访问类 BaseDao. java 放在 org. dao 包中。

(3) 在业务层开发中,业务逻辑组件是为控制器提供服务的,业务逻辑对 DAO 进行封装,使控制器调用业务逻辑方法无须直接访问 DAO。

业务逻辑接口放在 org. service 包中,包括通用逻辑接口 BaseService. java、学生逻辑接口 StudentService. java、成绩逻辑接口 ScoreService. java、课程逻辑接口 CourseService. java。

业务逻辑实现类放在 org. service. impl 包中,包括通用实现类 BaseServiceImpl. java、学生实现类 StudentServiceImpl. java、成绩实现类 ScoreServiceImpl. java、课程实现类 CourseServicImple. java。

Spring 的配置文件 applicationContext. xml 用于对业务逻辑进行事务管理。

（4）Web 应用的前端是表示层,使用 Struts 框架,当用户发送一个请求后,web. xml 中配置的 FilterDispatcher(Struts 2 核心控制器)就会过滤该请求。如果请求是以. action 结尾,该请求就会被转入 Struts 2 框架处理。Struts 2 框架接收到 ＊. action 请求后,将根据 ＊. action 请求前面的"＊"来决定调用哪个业务。

struts. xml 是 Struts2 配置文件,在 META-INFO 包中,该文件配置 Action 和 JSP。

学生信息控制器 StudentAction. java、成绩信息控制器 ScoreAction. java、课程信息控制器 CourseAction. java 放在 org. action 包中。

习　题　18

一、选择题

1. Struts2 的核心配置文件是_____。

    A. web. xml   B. struts. xml

    C. hibernate. cfg. xml   D. applicationContext. xml

2. Hibernat 的映射文件是_____。

    A. hibernate. cfg. xml   B. applicationContext. xml

    C. web. xml   D. ＊. hbm. xml

3. Hibernat 的配置文件是_____。

    A. applicationContext. xml   B. web. xml

    C. hibernate. cfg. xml   D. struts. xml

二、填空题

1. SSH 的表示层用_____,业务层用 Spring,持久层用 Hibernate。

2. ORM 用于实现_____的映射。

3. Action 定义的方式包括普通的 POTO 提供一个 execute 方法,_____和继承 ActionSupport。

4. Hibernate 通过配置文件和映射文件将 Java 对象映射到关系数据库的_____中。

5. Spring 的核心接口为 BeanFactory、_____。

三、应用题

1. 在课程信息设计中,增加课程信息修改和课程信息删除功能。

2. 在成绩信息设计中,增加成绩信息修改和成绩信息删除功能。

3. 在学生成绩管理系统中,增加登录功能。

4. 在学生成绩管理系统中,增加分页功能。

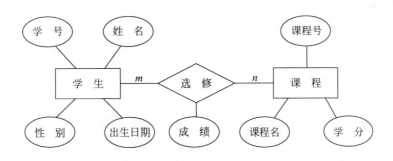

习题参考答案

第1章 概 论

一、选择题

1. C　　2. B　　3. D　　4. B　　5. A　　6. C　　7. B　　8. C

9. B　　10. C　　11. C　　12. D　　13. C　　14. B　　15. D　　16. C

17. D　　18. A

二、填空题

1. 数据完整性约束

2. 外模式

3. 减少数据冗余

4. 物理模型

5. 逻辑结构设计阶段

6. 数据字典

7. 数据库

8. E-R 模型

9. 关系模型

10. 存取方法

11. 时间和空间效率

12. 数据库的备份和恢复

三、问答题 略

四、应用题

1.

(1)

(2)

学生(<u>学号</u>,姓名,性别,出生日期)
课程(<u>课程号</u>,课程名,学分)
选修(<u>学号</u>,<u>课程号</u>,成绩)
    外码:学号,课程号

2.
(1)

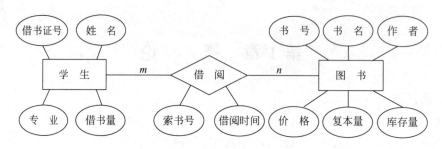

(2)

学生(<u>借书证号</u>,姓名,专业,借书量)
图书(<u>书号</u>,书名,作者,价格,复本量,库存量)
借阅(<u>书号</u>,<u>借书证号</u>,索书号,借阅时间)
    外码:书号,借书证号

第 2 章　Oracle 数据库

一、选择题

1. B　　2. A　　3. B　　4. D　　5. A

二、填空题

1. SQL * Plus 命令

2. DESCRIBE

3. GET

4. SAVE

三、问答题　略

四、应用题

1. 略

2.

使用 system 用户登录 SQL * Plus,输入 SQL 查询语句。

SELECT * FROM teacher;

使用 LIST 命令列出缓冲区的内容

LIST

3.

使用 system 用户登录 SQL * Plus,输入 SQL 查询语句。

SELECT * FROM student WHER tc = 50;

指定第一行为当前行

1

使用 CHANGE 命令将 50 替换为 52。

GET E:\ course.sql

执行命令使用"/"即可。

4.

使用 system 用户登录 SQL * Plus,输入 SQL 查询语句。

SELECT * FROM course;

保存 SQL 语句到 course.sql 文件中:

SAVE D:\ course.sql

调入脚本文件 course.sql。

GET D:\ course.sql

运行缓冲区的命令使用"/"即可。

第 3 章 创建数据库

一、选择题

1. C   2. A   3. B   4. A   5. D   6. C   7. D

二、填空题

1. 数据

2. 日志文件

3. 日志缓冲区

4. 后台进程

5. 表空间

6. SYSTEM 表空间

7. 数据字典管理

8. ONLINE

三、问答题   略

第 4 章　创建和使用表

一、选择题

1. A　　2. C　　3. B　　4. D

二、填空题

1. 标识

2. 未知

3. number

4. char

三、问答题　略

四、应用题　略

第 5 章　PL/SQL 基础

一、选择题

1. B　　2. C　　3. D　　4. A

二、填空题

1. CREATE TABLE

2. UPDATE

3. WHERE

4. FROM

三、问答题　略

四、应用题

1.

```
SELECT grade AS 成绩
  FROM score
  WHERE sno = '121004' AND cno = '1201';
```

2.

```
SELECT gname AS 商品名称, price AS 商品价格, price * 0.7 AS 打 7 折后的商品价格
  FROM goods;
```

3.

```
SELECT *
  FROM student
  WHERE sname LIKE '周 % ';
```

4.

```
SELECT MAX(tc) AS 最高学分
  FROM student
  WHERE speciality = '通信';
```

5.

```
SELECT MAX(grade) AS 课程1004最高分,MIN(grade) AS 课程1004最低分,AVG(grade) AS 课程1004
平均分
  FROM score
  WHERE cno = '1004';
```

6.

```
SELECT cno AS 课程号, AVG (grade) AS 平均分数
  FROM score
  WHERE cno LIKE '4%'
  GROUP BY cno
  HAVING COUNT( * )> = 3;
```

7.

```
SELECT *
  FROM student
  WHERE speciality = '计算机'
  ORDER BY sbirthday;
```

8.

```
SELECT cno AS 课程号, MAX(grade) AS 最高分
  FROM score
  GROUP BY cno
  ORDER BY MAX(grade) DESC;
```

9.

```
SELECT sno AS 学号, COUNT(cno) AS 选修课程数
  FROM score
  WHERE grade > = 85
  GROUP BY sno
  HAVING COUNT( * )> = 3;
```

第6章　PL/SQL 高级查询

一、选择题

1. C　　2. B　　3. A　　4. D

二、填空题

1. 子查询

2. ANY

3. FULL OUTER JOIN

4. INTERSECT

三、问答题　略

四、应用题

1.

```
SELECT sname, grade
  FROM score JOIN course ON score.cno = course.cno JOIN student ON score.sno = student.sno
  WHERE cname = '英语';
```

2.

```
SELECT a.sno, sname, ssex, cname, grade
  FROM score a JOIN student b ON a.sno = B.sno JOIN course C ON a.cno = c.cno
  WHERE cname = '高等数学' AND grade > = 80;
```

3.

```
SELECT tname AS 教师姓名, AVG(grade) AS 平均成绩
  FROM teacher a, lecture b, course c, score d
  WHERE a.tno = b.tno AND c.cno = b.cno AND c.cno = d.cno
  GROUP BY tname
  HAVING AVG(grade)> = 85;
```

4.

（1）

```
SELECT sname AS 姓名, ssex AS 性别, tc AS 总学分
  FROM student a, score b
  WHERE a.sno = b.sno AND b.cno = '1201'
INTERSECT
SELECT sname AS 姓名, ssex AS 性别, tc AS 总学分
  FROM student a, score b
  WHERE a.sno = b.sno AND b.cno = '1004';
```

（2）

```
SELECT sname AS 姓名, ssex AS 性别, tc AS 总学分
  FROM student a, score b
  WHERE a.sno = b.sno AND b.cno = '1201'
MINUS
SELECT sname AS 姓名, ssex AS 性别, tc AS 总学分
  FROM student a, score b
  WHERE a.sno = b.sno AND b.cno = '1004';
```

5.

```
SELECT speciality AS 专业, cname AS 课程名, MAX(grade) AS 最高分
  FROM student a, score b, course c
  WHERE a.sno = b.sno AND b.cno = c.cno
  GROUP BY speciality, cname;
```

6.

```
SELECT MAX(grade) AS 最高分
  FROM student a, score b
  WHERE a.sno = b.sno AND speciality = '通信'
  GROUP BY speciality;
```

7.

```
SELECT teacher.tname
  FROM teacher
  WHERE teacher.tno =
    (SELECT lecture.tno
       FROM lecture
       WHERE cno =
         (SELECT course.cno
            FROM course
            WHERE cname = '数据库系统'
         )
    );
```

8.

```
SELECT sno,cno,grade
  FROM score
  WHERE grade >
    (SELECT AVG(grade)
       FROM score
       WHERE grade IS NOT NULL
    );
```

第 7 章 视   图

一、选择题

1. D   2. C   3. A   4. B

二、填空题

1. 增加安全性

2. 基表

3. 满足可更新条件

4. 数据字典

三、问答题   略

四、应用题

1.

```
CREATE OR REPLACE VIEW vwClassStudentCourseScore
  AS
```

```
SELECT a.sno, sname, ssex, sclass, b.cno, cname, grade
  FROM student a, course b, score c
  WHERE a.sno = c.sno AND b.cno = c.cno AND sclass = '201236';

SELECT *
  FROM vwClassStudentCourseScore;
```

2.

```
CREATE OR REPLACE VIEW vwCourseScore
  AS
  SELECT b.sno, cname, grade
    FROM course a, score b
    WHERE a.cno = b.cno;

SELECT *
  FROM vwCourseScore;
```

3.

```
CREATE OR REPLACE VIEW vwAvgGradeStudentScore
  AS
  SELECT a.sno AS 学号, sname AS 姓名, AVG(grade) AS 平均分
    FROM student a, score b
    WHERE a.sno = b.sno
    GROUP BY a.sno, sname
    ORDER BY AVG(grade) DESC;

SELECT *
  FROM vwAvgGradeStudentScore;
```

第 8 章　索引和序列

一、选择题

1. B　　2. C　　3. A

二、填空题

1. 快速访问数据

2. 数据字典

3. currval

三、问答题　略

四、应用题

1.

```
CREATE INDEX ixCredit ON course(credit);
```

2.

```
CREATE INDEX ixNameBirthday ON teacher(tname, tbirthday);
```

3.

创建序列 seqEmployee

```
CREATE SEQUENCE seqEmployee
  INCREMENT BY 1
  START WITH 1001
  MAXVALUE 9999
  NOCYCLE
  NOCACHE
  ORDER;
```

创建 employee 表语句如下：

```
CREATE TABLE employee
(
eid number(4) NOT NULL PRIMARY KEY,
ename char(12) NOT NULL,
esex char(3) NOT NULL,
address char(60) NULL
);
```

向 employee 表插入两条记录,添加记录时使用序列 seqEmployee 为表中的主键 eid 自动赋值。

```
INSERT INTO employee
  VALUES (seqEmployee.nextval,'周春雨','男','公司集体宿舍');
INSERT INTO employee
  VALUES (seqEmployee.nextval,'王建明','男','公司集体宿舍');
```

第 9 章　数据完整性

一、选择题

1. A　　2. D　　3. A　　4. C

二、填空题

1. 参照完整性

2. CHECK

3. UNIQUE

4. FOREIGN KEY

三、问答题　略

四、应用题

1.

```
ALTER TABLE score
  ADD CONSTRAINT CK_grade CHECK(grade >= 0 AND grade <= 100);
```

2.

```
ALTER TABLE student
  DROP CONSTRAINT SYS_C0011057;

ALTER TABLE student
  ADD (CONSTRAINT PK_sno PRIMARY KEY (sno));
```

3.

```
ALTER TABLE score
  ADD CONSTRAINT FK_sno FOREIGN KEY(sno)
  REFERENCES student(sno);
```

第 10 章　 PL/SQL 程序设计

一、选择题

1. A　　2. B　　3. B　　4. C　　5. B

二、填空题

1. DATE

2. SELECT-INTO

3. EXCEPTION

三、问答题　略

四、应用题

1.

```
DECLARE
  v_n number: = 2;
  v_s number: = 0;
BEGIN
  WHILE v_n < = 100
    LOOP
      v_s: = v_s + v_n;
      v_n: = v_n + 2;
    END LOOP;
  DBMS_OUTPUT.PUT_LINE('1~100 的偶数和为: '||v_s);
END;
```

2.

```
DECLARE
  v_gd number(4,2);
BEGIN
  SELECT AVG(grade) INTO v_gd
  FROM teacher a, lecture b, course c, score d
  WHERE a.tno = b.tno AND b.cno = c.cno AND c.cno = d.cno AND grade IS NOT NULL AND tname = '孙航';
```

```
  DBMS_OUTPUT.PUT_LINE('孙航老师所讲课程的平均分');
  DBMS_OUTPUT.PUT_LINE(v_gd);
END;
```

3.

```
DECLARE
  v_n number: = 1;
BEGIN
  LOOP
    DBMS_OUTPUT.PUT(v_n * v_n|| ' ');          /* 输出整数的平方以及整数间的间隔,不换行 */
    IF MOD(v_n,10) = 0 THEN
      DBMS_OUTPUT.PUT_LINE('');                /* 输出 10 个整数的平方后,换行 */
    END IF;
    v_n: = v_n + 1;
    EXIT WHEN   v_n > 100;
  END LOOP;
END;
```

第 11 章　函数和游标

一、选择题

1. C　　2. B　　3. C　　4. D　　5. B

二、填空题

1. 声明游标

2. OPEN <游标名>

三、问答题　略

四、应用题

1. 查询每个学生的平均分,保留整数,丢弃小数部分。

```
SELECT sno, TRUNC(AVG(grade))
  FROM score
  GROUP BY sno;
```

2.

(1)

```
CREATE OR REPLACE FUNCTION funAverage(v_sclass IN char, v_cno IN char)
   /* 设置班级参数和课程号参数 */
  RETURN number
AS
  result number;                        /*定义返回值变量*/
BEGIN
  SELECT avg(grade) INTO result
    FROM student a, score b
    WHERE a. sno = b. sno AND sclass = v_sclass AND cno = v_cno;
```

```
    RETURN(result);                          /*返回语句*/
END funAverage;
```

（2）

```
DECLARE
  v_avg number;
BEGIN
  v_avg: = funAverage('201236','4002');
  DBMS_OUTPUT.PUT_LINE('201236 班 4002 课程的平均成绩是: '||v_avg);
END;
```

3.

```
DECLARE
  v_speciality char(12);
  v_cname char(16);
  v_avg number;
  CURSOR curSpecialityCnameAvg                  /*声明游标*/
  IS
  SELECT speciality,cname,AVG(grade)
    FROM student a,course b,score c
    WHERE a.sno = c.sno AND b.cno = c.cno
    GROUP BY speciality,cname
    ORDER BY speciality;
  BEGIN
    OPEN curSpecialityCnameAvg;                  /*打开游标*/
    FETCH curSpecialityCnameAvg INTO v_speciality, v_cname, v_avg;
                                /*读取的游标数据存放到指定的变量中*/
    WHILE curSpecialityCnameAvg % FOUND
                      /*如果当前游标指向有效的一行,则进行循环,否则退出循环*/
    LOOP
      DBMS_OUTPUT.PUT_LINE('专业: '||v_speciality||'课程名: '||v_cname||'平均成绩: '||TO_char
(ROUND(v_avg,2)));
      FETCH curSpecialityCnameAvg INTO v_speciality, v_cname, v_avg;
    END LOOP;
    CLOSE curSpecialityCnameAvg;                  /*关闭游标*/
  END;
```

第 12 章　存储过程

一、选择题

1. C　　2. B　　3. C　　4. C　　5. D　　6. A

二、填空题

1. CREATE PROCEDURE

2. 输入参数

3. IN OUT

三、问答题　略

四、应用题

1.

(1)

```
CREATE OR REPLACE PROCEDURE spSpecialityCnameAvg(p_spec IN student.speciality%TYPE, p_cname
IN course.cname%TYPE, p_avg OUT number)
   /*创建存储过程 spSpecialityCnameAvg, 参数 p_spec 和 p_cname 是输入参数, 参数 p_avg 是输出
参数*/
AS
BEGIN
  SELECT AVG(grade) INTO p_avg
    FROM student a, course b, score c
    WHERE a.sno = c.sno AND b.cno = c.cno AND a.speciality = p_spec AND b.cname = p_cname;
END;
```

(2)

```
DECLARE
  v_avg number(4,2);
BEGIN
  spSpecialityCnameAvg('计算机','高等数学',v_avg);
  DBMS_OUTPUT.PUT_LINE('计算机专业高等数学的平均分是: '||v_avg);
END;
```

2.

(1)

```
CREATE OR REPLACE PROCEDURE spCnameMax(p_cno IN course.cno%TYPE, p_cname OUT course.cname%
TYPE, p_max OUT number)
   /*创建存储过程 spCnameMax, 参数 p_cno 是输入参数, 参数 p_cname 和 p_max 是输出参数*/
AS
BEGIN
  SELECT cname INTO p_cname
    FROM course
    WHERE cno = p_cno;
  SELECT MAX(grade) INTO p_max
    FROM course a, score b
    WHERE a.cno = b.cno AND a.cno = p_cno;
END;
```

(2)

```
DECLARE
  v_cname course.cname%TYPE;
  v_max number;
BEGIN
  spCnameMax('1201',v_cname,v_max);
  DBMS_OUTPUT.PUT_LINE('课程号 1201 的课程名是: '||v_cname||'最高分是: '||v_max);
END;
```

3.

（1）

```
CREATE OR REPLACE PROCEDURE spNameSchoolTitle(p_tno IN teacher.tno % TYPE, p_tname OUT teacher.
tname % TYPE, p_school OUT teacher.school % TYPE, p_title OUT teacher.title % TYPE)
    /* 创建存储过程 spNameSchoolTitle, 参数 p_tno 是输入参数, 参数 p_tname、p_school 和 p_title
是输出参数 */
AS
BEGIN
  SELECT tname INTO p_tname
    FROM teacher
    WHERE tno = p_tno;
  SELECT school INTO p_school
    FROM teacher
    WHERE tno = p_tno;
  SELECT title INTO p_title
    FROM teacher
    WHERE tno = p_tno;
END;
```

（2）

```
DECLARE
  v_tname teacher.tname % TYPE;
  v_school teacher.school % TYPE;
  v_title teacher.title % TYPE;
BEGIN
  spNameSchoolTitle('400007', v_tname, v_school, v_title);
  DBMS_OUTPUT.PUT_LINE('教师编号 400007 的教师姓名是: '|| v_tname ||'学院是: '|| v_school ||
'职称是: '||v_title);
END;
```

第 13 章　触　发　器

一、选择题

1. D　　2. B　　3. D　　4. A　　5. C

二、填空题

1. 系统触发器

2. 行级

3. 视图

4. 数据库系统

5. ALTER TRIGGER

三、问答题　略

四、应用题

1.

（1）

```
CREATE OR REPLACE TRIGGER trigTotalCredits
```

```
    BEFORE UPDATE ON student FOR EACH ROW
BEGIN
  IF :NEW.tc <>:OLD.tc THEN
    RAISE_APPLICATION_ERROR( - 20002,'不能修改总学分');
  END IF;
END;
```

（2）

```
UPDATE student
  SET tc = 52
  WHERE sno = '124002';
```

2.

（1）

```
CREATE OR REPLACE TRIGGER trigTeacherCourse
  AFTER DELETE ON teacher FOR EACH ROW
BEGIN
  DELETE FROM course
    WHERE tno = :OLD.tno;
END;
```

（2）

```
DELETE FROM teacher
  WHERE tno = '120036';
```

```
SELECT * FROM teacher;
```

```
SELECT * FROM course;
```

第 14 章　事务和锁

一、选择题

1. B　　2. C　　3. A　　4. D

二、填空题

1. 持久性

2. 排它锁

3. 幻想读

4. COMMIT

5. ROLLBACK

6. SAVEPOINT

三、问答题　略

第 15 章　安全管理

一、选择题

1. B　　2. A　　3. C　　4. D

二、填空题

1. CREATE USER
2. WITH ADMIN OPTION
3. 角色
4. SET ROLE

三、问答题　略

四、应用题

1.

```
CREATE USER C## Su
   IDENTIFIED BY green
   DEFAULT TABLESPACE USERS
   TEMPORARY TABLESPACE TEMP
   QUOTA 15M ON USERS;
```

2.

```
GRANT CREATE SESSION TO C## Su;

GRANT SELECT, INSERT, DELETE
   ON student TO C## Su;
```

3.

（1）

```
CREATE USER C## Employee01
   IDENTIFIED BY 123456
   DEFAULT TABLESPACE USERS
   TEMPORARY TABLESPACE TEMP;

CREATE USER C## Employee02
   IDENTIFIED BY 123456
   DEFAULT TABLESPACE USERS
   TEMPORARY TABLESPACE TEMP;
```

（2）

```
GRANT CREATE SESSION TO C## Employee01;

GRANT CREATE SESSION TO C## Employee02;

GRANT CREATE ANY TABLE, CREATE ANY PROCEDURE TO C## Employee01;
```

```
GRANT CREATE ANY TABLE, CREATE ANY PROCEDURE TO C##Employee02;
```

（3）

```
CREATE ROLE C##MarketingDepartment
  IDENTIFIED BY 1234;
```

```
GRANT SELECT, INSERT, UPDATE, DELETE
  ON SalesOrder TO C##MarketingDepartment;
```

（4）

```
GRANT C##MarketingDepartment
  TO C##Employee01;
```

```
GRANT C##MarketingDepartment
  TO C##Employee02;
```

第 16 章　备份和恢复

一、选择题

1. A　　2. C　　3. B　　4. B

二、填空题

1. ARCHIVELOG

2. RMAN

3. RECOVERY_CATALOG_OWNER

4. MOUNT

5. ARCHIVELOG

三、问答题　略

四、应用题

1.

（1）在操作系统命令提示符 C:\Users\dell>后，输入"EXP"，按 Enter 键。

（2）使用 SYSTEM 用户登录到 SQL * PLUS。

（3）输入导出文件名称"COURSE. DMP"。

（4）输入要导出的表的名称"COURSE"。

2.

（1）创建目录。

为存储数据泵导出的数据，使用 system 用户创建目录如下：

```
CREATE DIRECTORY dp_ex AS 'd:\DpBak';
```

（2）使用 EXPDP 导出数据。

在命令提示符窗口中输入以下命令。

```
EXPDP SYSTEM/123456 DUMPFILE = TEACHER. DMP DIRECTORY = DP_EX TABLES = TEACHER JOB_NAME =
TEACHER_JOB
```

（3）删除 TEACHER 表。

（4）使用 IMPDP 导入 TEACHER 表。

在命令提示符窗口中输入以下命令。

```
IMPDP SYSTEM/123456 DUMPFILE = TEACHER.DMP DIRECTORY = dp_ex
```

3.

（1）使用 system 用户登录 SQL * Plus，查询 score 表中的数据，删除 score 表中的数据并提交。

查询 score 表中的数据

```
SET TIME ON;
```

```
SELECT * FROM score;
```

删除 score 表中的数据并提交

```
DELETE FROM score
  WHERE grade = 92;                        / * 删除的时间点为 2015 - 2 - 6 10:27:45 * /
```

```
COMMIT;
```

（2）使用表闪回进行恢复。

```
ALTER TABLE score ENABLE ROW MOVEMENT;
```

```
FLASHBACK TABLE score TO TIMESTAMP
  TO_TIMESTAMP('2015 - 2 - 6 10:27:45', 'YYYY - MM - DD HH24:MI:SS');
```

第 17 章　大数据和云计算

一、选择题

1. C　　2. B　　3. D　　4. A　　5. C　　6. B　　7. C

二、填空题

1. 海量数据或巨量数据

2. 对人工智能的需求

3. 非关系型的数据库

4. 读写速度快

5. 资源池

6. 超大规模

三、问答题　略

第 18 章　Java EE 和 Oracle 数据库学生成绩管理系统开发

一、选择题

1. B　　2. D　　3. C

二、填空题

1. Struts

2. 程序对象到关系数据库数据

3. 实现 Action 接口

4. 表

5. ApplicationContext

三、应用题　略

stsys 数据库的表结构和样本数据

1. stsys 数据库的表结构

stsys 数据库的表结构见表 B.1～表 B.5。

表 B.1　student(学生表)的表结构

列名	数据类型	允许 null 值	是否主键	说　明
sno	char(6)		主键	学号
sname	char(12)			姓名
ssex	char(3)			性别
sbirthday	date			出生日期
speciality	char(18)	√		专业
sclass	char(6)	√		班号
tc	number	√		总学分

表 B.2　course(课程表)的表结构

列名	数据类型	允许 null 值	是否主键	说　明
cno	char(4)		主键	课程号
cname	char(24)			课程名
credit	number	√		学分

表 B.3　score(成绩表)的表结构

列名	数据类型	允许 null 值	是否主键	说　明
sno	char(6)		主键	学号
cno	char(4)		主键	课程号
grade	number	√		成绩

表 B.4　teacher(教师表)的表结构

列名	数据类型	允许 null 值	是否主键	说　明
tno	char(6)		主键	教师编号
tname	char(12)			姓名
tsex	char(3)			性别
tbirthday	date			出生日期
title	char(18)	√		职称
school	char(18)	√		学院

表 B.5　lecture(讲课表)的表结构

列名	数据类型	允许 null 值	是否主键	说　明
tno	char(6)		主键	教师编号
cno	char(4)		主键	课程号
location	Char(10)	√		上课地点

2. stsys 数据库的样本数据

stsys 数据库的样本数据见表 B.6～表 B.10。

表 B.6　student(学生表)的样本数据

学号	姓名	性别	出生日期	专业	班号	总学分
181001	宋德成	男	1997-11-05	计算机	201805	52
181002	何　静	女	1998-04-27	计算机	201805	50
181004	刘文韬	男	1998-05-13	计算机	201805	52
184001	李浩宇	男	1997-10-24	通信	201836	50
184002	谢丽君	女	1998-01-16	通信	201836	48
184003	陈春玉	女	1997-08-09	通信	201836	52

表 B.7　course(课程表)的样本数据

课程号	课　程　名	学分
1004	数据库系统	4
1012	计算机网络	3
4002	数字电路	3
8001	高等数学	4
1201	英语	4

表 B.8　score(成绩表)的样本数据

学号	课程号	成绩	学号	课程号	成绩
181001	1004	94	184001	8001	86
181002	1004	86	184002	8001	NULL
181004	1004	90	184003	8001	95
184001	4002	92	181001	1201	93
184002	4002	78	181002	1201	76
184003	4002	89	181004	1201	92
181001	8001	91	184001	1201	82
181002	8001	87	184002	1201	75
181004	8001	85	184003	1201	91

表 B.9   teacher（教师表）的样本数据

教师编号	姓名	性别	出生日期	职称	学　院
100002	李志远	男	1969-10-17	教授	计算机学院
100018	周莉群	女	1978-09-14	教授	计算机学院
400005	王俊宏	男	1987-05-24	讲师	通信学院
800017	孙　航	男	1977-12-04	副教授	数学学院
120032	刘玲雨	女	1975-07-23	副教授	外国语学院

表 B.10   lecture（讲课表）的样本数据

教师编号	课程号	上课地点
100002	1004	1-205
400005	4002	2-314
800017	8001	6-219
120032	1201	6-305

参 考 文 献

[1] Abraham silberschatz, Henry F. Korth, S. Sudarshan. Database System Concepts[M]. Sixth Edition. The McGraw-Hill Companies, Inc, 2011.

[2] 王珊,萨师煊.数据库系统概论[M].5 版.北京:高等教育出版社,2014.

[3] 何玉洁.数据库原理与应用教程[M].4 版.北京:机械工业出版社,2016.

[4] Bob Bryla 著. Oracle Database 12c DBA 官方手册[M].明道洋,译. 北京:清华大学出版社,2016.

[5] Ian Abramson, Michael Abbey, Michelle Malcher,等著.专业级 Oracle Database 12c 安装、配置与维护[M].卢涛,李颖,译.北京:清华大学出版社,2014.

[6] Jason Price 著.精通 Oracle Database 12c SQL & PL/SQL 编程[M].卢涛,译.北京:清华大学出版社,2014.

[7] 郑阿奇. Oracle 实用教程(第 4 版)(Oracle 12c 版)[M].北京:电子工业出版社,2015.

[8] 姚瑶,王燕,丁颖,等. Oracle Database 12c 实用教程[M].北京:清华大学出版社,2017.